大飞机出版工程

总主编　顾诵芬

飞机结冰机理
与防除冰原理

Aircraft Icing Mechanism and
Anti-icing & De-icing Principle

刘　洪　张　辰　孔维梁　黄小彬　编著

上海交通大学 出版社
SHANGHAI JIAO TONG UNIVERSITY PRESS

内容提要

本书为"大飞机出版工程"丛书之一。本书结合国际研究前沿,针对我国国产大飞机面临的结冰适航挑战,融入作者十余年在飞机结冰相关领域的研究成果,从飞机结冰适航需求、过冷态结冰机理、冰型模拟技术和先进防除冰原理四个层面,系统地归纳了当前飞机结冰适航、结冰机理、冰型预测与防除冰的技术发展现状,并对飞机防除冰技术的发展方向提出了展望。

本书旨在助力我国青年科研人员,以过冷态结冰理论为出发点,进一步研究和发展飞机结冰和防除冰理论。本书既有一定的学术研究价值,也对飞行器设计专业和从事飞机结冰相关研究的大学高年级本科生、研究生、教师、研究人员和飞机结冰设计的从业人员具有参考价值。

图书在版编目(CIP)数据

飞机结冰机理与防除冰原理/ 刘洪等编著.一上海:
上海交通大学出版社,2024.1
(大飞机出版工程)
ISBN 978 - 7 - 313 - 29285 - 8

Ⅰ.①飞… Ⅱ.①刘… Ⅲ.①飞机-防冰系统-研究
Ⅳ.①V244.1

中国国家版本馆 CIP 数据核字(2023)第 153248 号

飞机结冰机理与防除冰原理
FEIJI JIEBING JILI YU FANGCHUBING YUANLI

编著者:刘 洪 张 辰 孔维梁 黄小彬

出版发行:上海交通大学出版社		地 址:上海市番禺路 951 号
邮政编码:200030		电 话:021 - 64071208
印 制:上海文浩包装科技有限公司		经 销:全国新华书店
开 本:710 mm×1000 mm 1/16		印 张:19.25
字 数:343 千字		插 页:8
版 次:2024 年 1 月第 1 版		印 次:2024 年 1 月第 1 次印刷
书 号:ISBN 978 - 7 - 313 - 29285 - 8		
定 价:98.00 元		

大飞机出版工程

丛 书 编 委 会

大飞机出版工程

总　序

国务院在 2007 年 2 月底批准了大型飞机研制重大科技专项正式立项,得到全国上下各方面的关注。"大型飞机"工程项目作为创新型国家的标志工程重新燃起我们国家和人民共同承载着"航空报国梦"的巨大热情。对于所有从事航空事业的工作者,这是历史赋予的使命和挑战。

1903 年 12 月 17 日,美国莱特兄弟制作的世界第一架有动力、可操纵、比重大于空气的载人飞行器试飞成功,标志着人类飞行的梦想变成了现实。飞机作为20 世纪最重大的科技成果之一,是人类科技创新能力与工业化生产形式相结合的产物,也是现代科学技术的集大成者。军事和民生对飞机的需求促进了飞机迅速而不间断的发展和应用,体现了当代科学技术的最新成果;而航空领域的持续探索和不断创新,为诸多学科的发展和相关技术的突破提供了强劲动力。航空工业已经成为知识密集、技术密集、高附加值、低消耗的产业。

从大型飞机工程项目开始论证到确定为《国家中长期科学和技术发展规划纲要》的十六个重大专项之一,直至立项通过,不仅使全国上下重视我国自主航空事业,而且使我们的人民、政府理解了我国航空事业半个多世纪发展的艰辛和成绩。大型飞机重大专项正式立项和启动使我们的民用航空进入新纪元。经过 50 多年的风雨历程,当今中国的航空工业已经步入了科学、理性的发展轨道。大型客机项目产业链长、辐射面宽、对国家综合实力带动性强,在国民经济发展和科学技术进步中发挥着重要作用,我国的航空工业迎来了新的发展机遇。

大型飞机的研制承载着中国几代航空人的梦想,造出与波音公司波音 737 和空客公司 A320 改进型一样先进的"国产大飞机"已经成为每个航空人心中奋斗的目标。然而,大型飞机覆盖了机械、电子、材料、冶金、仪器仪表、化工等几乎所有工业门类,集成数学、空气动力学、材料学、人机工程学、自动控制学等多种学科,是一个复杂的科技创新系统。为了迎接新形势下理论、技术和工程等方面的严峻挑战,迫切需要引入、借鉴国外的优秀出版物和数据资料,总结、巩固我们的经验和成果,编著一套以"大飞机"为主题的丛书,借以推动服务"大飞机"作为推动服务整个航空科学的切入点,同时对于促进我国航空事业的发展和加快航空紧缺人才的培养,具有十分重要的现实意义和深远的历史意义。

2008 年 5 月,中国商用飞机有限责任公司成立之初,上海交通大学出版社就开始酝酿"大飞机出版工程",这是一项非常适合"大飞机"研制工作时宜的事业。新中国第一位飞机设计宗师——徐舜寿同志在领导我们研制中国第一架喷气式歼击教练机——歼教 1 时,亲自撰写了《飞机性能及算法》,及时编译了第一部《英汉航空工程名词字典》,翻译出版了《飞机构造学》《飞机强度学》,从理论上保证了我们的飞机研制工作。我本人作为航空事业发展 50 多年的见证人,欣然接受上海交通大学出版社的邀请担任该丛书的总主编,希望为我国的"大飞机"研制发展出一份力。出版社同时也邀请了王礼恒院士、金德琨研究员、吴光辉总设计师、陈迎春总设计师等航空领域专家撰写专著、精选书目,承担翻译、审校等工作,以确保这套"大飞机"丛书具有高品质和重大的社会价值,为我国的大飞机研制以及学科发展提供参考和智力支持。

编著这套丛书,一是总结整理 50 多年来航空科学技术的重要成果及宝贵经验;二是优化航空专业技术教材体系,为飞机设计技术人员的培养提供一套系统、全面的教科书,满足人才培养对教材的迫切需求;三是为大飞机研制提供有力的技术保障;四是将许多专家、教授、学者广博的学识见解和丰富的实践经验总结继承下来,旨在从系统性、完整性和实用性角度出发,把丰富的实践经验进一步理论化、科学化,形成具有我国特色的"大飞机"理论与实践相结合的知识体系。

"大飞机出版工程"丛书主要涵盖了总体气动、航空发动机、结构强度、航电、制造等专业方向,知识领域覆盖我国国产大飞机的关键技术。图书类别分为译著、专著、教材、工具书等几个模块;其内容既包括领域内专家们最先进的理论方法和技术成果,也包括来自飞机设计第一线的理论和实践成果。如:2009 年出版的荷兰原福克飞机公司总师撰写的 *Aerodynamic Design of Transport Aircraft*(《运输类飞机的空气动力设计》);由美国堪萨斯大学 2008 年出版的 *Aircraft Propulsion*(《飞机推进》)等国外最新科技的结晶;国内《民用飞机总体设计》等总体阐述之作和《涡量动力学》《民用飞机气动设计》等专业细分的著作;也有《民机设计 1 000 问》《英汉航空缩略语词典》等工具类图书。

　　该套图书得到国家出版基金资助,体现了国家对"大型飞机"项目和"大飞机出版工程"这套丛书的高度重视。这套丛书承担着记载与弘扬科技成就、积累和传播科技知识的使命,凝结了国内外航空领域专业人士的智慧和成果,具有较强的系统性、完整性、实用性和技术前瞻性,既可作为实际工作指导用书,亦可作为相关专业人员的学习参考用书。期望这套丛书能够有益于航空领域里人才的培养,有益于航空工业的发展,有益于大飞机的成功研制。同时,希望能为大飞机工程吸引更多的读者来关心航空、支持航空和热爱航空,并投身于中国航空事业做出一点贡献。

2009 年 12 月 15 日

前　　言

　　结冰环境一直是军用和民用航空飞行安全的重大威胁。从人类发明飞机以来,由结冰环境造成的飞行安全事故层出不穷。时至今日,结冰天气依然是危及现代航空安全,甚至是造成严重事故的主要原因之一。结冰条件下的飞机安全飞行能力是国家航空综合实力的体现,对科学技术、经济社会、国防领域都具有深远的影响。近年来,国际社会关于结冰适航标准的修订和结冰理论的不断发展,得到了工业界和学术界的广泛关注。

　　随着全球气候变化不断加剧,极端气象条件频发,人民生命财产安全、基础设施、交通运输安全等均受到重大影响,结冰对民航运输业的影响尤其巨大。我国幅员辽阔,地形复杂,60％的国土面积为山地和高原,飞机在运行过程中遭遇结冰条件极为普遍;且飞机结冰通常在数分钟内造成灾难性事故,其代价十分昂贵。因此,准确的结冰预测及高效的防除冰方法是航空安全的重大关键技术之一,其核心技术是世界航空强国竞相追逐的技术制高点,长期被欧美发达国家封锁和垄断。同时,不断更新的民用结冰适航条款也持续提升民机产业的准入门槛,成为我国民机进入国际市场的技术壁垒。

　　2014年以来,美国联邦航空管理局和欧洲航空管理局相继将过冷大水滴结冰、混合相与冰晶等异常环境写进适航审定规章,说明人们对飞机异常结冰引发灾难性事故的重视。这一方面取决于航空安全计划对天气信息、信息解读的理解层次,另一方面说明了人们对飞行安全的重视。从理论角度而言,它要求对更宽泛的结冰环境、更一般性的结冰机理和更高效的防除冰方法的掌握。结冰理论需要更多考虑飞机结冰环境的特殊性,如低压环境下过冷液滴的结冰特征、防除冰系统工效、结冰探测的及时性等。结冰适航也不能仅仅停留在防除冰方法或者设备的有无,而需要考虑在更真实的场景下驾驶员可能遭遇的每一种情况。驾驶员应当熟悉与结冰有关的、容易导致结冰的天气类型,了解结冰对飞机系统、性能和操稳的不利影响,在遭遇意外结冰时能够提前做好准备,采取正确的响应方式。近百年来,虽然人们对飞机结冰的认知和防除冰技术都在不断取得突破,但飞机结冰的相关理论和防除冰原理仍然远不足以保证安全。

目前,许多官方和非官方的出版物(包括基础教材、文献著作等)大多在简化的物理学模型下讨论结冰,且其中的大部分都没有把飞机实际遭遇的大气环境(如过冷特性)和飞行条件联系起来。为了为读者提供最新、最全面的飞机结冰知识,本书一方面从飞机结冰适航需求角度介绍了飞机结冰技术的发展史,从人类应对结冰环境的路径中提炼出科学问题;另一方面,由于这类环境的复杂性,本书从过冷态结冰机理、结冰预测方法和防除冰技术三个角度分别进行了介绍,其将有助于读者能够从更真实的飞行环境角度认知结冰规律,发展结冰和防除冰理论。

下面对本书各章节内容进行简要介绍。

第1章从结冰适航层面开始,讨论了飞机结冰研究的历史演进——从1928年美国航空咨询委员会(NACA)时代的结冰研究报告,到2014年以后过冷大水滴结冰适航标准发布。为了更好地理解结冰与防除冰技术的发展脉络,结冰研究的发展被分解成1978年以前、1978—1994年、1994—2014年、2014年以后这四个时期。相对应地,第1章还介绍了与技术同步的飞机结冰适航标准的修订与更新,重点分析了与飞机结冰密切相关的25-121、25-129和25-140修正案要点。此外,第1章归纳了未来飞机结冰适航取证可能面临的困难与挑战。该章为读者提供了了解飞机结冰所需要的全面的背景知识。

第2章回顾了结冰机理研究的发展历程:动边界传热的纽曼问题、Stefan问题、晶枝生长、相变界面动力学等。数十年来飞机主流结冰理论始终停留在Stefan问题假设上,对水-冰型相变基础问题不够重视,也与近几十年材料科学的进展脱节。近年来受到广泛关注的水异常性研究对结冰理论的基本假设提出了质疑。该章介绍飞机结冰的机理研究和基础理论发展,重点阐述过冷水在飞机壁面上结冰的过程及影响因素,飞机表面结冰的建模,强调过冷结冰状态和速率随条件变化,解释异常结冰产生的物理机制,为结冰数值模拟和高效能防冰提供支撑。

第3章介绍了飞机结冰数值模拟的技术进展。针对现有计算和试验技术难以模拟过冷大水滴结冰的问题,提出过冷大水滴模拟的难点主要源于粒径分布稀疏性和结冰的随机性。该章围绕这两个问题开展重点论述,依序介绍了现有飞机SLD结冰数值模拟的主要方法、SLD结冰的主要特征、过冷度和粒径分布对结冰的影响以及自然结冰的不确定性问题。

第4章分别从传统防除冰技术、新型防除冰技术和未来飞机防除冰系统的高效利用三个层次,系统阐述了当前防除冰技术的发展历程与技术要点。此外,还从多类型结冰探测技术融合、主被动防除冰方法结合等层面,提出了建立更系统、全面、标准化的飞机结冰防护标准的相关建议。

希望通过本书,一方面可以让更多关注飞机结冰安全问题的人了解更深层次的飞机结冰理论;另一方面,也呼吁更多的人参与到飞机结冰研究工作中来,对飞机防除冰技术进行改进,促进我国军民机结冰和防除冰理论的发展。

本书由科技部重点研发计划"大型客机结冰的不确定性量化与多尺度空气动力模拟"(SQ2020YFA070089)资助完成。

编著者

目　　录

第 1 章　飞机结冰与过冷大水滴适航

当今世界，飞行器高端制造产业迅猛发展，飞机以其快捷、灵活、安全、舒适的特点给人们的生活带来了巨大的改变。进入 21 世纪以来，掌握民用飞机核心技术，对国家政治、经济、社会、文化发展的影响越来越深刻。国外民航产业市场准入标准[1]不断推高，结冰环境对飞行安全的影响[2]仍然没有完全解决。飞机在结冰条件下的安全性保障能力已成为衡量航空产业综合实力和国际竞争力的重要标志之一。

飞机结冰一直是适航当局、设计部门、运营商和乘客关注的重要问题，也是研究人员努力探索和认知的重点方向[3]。从人类发明飞机开始，结冰就对飞行安全造成严重的威胁和伤害。如图 1-1 所示，北美地区 1978—1994 年由气象因素导致的 3 230 起飞行事故或事故征候中，有 388 起（12％）与结冰密切相关；

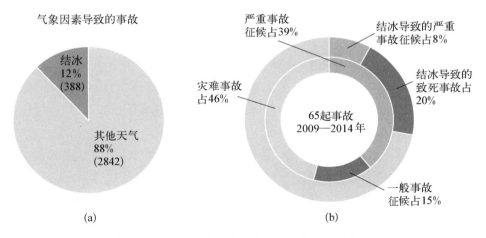

图 1-1　结冰因素在全球飞行事故发生中的占比

（a）北美地区 1978—1994 年　（b）全球 2009—2014 年

2009—2014 年,全球共发生 65 起与结冰相关的航空事故,虽然事故数量有所减少,但严重事故征候和致死事故的占比不降反升,分别高达 8% 和 20%。时至今日,结冰现象已成为危及现代航空安全的重大问题之一。

实际上,自 1994 年美国鹰航 4184 号航班空难以来,飞机在空中遭遇异常结冰环境的影响得到了整个航空业的广泛关注。全球 30 余家设计公司和供应商在美国联邦航空管理局(Federal Aviation Administration,FAA)[4] 的建议下,投票表决通过了《有关飞机与发动机在过冷大水滴、混合相和冰晶环境下的审定需求》章程;2005 年,欧盟发布《欧洲航空发展战略 2020 展望》,将防范结冰等飞行事故列为欧洲航空领域未来 20 年的重点科研计划之一[5]。我国在飞机结冰领域的工作也在大踏步进行[6]。飞机结冰对航空运输系统的承运能力、安全性与可靠性,甚至国家安全均具有十分重要的影响,是未来 10 年内航空领域优先发展的技术方向。

1.1 飞机结冰研究的历史演进

1.1.1 1978 年以前

结冰事故从航空器被发明以来就一直是困扰飞行安全的难题之一。飞机结冰研究最早见于 1928 年 Carroll 等在美国航空咨询委员会(National Advisory Committee for Aeronautics,NACA)的学术报告[7]。1932 年,一份有关 VE-7 飞机的研究报告[8] 显示,结冰导致的空气动力学危害要远远大于其自身质量造成的影响,防冰方法的需求[9] 首次被提及。1938 年,Gulick[10] 在兰利中心对展弦比为 6、带粗糙的冰机翼进行了气动试验,发现结冰机翼的最大升力系数降低 25%,阻力增加 90% 以上。1940 年,Johnson[11] 发表了一篇有关洛克希德公司 Electra 飞机的结冰试验结果,指出"结冰是当今航空业面临的最重要问题之一"。有趣的是,文中讨论到"气胀式除冰装置"后方的冰脊问题,但没有进行更详细的空气动力学研究。

第二次世界大战期间,我国和盟军的重要空中通道"驼峰航线"上大量飞机坠毁[12],结冰是重要的原因之一。这一事件对战后美国开展结冰研究起到了巨大推动作用。美国依据 20 世纪 40 年代的试飞数据制定了军用飞机结冰环境标准,并最终形成现在民用飞机适航的 FAR25 部附录 C 条件。

1944 年,NACA 在克利夫兰 Lewis 中心建造了世界第一座冰风洞[13],并于 1950 年正式投入使用。风洞试验的主要目的有两个:一是用于测试积冰引起的机翼性能变化,二是用于验证防冰或除冰系统[14]。值得注意的是,当时还没有对冰的形状进行定量测量,气动数据是通过尾迹中的阻力探头测量的。直到1956 年,Bowden[15]才开始引入六分位天平测量结冰后升力、阻力和力矩的改变,并统计一些定性的冰外形几何特征。这段时间内最重要的研究工作来自Gray[13,16-18],他通过改变环境因素(液滴大小、水含量、环境温度)和试验条件(攻角参数、结冰时间),研究了各种因素对升阻力和俯仰力矩的影响,建立了冰型特征与阻力系数的经验式。但比较遗憾的是,研究工作主要围绕 NACA65A004翼型开展,没有考虑翼型特征的影响。

1955 年,Messinger 首次提出飞机表面结冰模拟并以计算方法开展结冰数值模拟研究。1965 年,民用飞机结冰适航条款的修订被正式提上日程,人们一度认为飞机结冰的基础理论已经满足了设计需求。因此,在 1959—1970 年,结冰研究的进展相对缓慢,关注的主题以冰外形与气动损失之间的关联为主,主要由设计公司和审定单位开展工作。

直到 20 世纪 70 年代末,人们对结冰研究的兴趣才开始增加。其最主要的原因在于民航业的兴起,人们在全天候环境中遭遇越来越多的结冰问题,结冰对飞行安全的威胁越来越得到世界各国的关注[19]。如 1973 年,苏联和瑞典成立了联合安全研究工作组[20],报道了一系列的风洞试验数据,包括带襟缝翼起降构型的结冰气动影响和从冰风洞及飞行试验中获得的一系列研究结论和建议等。1978 年,NASA 在 Lewis 中心举办学术研讨会,重申了结冰研究对飞行安全和设计改进的重要性。在同一时期,加拿大和欧洲各国都对此产生了兴趣,结冰研究热潮自此兴起。

1.1.2　1978—1994 年

1978 年以后,NASA 的结冰研究从多个领域开展,包括地面试验、飞行试验、冰型模拟、防冰设计和结冰空气动力学等。计算流体力学(CFD)的融入在一定程度上促进了相关技术的发展,成为促进技术验证的新方法,如 Cebeci[21]早期用无黏/有黏混合格式来研究结冰对翼型气动特性的影响,Potapczuk[22]采用雷诺平均纳维-斯托克斯(Reynolds averaged Navier-Stokes,RANS)方法模拟瘤状冰的冰型与二维(2D)流场特征,并进一步采用 URANS 方法研究结冰产生的分离泡。随着计算机算力的提高、湍流建模和空间离散的不断完善,Kwon等[23]开始对三维(3D)冰演化结构进行分析计算。到 1990 年,基于纳维-斯托克斯方程开展结冰 CFD 研究的方法[24]已经基本形成共识。

在试验研究方面,研究人员试图建立冰型特征与气动数据的关联。具有代表性的工作有 Brumby 通过分析 NACA 翼型带粗糙冰和模拟冰以后的数据,研究了翼型结冰对最大升力系数损失和失速攻角的影响。著名的"Brumby Plot"评估了翼型上表面的粗糙度高度 $\dfrac{k}{c}$ 和展向分布对最大升力系数损失率的影响。1981 年,Bragg[25] 分析了霜冰和瘤冰对阻力的影响,Flemming[26] 和 Gray 也相继提出了一些结冰与气动损失的关联公式,但这些公式在当时被证明缺乏足够的精度。为此,许多试验研究[27] 开始聚焦于获取完整的数据,包括冰型数据和气动特性。如 Bragg 测量 NACA0012 翼型带角冰的速度场。其通过流动显示技术研究冰角后方存在的回流区域,这个区域随着攻角增加沿着流向伸展,直到无法再附到壁面,此时达到最大升力。Bragg 等[28] 优化了这项研究,引入激光多普勒测速测量技术(laser Doppler velocimetry,LDV)消除了压力探针的测量干扰问题,进一步加深了对分离泡不稳定特性的认知。Potapczuk 等后续还对平直翼和后掠翼的模拟冰气动特性进行了试验和气动研究[29-34]。

这一时期的结冰研究主要围绕大尺度冰外形,然而,小尺度的冰粗糙度却经常在飞机起飞阶段引发飞行事故,这激发了人们对冰粗糙度气动影响规律[35] 的探索兴趣。Bragg[36] 等开展了高雷诺数试验研究翼面结霜对飞机起飞和爬升性能的影响。同时,Kerho[37] 对冰粗糙度引起的边界层转捩问题也开展研究,研究表明,这种粗糙度不会直接导致边界层转捩,而是使下游流动逐渐发展为湍流的过程,证明其对积冰模拟中的传热建模也存在很大影响。

1990 年中期,试验和 CFD 技术已经发展到具备研究大尺度结冰机翼的能力,相关的测试和分析方法日趋成熟。此时,对于对称翼型的研究总结出结冰影响可以大体归结为冰粗糙度和大尺度冰外形的影响。直到 1994 年美国鹰航 ATR-72 空难的发生,这起空难是由过冷大水滴环境造成的,与当时所研究的云雾环境存在极大差异,由此激发了人们对不同积冰形状和临界冰尺度的研究兴趣。不同翼型的结冰敏感性被证实存在很大差异性。这起事故催生了结冰学术界、设计方、适航领域长达 20 多年的探索、争论,并最终促使运输类飞机适航审定标准的重新修订,详细过程见 1.1.3 节和 1.1.4 节。

1.1.3　1994—2014 年

在 1994 年美国鹰航 ATR-72 空难的大背景下,过冷大水滴(supercooled large drop,SLD)环境下的冰型特征成为研究的焦点,结冰研究重心转移到过冷大水滴。异常结冰的物理机制开始得以重点研究,冰型的特征和分类也得到进一步的细化,冰外形对翼型/机翼气动性能的安全裕度影响得到更全面的讨论和分析。结冰模拟和气动验证方面的工作也在继续发展,研究内容细致到翼型本身甚至雷诺数/马赫数的影响。研究不再局限在 NACA0012,NACA23012 翼型、NACA6 系列、NLF0414、GLC305 等商业航空经常采用的翼型被证明在同样的结冰环境中存在很大的性能损失差异[38-40]。由于事故调查的重点是过冷大水滴,这种异常环境的结冰影响得到特别关注。过冷大水滴环境的液滴粒径跨度从 50 μm 到 1 000 μm,其结冰过程与以往认知的冰型特征存在很大不同。Ashenden 通过冰风洞试验分析了这类冰型的影响,其研究表明,暴露在冻雨环境中的机翼气动特性发生急剧恶化,性能损失更为严重且损失率最快。Miller 等[40-41]在平均水滴直径(MVD)为 99 μm 和 166 μm 条件下开展了冰风洞试验。结果表明,环境温度、液滴粒径、空速、迎角、襟副翼构型以及防除冰装置的启动时间都会对积冰产生较大的影响。这类试验环境超出了 FAR25 部附录 C 条件建议的环境范围,却远未达到真实的冻雨环境。Miller 在 Twin Otter 机翼上的试验冰型,以及 Addy 等在 NACA23012 翼型剖面上的试验冰型都指向了同一特征——过冷大水滴结冰发生在防除冰区后方,在几乎所有工况下都会形成一道冰脊。

冰脊试验的发现激发了一系列结冰空气动力学研究,用来确定这种类型的积冰对性能损失的影响。Lee 等[42-43]使用前向四分之一圆来模拟脊冰,按照 Addy 等的冰风洞试验数据$\left(\text{高弦比}\dfrac{k}{c} = 0.008\ 3 \sim 0.013\ 9\right)$,在雷诺数和马赫数分别为 1.8×10^{6}、0.18 的 NACA23012 翼型上进行气动试验。研究发现,当冰脊位于某些临界位置时会形成很大的分离泡,严重影响 NACA23012 翼型的压力分布,导致最大升力系数显著降低。其中,当冰脊在 $\dfrac{x}{c} = 0.12$ 位置增长到高弦比$\dfrac{k}{c} = 0.013\ 9$ 时,最大升力系数仅为 0.27,下降了 80%,翼型的阻力和力矩、襟翼的力矩特性都发生了极大的变化。而当冰脊高度 $\dfrac{x}{c} = 0.02$ 时,最大升力系数提高了近 1 倍。采用高弦比为 0.008 3 的较小冰脊时,其最大升力系数的低值为 0.45,也出现在 $\dfrac{x}{c} = 0.12$ 附近。Lee 等后续对 NLF0414 翼型也进行了类似的变参数研究。有趣的是,结冰翼型的最大升力系数是 NACA23012 翼型的

3倍。这种差异与翼型本身的压力分布有很大关系。这项研究进一步增强了对翼型冰气动影响敏感性的理解。

Calay 等[44]在结冰研究中进一步指出,溢流冰(runback ice)不一定只是在过冷大水滴环境下产生,当防除冰系统延迟开启时也有可能在运行过程中产生。前缘部分未结冰的过冷水或融化的水,在气动力的推动下流动到下游结冰,产生冰脊。为了进一步研究结冰形状对升力损失的影响,Kim 等[45]使用冰风洞数据对模拟冰冰型进行了重新定义(如上冰角高度、生长角度、尖端半径、生长位置等)。研究发现当角冰位于机翼前缘、朝向来流方向生长时,冰生长对气动特性的影响很小且冰的几何形状(尖端半径)对气动性能损失也没有显著影响。而结冰位置和冰生长高度是量化气动损失率的两个核心参数。Papadakis 等[46-47]在 NACA0011 翼型前缘采用扰流板来模拟冰型,这项研究得出如下重要结论:当扰流板角度与翼型弦线垂直时,气动性能的损失最大。此外,Addy 等[48-51]围绕冰不敏感翼型开展了相关研究,考察的翼型包括某货运机平尾、某客机主翼和某通航飞机主翼等,同时也开展了相应的冰风洞试验验证,然而其存在一定的缺陷。例如存在试验段不能保证结冰云雾的均一性,且在风洞的近壁面冰型会逐渐变窄等现象,因此通常认为中心线附近的冰型才是可靠的,此时应区别看待结冰和气动试验。冰型通常被制作成高仿真铸件,再通过低湍流度压力风洞(low-turbulence pressure tunnel,LTPT)开展高质量的大跨度雷诺数/马赫数气动参数研究。有趣的是,基于 NLF0414 和 GLC305 翼型的研究结果表现出不同的空气动力学特性。在 NLF0414 翼型上,带冰模翼型与干净翼型的气动性能存在显著差异;然而,在 GLC305 翼型上却没有观察到这些差异。试验表明雷诺数在 $3.0 \times 10^6 \sim 10.5 \times 10^6$ 区间内对结冰翼型的气动性能几乎没有影响,这进一步证明了结冰翼型的气动性能不依赖于雷诺数。而马赫数从 0.12 增加到 0.28 时对升力系数产生一定的影响,但范围极其有限。

在美国宇航局与威奇塔州立大学承担的 AGATE 项目中,过冷大水滴在翼型流场中的水滴收集特性得到广泛研究。Gile - Laflin 等[52]建立了残余冰和过程中结冰的模型。Jackson[53]后续对模拟冰型的气动性能进行了测试。研究表明除冰系统中间过程的结冰使得最大升力下降约 30%。对于 NACA23012 这类依赖于吸力峰获得升力的翼型,最大升力系数损失率高达 60%[54]。

与此同时,结冰空气动力学的计算技术也在这一段时期得到了快速发展。例如,Dunn 等[55]通过计算方法研究了展向冰脊的气动影响,Bragg 和 Loth[56]描述了试验和计算方法各自的维度与边界。Pan 等[57]将计算流体力学方法扩展至结冰翼型；Gurbacki 研究了结冰 NACA0012 翼型的非定常流特性。从以上研究中，人们试图建立与结冰参数相关的全新翼型数据库。如 Chung 等[58] 给出了 NLF0414 结冰翼气动特性的标准算例，Wright[59] 将一些冰型数据用于 LEWICE 2.0 的验证等。

在飞行试验方面，美国联邦航空管理局（FAA）和美国航空航天局开展了一些重大课题研究[60-61]。在项目执行第一阶段，Papadakis 等研究了水平尾翼冰污染对飞机性能和操纵的影响（ice-contaminated trail stall，ICTS），包括 DHC-6 双水獭飞机的平尾风洞试验和飞行试验，以此形成了一个关于 ICTS 的结冰空气动力学数据库。在第二阶段，项目面向商务机 T 形尾构型开展了进一步深入研究。依利诺伊香槟分校的 Bragg 团队花费数十年时间开展了大量风洞试验，系统归纳了粗糙冰、流向冰、角冰和脊冰四类临界冰型的流场特征。对于冰粗糙度的影响，其对粗糙冰高度、密度和分布特性进行量化研究，例如，粗糙冰密度达到 30% 时被认为对阻力影响最大。角冰的流场被解析为分离流动，冰角的尺寸、位置和生长角度被认定为关键参数；脊冰形成于更靠后的翼型表面，其分离区要明显更大，流场也更不稳定，还有待进一步的深入研究。这些研究从空气动力学角度对结冰理论有所提升。值得注意的是，真实的结冰冰型并不能简单地归为某一类，它很有可能是几类不同冰型的组合，需要通过分解复杂冰型，才能进一步评估其危害机制和空气动力学效应。

此外，缩比模型也是结冰研究发展的重要方向之一，主要应用于大部件的试验缩比和跨速域部件（直升机桨叶、螺旋桨）的结冰规律研究。代表性研究有 Papadakis 采用 25% 缩比构型与全尺寸模型的比较，宾夕法尼亚州立大学 Smith 团队在直升机领域的贡献等。然而，由于结冰机理的复杂性，这方面的进展相对比较缓慢，缩比的尺寸通常不能过大，需要更多的理论研究做支撑。

1.1.4　2014 年以后

2014 年以后，随着过冷大水滴结冰、混合相与冰晶环境相继被 FAA 和欧洲航空管理局（EASA）写进适航审定条款，人们对于异常结冰环境的飞行安全逐渐重视起来。过冷大水滴结冰研究一时在全世界成为热潮。

机理研究方面，过冷大水滴结冰的特殊性得到重点关注。研究人员首先将异常结冰的原因归结为大水滴引起的破碎和飞溅效应，解释了"过冷大水滴结冰位置更靠后"的机理。代表性成果包括 Luxford、Purvis 等[62-63] 有关水滴运动机理的研究和 Tan 等[64] 基于水滴碰撞实验构建的大水滴收集特性计算模型。在随后的研究中,为了更好地理解过冷大水滴结冰,张辰等[65]采用冷库构建结冰环境、利用冰风洞模拟高速气流、通过压电式水滴发生器产生过冷大水滴,在同时保证环境温度、飞行条件和过冷水滴真实性的基础上,还原了过冷大水滴撞击壁面后快速结冰的物理现象,证明了研究大直径水滴高速撞击过程中热力学因素的重要性。研究表明,过冷大水滴撞击结冰过程受多因素影响且十分敏感[66];其结冰过程随着粒径、速度、温度等因素的变化。且水滴撞击结冰的特征迥异,撞击过程的热交换极大地影响了过冷大水滴的结冰速率,体现出异常性[67]。Jin 等[68]后续结合亲疏水性开展了更加深入的液滴撞击研究。Kong等[69]采用逐步降温的方式实现了$-6\sim0$℃的过冷水层的冰枝生长特征模拟,发现过冷水层中冰枝尖端生长速率会随着过冷度的增加呈现指数级的上升趋势,并提出模拟冰型生长的多阶段模型。常士楠等研究了不同条件下液态水流动形态和传热特征的变化规律,建立了风速/流量与水层厚度、热扩散率之间的关联。Karev[70] 等基于科特流假设研究了过冷状态下、空气驱动的过冷水热交换与水层厚度的关系。研究表明,由于双等温边界条件的影响,过冷水层的温度分布使得冰水界面达到某种平衡;当扰动产生时,冰水界面温度及温度梯度都会发生变化,水层厚度变小引起界面上的冰生长速度趋强,冰的生长过程因此加快;相反,水层厚度变大,则结冰过程被抑制,流动会湍流化。Rothmayer 等和 Tsao等[71-72]也相继探讨了流动结冰中的稳定性问题,分析了冰层生长过程中,在不同的水含量和过冷度条件下产生稳定性结冰的基本参数条件。总之,过冷大水滴结冰的粒径效应和过冷态理论在这一段时间得到了充分的研究和发展,为结冰模拟技术、冰气动分析和防除冰技术的发展创新,提供了重要的理论依据。

数值模拟技术方面,LEWICE、FENSAP - ICE 等工程软件为了提升冰型预测能力,都各自发展了过冷大水滴结冰模拟能力。Wright 等[73-76]通过对过冷大水滴收集率模型的改进,提高了多粒径尺度下的冰型模拟能力;Han 等[77-78]则强调带冰翼型的热交换计算过程应区别于层湍流换热因素,建立了考虑表面粗糙度影响的改进换热系数计算模型,提高了结冰冰型随时间演化后的预测能力。Kong 等[79]则强调以过冷态海绵冰生长模型替代 Messinger 模型,有效提升了结冰模拟的温度范围。冰气动模拟研究开始更加关注非定常特性造成的压力振荡,尤其是 CFD 计算方法的运用[80-85]。如张恒等[86]把 5 阶 WENO 低耗散格式应用到三维结冰流场的非定常过程计算,提高了空间脱体涡系的捕捉能力;肖茂超等引入自适应长度尺度,改善了网格尺度不足时 SST - IDDES 算法模拟剪切层失稳的能力;顾洪宇等采用面积加权平均方法,实现了网格自适应在结冰翼型流场的信息跟踪；张辰等基于 5 阶 WENO 和 6 阶中心差分混合格式和耗散自适应网格重构的 IDDES 方法，验证了采用多核并行计算技术提高带冰翼型流场计算效率的能力。这些工作为研究冰气动非定常流的不稳定性机制提供了重要的技术基础。研究表明，角冰流场通常可以近似为后台阶模型，当流动从冰型尖端位置分离后，形成剪切层，在发生不稳定后，诱导出涡街。涡的生长、发展和脱落引起力系数的振荡，维持在某些特定的频率范围内。而脊冰流场则更像障碍物模型，由于速度型的破坏，展向脊冰通常引发较强的反压力梯度，造成气动性能较大的损失。综上所述，过冷大水滴环境更容易形成这两类冰型，其结冰位置、尺寸和几何特征都是关键因素，对飞机结冰致灾有着重要的影响。

在实验技术改进方面，传统的冰风洞惯性参数、结冰因子、冻结率、水含量传递因子等参数还不能完全覆盖过冷大水滴环境，水滴云雾粒径分布的同步测量技术得到更多关注。研究者开始更加注重与现代飞机设计特点的结合，因此后掠翼结冰问题得到更多的研究与关注。如 Broeren 利用激光扫描和 3D 打印技术获得高逼真度的人工冰型，进而研究结冰后掠翼的流动分离、再附着、二次分离、翼面局部失速等特征；Diebold 开发尾迹分析技术，研究后掠翼结冰的流向涡对展向载荷分布及诱导阻力变化的影响；Camello 采用油流粒子图像测量（PIV）技术，分析不同雷诺数和不同攻角条件下的结冰后掠翼再附线的分布差异等。Broeren 和 Potapczuk 还进一步开发了后掠翼结冰的冰型归类及气动缩比技术，为冰风洞实验提供了一定的技术储备。但一些 2.5 维结冰气动影响原理正遭受质疑。如传统理论认为由于结冰翼型从附面层到分离流动发生流型转变，升阻力特性受雷诺数/马赫数影响并不敏感；而后掠翼结冰气动实验表明，结冰后 CRM65 机翼在雷诺数从 1×10^5 变化到 6×10^5 时，其翼面分离特性有明显差异。当攻角从 $2.3°$ 变化到 $5.6°$ 时，前缘分离涡的再附着位置发生不同程度后移，最终导致翼面局部失速。

在防除冰技术方面，结冰防护不再单纯指具体的某一防除冰设备或部件，而更加关注整机安全的结冰防护系统，结冰环境的及时探测、预警和防除冰的冗余能力成为更加关注的要点。防除冰设计在保证安全性的情况下应尽量减少设备的重量和能耗。此后，一些针对过冷大水滴环境的结冰探测技术开始萌芽，如美国 Goodrich 公司发明的磁滞伸缩探头型结冰探测器，瑞士 Vibrometer 公司设计的压电平膜谐振型结冰探测器，都是针对过冷大水滴结冰环境开发应用设备技术的典型产品。另外，一些新技术也在逐步融入传统的电热防冰、机械除冰方式。超疏水表面处理、防冰涂层、记忆合金、电磁脉冲、微波除冰等新材料和新技术引发了学术界激烈的讨论。其基本思路是利用微纳米尺度的物理或化学方法处理表面,降低水与壁面的接触程度,使得水滴不会停留在飞机表面。研究表明,具有规整结构的超疏水表面可以使撞击表面液滴在凝结成核前从表面反弹出去;在低湿环境下,液滴在表面的结晶成核时间能得到有效延长;这项技术目前的制约因素主要在于超疏水表面的长期保持,相关技术的转化还有待进一步探索。

1.2 飞机结冰适航的修订与更新

民用飞机结冰适航条款起源于 20 世纪 50 年代,最早见于 FAA 推出的民用航空规章 CAR4b.640,要求飞机具备相应的机体防冰能力。1964 年,FAA 发布运输类飞机适航审定标准,在 FAR25.1419 条款中规定了"防冰"的要求,并且首次发布结冰环境标准——附录 C。之后,FAA 数次通过修正案方式对适航条款进行修订和更改,以满足日益增长的航空安全需求。

其他国家运输类适航审定规章发展较晚,如欧盟的 CS25 部,我国的 CCAR-25 部,均是在 FAA FAR25 部的基础上发展而来。20 世纪 90 年代,欧洲成立联合航空局(JAA),发布适航规章,但各成员国实际上根据本国实际情况施行航空法规,导致各国标准参差不齐。2002 年,欧洲航空安全局(EASA)成立,替代了 JAA 的所有工作,并于 2003 年发布 CS25 部运输类飞机适航审定规章。近 60 年来,FAA 根据实际飞行中出现的问题和事故,并结合各方面的建议和经验总结,对适航规章以修正案的形式进行更改与修订。欧洲和我国的适航法规修订均以 FAA 的修正案为参考,因此本书以介绍 FAA 的修正案为主。截至 2022 年,FAA 已进行 144 次规章修订,并仍在不断更新和完善。其中,与结冰适航审定有关的修正案有 4 次,即 25-100 修正案、25-121 修正案、25-129 修正案和 25-140 修正案,分别于 2001 年、2007 年、2009 年和 2014 年发布。下面对这 4 次修正案的主要修订内容和要义做分项论述。

1.2.1 25-100 修正案

2000 年以前的结冰适航以"设备级"防护为主导,大体思想是按照最不利工况设计防除冰方案,保证飞行器具备足够的防除冰能力,如 25-0 修正案定义的"25.1419 防冰"条款,25-38 修正案、25-57 修正案、25-78 修正案反复修订的"25.1093 进气系统的防冰"条款。

1998 年 FAA 在针对 FAR33 部的修订中,涉及发动机外来物的吸入,新增

"33.78 雨水和冰雹的吸入"，并对"33.77 冰的吸入"进行了修改。为了与发动机审定保持一致性，在 25-100 修正案中对 25.1091(e)条款进行了修订，增加了对 33.76~33.78 条款的引用。条款规定，发动机进气系统必须能在(i)附录 C 规定的结冰条件和(ii)飞机营运限定范围内的降雪/扬雪条件下实现全推力范围工作(包括慢车)，发动机、进气系统或机体部件上没有不利于发动机运转或引起推力严重损失的积冰。

作为飞机最核心的动力部件，发动机进气受结冰影响有大量的数据支撑，1988 年到 2003 年由发动机制造商记录了 231 起结冰事故征候，表明此类环境可能导致发动机风扇剧烈振荡甚至损坏；同时，进气系统的结冰也给飞行安全带来安全隐患。此后，防冰的审定需求不再拘泥于防冰或除冰设备的功能性，飞机动力系统的性能得到同等重要的关注。在这种思想的引导下，结冰适航开始从"系统级"角度思考问题。

1.2.2　25-121 修正案

25-121 修正案发布于 2007 年，是围绕飞行系统结冰适航审定的一次全面的修订，涉及的条款多达 17 条，具体包括"25.21 符合性证明"条款，"25.103 失速速度"条款，"25.105 起飞"条款，"25.107 起飞速度"条款，"25.111 起飞航迹"条款，"25.119 复飞：全发工作"条款，"25.121 爬升：单发失效"条款，"25.123 巡航航迹"条款，"25.125 着陆"条款，"25.143 操纵性与机动性 总则"条款，"25.207 失速告警"条款，"25.237 风速"条款，"25.253 高速性能 条款，"25.773 驾驶员视界"条款，"25.941 进气、发动机、排气的相容性"条款，"25.1419 防冰"条款，"25.1 附录 C"。

修订后的条款明确了结冰条件下的 B 分部适航审定需求，涉及起飞、爬升、巡航、着陆、复飞的全包线飞行状态。飞机的失速性能、高速性能、发动机的进排气性能、驾驶员视界等也被特别提及。25-121 修正案的另外一项重大修订在于明确规定了飞机在进行结冰适航审定时必须对各种运行状态的大气结冰条件进行飞行试验，所选取的临界冰型必须按照飞行阶段进行区分。

这项修订隐含的意义在于要根据飞行状态的改变选择不同的冰型(定义不同飞行状态的临界冰型)，一旦飞行状态改变，冰型的临界性也有可能发生变化。诚然，设计者可以选择多种临界冰型的组合进行所有飞行状态的验证，但必须事先证明这种冰型组合在所有状态下都表现出临界性，这也是为什么"25.1419 防冰"条款要增加(d)条补充说明防冰系统需要考虑范围的原因。"25.773 驾驶员视界"与"25.1419(c)"对结冰预警时间的判定要求是保持逻辑一致,强调了从"结冰发生"到"发现结冰"的判定时间对临界冰型形成过程的影响。

不难看出,25-121修正案已不再局限于防冰系统的符合性验证,对结冰的飞行性能和操稳特性影响提出了明确的审定需求。局方已经意识到结冰会导致离地速度的需求增加、地面起飞滑跑的距离变长、爬升过程中的爬升率明显下降、可续航能力变短、飞机失速速度的增加等现象的出现;结冰同时会增加发动机在相同推力下的额定功率,飞机只能以较小的速度和较大的攻角飞行,使得下降过程中的下滑角增大、下降率增加,对着陆性能产生严重影响。此外,结冰会降低飞机操纵性能,甚至导致操纵面完全失效,如失速角减小、非操纵性低头等情况,这些都将成为结冰飞行事故最直接的表现形式。

从适航审定逻辑层面,模拟冰试飞和自然结冰试飞成为证明飞机安全性的重要保障。其一,通过最不利冰型的模拟冰,证明飞机即使遭遇最严重的积冰仍然具备足够的安全飞行和操纵性能;其二,通过自然结冰获取的冰型,证明飞机在规定的环境下不可能发展为最不利冰型状态。

25.21(g)总述了B分部结冰条件下适航审定的飞行科目范围和符合性要求。随后在25.103至25.125中强调了起飞、爬升、巡航、复飞、着陆过程中需要考虑结冰环境的影响。以25.119为例,原有条款关于发动机可用推力和爬升梯度的限制是由25.125(b)(2)(i)的非结冰条件决定的;经过本修正案修订后,增加了第二条:"按照附录C定义的着陆冰型,在25.125(b)(2)(ii)确定的爬升速度条件下验证可用推力和爬升梯度满足要求。"

25.143(c)要求在各飞行阶段的临界冰型条件下表明飞机具有足够的安全操纵性能和机动能力,对所需验证的发动机工况、飞行条件和操纵力均有明确的规定;此外25.143(i)则对飞机在结冰条件下水平尾翼的低过载机动能力,以及侧滑角增加时驾驶员通过纵向操纵保持速度所需的杆力特性提出了要求。

25.207(e)对结冰失速告警提出了裕度和反应时间的要求,25.237(a)(3)增加了带附录C着陆冰型的风切变验证,25.253(c)规定了结冰条件下保持稳定性的最大速度限制。

此外,25-121修正案最重大的修订是在附录C原有结冰条件的基础上,增加了"第Ⅱ部分 用于表明B分部符合性的冰型"。条款明确提出了起飞冰型、最终起飞冰型、巡航冰型、等待冰型和着陆冰型的要求,并指出评估过程需要考虑防除冰系统从启动到发挥功效的过程。不难看出,结冰条件下的飞行品质在这段时期得到重点关注,结冰适航审定已经开始关注全机的飞行安全,而不仅仅停留于防冰系统或其他系统。

我国现行的民用飞机适航标准 CCAR - 25 - R4 是以 25 - 121 修正案为蓝本进行修订的,即国内的适航当局目前以此为审定基础,开展运输类飞机的符合性审查工作。

1.2.3　25 - 129 修正案

25 - 129 修正案于 2009 年 9 月修订,是在 25 - 121 修正案基础上的一些条款更新,主要包括"25.143 操纵性与机动性 总则""25.207 失速告警""25.1419 防冰""C25.1 附录 C"四项条款。25 - 129 修正案进一步考量了机组人员没有及时开启防冰系统的情况。由于担心飞机的防冰系统没有及时开启,并且考虑到机组在发现结冰后存在反应时间,本修正案对 25 - 121 修正案中的部分条款进行了适当修订,并进一步明确了在结冰条件下对飞行品质和操纵性能的具体要求。

最重要的修订在于从实际操作层面上对"25.1419 防冰"进行了更全面的修订,新增了(e)～(h)款,(e)款明确了结冰探测和启动方式的类型,(f)款指出了防冰系统需要考虑的飞行阶段,(g)款规定了防冰系统的启动方式和预警机制,(h)款对飞行手册的操作指南提出了要求。此外,附录 C 第Ⅱ部分(e)限定了从"防冰系统启动"到"达到预期功能"的冰型仅用于验证 25.143(j)、25.207(h)和25.207(i)的符合性。

在这一阶段,修正案对失速告警裕度和方式进行了完善和修订。例如,25 - 121 修正案修订的 25.207(b)规定:"结冰条件下的飞行失速告警必须采用与非结冰条件下失速告警相同的方式,除非出现 25.207(h)(2)(ii)的情况。"然而,25.207(h)(2)(ii)并不一定包含 25.207(e)规定失速告警裕度的例外情况,这段表述是不清晰、不全面的。25.129 修正案对 25.207(b)进行了表述性修改,并为25.207(h)(2)(ii)增加了 25.207(h)(2)(iii)作为解释,明确了"区别于非结冰条件的失速警告进行结冰失速告警"这种情况的符合性验证需求。

"25.143 操纵性与机动性:总则"部分,(j)款的修订使得模拟冰试飞的验证方式也得到进一步细化。验证飞机在结冰条件下的操纵性和机动性能力,需要在防冰系统气动并达到预期功能之前,采用附录 C 第Ⅱ部分(e)款定义的冰型。这里建立了"循环中的冰"与模拟冰试飞的关联,具体操纵方式也得到进一步明确:① 飞机在上拉动作中可控制,载荷系数高达 $1.5g$;② 在推杆机动过程中,俯仰控制力不发生反转,负载系数降至 $0.5g$。

1.2.4　25-140修正案

25-140修正案发布于2014年11月,由FAA发起,面向飞机和发动机,经全球三十余家设计公司和供应商投票表决,并最终正式写入FAR条款。修正案对1994年Roselawn空难以来异常环境的结冰危害进行了系统的梳理,并形成了最终法案《飞机与发动机在过冷大水滴、混合相和冰晶条件下的适航需求》。2015年3月,EASA也对CS条款进行了相关修订。同一时期,FAA同时更新了咨询通告AC25-25《结冰条件下的性能和操纵特性》,并发布了AC25-28《结冰条件下飞行审定需求的符合性方法》,飞机结冰适航迈入新的历史阶段。

从涉及的修订范围看,25-140修正案的主要内容包括如下几方面:增加"25.1420过冷大水滴结冰条件";增加"附录O过冷大水滴结冰环境";修订"25.1419防冰"相关条目;增加"25.1324攻角系统";修订"25.21符合性证明""25.105起飞""25.111起飞航迹""25.119复飞:全发工作""25.121爬升:单发失效""25.123巡航航迹""25.125着陆""25.143操纵性与机动性总则""25.207失速告警""25.237风速""25.253高速性能""25.773驾驶员视界"等若干B分部条款;与动力相关的"25.903发动机""25.929螺旋桨除冰""25.1093进气系统防冰""25.1325静压系统"等相关条目;增加了"25.1521电源限制""25.1533额外操作限制"。可以看到,几乎所有与结冰相关的条款都进行了修订,修改幅度甚至超过了半个多世纪的结冰款项。

在新修订的FAR适航规章中,附录O明确了过冷大水滴结冰适航的环境需求,划定了需要考虑的过冷大水滴环境界限范围。与附录C环境描述方式不同的是,附录O将过冷大水滴环境定义为冻毛毛雨(freezing drizzle,FD)和冻雨(freezing rain,FR)两类,强调了"粒径分布"的概念,并分别规定了两种环境的液滴粒径上下边界。冻毛毛雨的粒径范围在500 μm 以内,而冻雨环境的最大水滴粒径可达2 000 μm,实际的水滴粒径分布范围极广。大跨度粒径范围的环境需求,实际上更加强调了粒径分布的概念,突出了自然结冰试飞的重要性,对实时测量、计算模拟、风洞试验都提出了更高的技术要求。

此外,附录O专门为"MVD<40 μm"的冻毛毛雨/冻雨环境划定了液态水含量范围,这里面其实有部分区域与附录C中的最大连续结冰条件重合,更加强调了在"平均水滴直径"基础上"液滴粒径分布"的影响。研究表明,大直径过冷水滴可能对结冰过程产生影响;当粒径分布发生变化时,相同的MVD环境仍然可能引起较大的结冰差异,对飞机造成未知的潜在危险;在相关研究中,已获得了科学证据。

FAA 最初考虑用附录 O 约束所有运输类飞机,大力推动过冷大水滴结冰适航,但由于波音公司认为目前尚未有证据表明大型飞机会由过冷大水滴结冰引发空难,过冷大水滴结冰适航的约束范围暂时定位在最大起飞重量 60 000 lb①或具有可逆操纵器件的两类飞机上。EASA 则认为过冷大水滴规章应适用于所有新申请型号合格证的大型飞机,并在 CS 条款修订中取消了相关的适用性限制。表 1 - 1 给出了两大机构条款修订的差异。

表 1 - 1　FAA 与 EASA 过冷大水滴结冰条款修订的差异

条款编号	条 款 名 称	FAA	EASA
25.21(g)	符合性证明	最大起飞重量 60 000 lb 或 具有可逆操纵器件的飞机	所有运输类飞机
25.1420	过冷大水滴环境		
25.1093(b)	进气系统防冰		
25.1324	攻角系统	提出明确要求	所有外部探测器探测能力必须超出附录 O 范围
25.1323(i)	空速系统	要求满足附录 O	
25.1325(b)	静压系统	要求满足附录 O	

值得注意的是,25.1420 并没有强制要求飞机必须具备在附录 O 涵盖的所有结冰条件下安全操纵的飞行能力,而是适当保留了探测-预警-改出的可行性方案,差异化地定义了飞机在过冷大水滴结冰条件下飞行的要求:

(1) 能够在所有附录 O 结冰环境下安全飞行,确保飞行性能和操稳特性。

(2) 能够在部分附录 O 条件下安全飞行,当发现环境特征超出范围时,能够安全改出。

(3) 能够通过某种方法及时探测到过冷大水滴结冰环境,并具备从这类环境中改出的能力。

因此,就飞行系统而言,FAA 实际上给予了申请人较大的空间,并没有过分要求飞机一定要具备完美的飞行品质,而重点强调飞机应具备应对过冷大水滴结冰的能力。

然而,对于动力装置而言,修正案明确规定过冷大水滴结冰适航适用于所有

---

① 　1 lb≈0.453 592 kg。

安装在运输类飞机上的发动机。根据航空规则制定专家委员会的数据，到2010年规章制定通知发布为止，美国共发生231起过冷大水滴结冰导致的事故征候，有证据表明过冷大水滴结冰会破坏发动机风扇，造成较大的动力损失；EASA也通过地面实验证实了过冷大水滴会对发动机引气系统造成伤害。大型飞机由于跨国、跨洲航行等特点，更容易遭遇恶劣环境；为满足飞行安全需求，必须通过符合性方法证明飞机发动机具备在空气温度（－9～－1℃）、液态水含量0.3 g/m³、平均有效水滴直径100 μm条件下的正常运行能力。霍尼韦尔公司曾建议发动机审查也采用类似飞机的探测-改出机制规定过冷大水滴结冰适航需求，但被局方驳回。FAA认为发动机一旦进入危险范围，飞机将不具备足够时间从危险中改出。发动机必须要满足恶劣条件下的飞行需求，而非简单的探测-改出。

此外，由于适航指令的向后兼容原则，过冷大水滴条款对25-140修正案发布前的已取证飞机不具有约束力，适航当局也不会要求和允许已有飞机进入不安全飞行环境，造成不必要的危险。

25-140修正案大致可以概括为三个方面：

（1）允许对附录O环境采用"发现-改出"方案。新修条款并没有一味追求结冰后飞行品质和防除冰效能的提高，而要求飞行系统在面临附录O规定的过冷大水滴结冰条件时具备探测-告警-改出的应对方案，保证飞行具有足够的安全裕度。申请人可以根据自身飞机的设计需求和应变能力，自行界定可用的安全环境。

（2）特别强调了对探测能力的要求。修正案明确要求，驾驶员在发现和改出过程中能够清晰分辨出附录O环境的特征；要求所有外部探测器能够感知附录O环境，并且建议根据飞机尺寸和空速管安装位置引入能分辨过冷大水滴环境的新技术；增加25.1324攻角系统可以理解为"结冰引发提前失速"的预警机制需求；与附录C相比，附录O同样需要考虑防护问题，但更多的是对探测和预警提出要求，这是本次修订的重点内容。

（3）对发动机结冰提出了高冗余要求。作为运输类飞机的核心装置，发动机在极端环境下的性能和操纵特性被重点关注，并要求进行必要的验证。即无论是过冷大水滴、混合相还是冰晶环境，发动机失效是不被允许的。

需要特别指出的是由于环境因素本身的复杂性，目前附录O环境的防除冰评估能力还非常欠缺。表1-2的FAA统计数据显示，到2008年为止，用于冻雨环境结冰验证的工具和手段还未出现，尤其是MVD大于40 μm的环境，无论是冰风洞、数值计算还是空中喷洒机试验技术，都存在不足之处或者有待开发。结冰适航因此仍然面临着巨大的困难与挑战。

表 1 - 2　到 2008 年为止附录 O 环境的工具能力的评估

性　能		非　保　护　区				保　护　区					探　测　方　法			气动传感器	
		机翼	尾翼	雷达	非升力面	热气防护面	热气防护面后	机械除冰面	机械除冰面后	液体防冻剂	视觉线索提示	探测设备位置影响	设备性能	探测设备安装位置影响	设备性能
FZ＜40 mm	风洞	G	G	R*	G	G	G	G	G	G	G Y*	G R*	G	G R*	G
	计算	G	G	Y	G	R●	G	R R	R	G	G Y●	G	R●	G	R
	试飞	R	R	R	R	R	R	R	R	G	R	R	R●	R	R
FZ＞40 mm	风洞	G	G	R*	G	G	G	R	G	Y	G Y*	G R*	G	G R*	G
	计算	G	G	Y	G	R●	G	R	R	G	G Y●	G	R●	G	R
	试飞	R	R	R*	R	R	R	R	R	Y	Y	Y	Y	Y	Y
FR＜40 mm	风洞	Y	Y	R*	Y	Y	Y	Y	Y	Y	R	R	Y	R	R
	计算	Y	Y	R●	Y	R●	Y	R R	R	Y	Y	G	R	G	R
	试飞	R	R	R	R	R	R	R	R	Y	R	R	R	R	R
FR＞40 mm	风洞	R	R	R*	R	R	R	R	R	R	R	R	R	R	R
	计算	Y	Y	R●	Y	R●	R	R R	R	R	Y	G	R	G	R
	试飞	R	R	R	R	R	R	R	R	R	R	R	R	R	R

注：1. G 为已有试验能力，适用于部件的符合性验证，或者可以基于现有的经验获得。
2. Y 为试验能力可用，但是尚未说明，有使用限制或未经验证。
3. R 为试验能力尚未知，或尚未存在。
4. * 为能够评估小尺寸安装的影响，大尺寸安装不可行。
5. ● 为现有的 2D 能力已经考虑大水滴的影响，但是 3D 的附录 O 模拟影响还有缺陷。

1.3 飞机结冰适航取证面临的困难与挑战

1.3.1 25.1420 和附录 O 的审定

25.1420 的"发现-改出"选项使得附录 O 环境的结冰适航充满了不确定性。由于附录 O 环境不是强制性的,局方的结冰符合性审查边界一开始并不明确,这也给设计方在设计初期确定审定基础的过程增加了难度。在需求论证阶段就需要论证清楚设计的防除冰裕度——即选择所有附录 O 环境,还是部分附录 O 环境,或者完全采用"发现-改出"策略。对于没有基准机型做参考的飞机,如何选择合适的附录 O 边界,然后确立审定计划,将在很大程度上影响后续的审查进度。

根据同期发布的咨询通告 AC25-28,在 25.1420(a)(1)、(a)(2)或(a)(3)三种表明符合性的途径中,如果申请人按照全部附录 O 条件[即 25.1420(a)(3)]开展结冰适航审定,则针对附录 O 环境的探测需求减少,无须明确任何特殊的飞行手册程序或脱离结冰条件的限制;25.1420(a)(1)和 25.1420(a)(2)是不能满足 25.1420(a)(3)条件的两种替代方案。当飞机不能满足在附录 O 环境安全飞行时,申请人可以将结冰审定范围限制在附录 C 或者部分附录 O 范围内。结冰审定的环境可以由附录 O 条件的任意参数来定义。例如,一架飞机可以被允许在附录 O 条件下起飞,但无须具备在相同条件等待进场的能力。对超出选定的结冰环境边界,需要具备脱离-改出的能力,并通过飞行试验等方式表明 25.21(g)的符合性。

目前,面向附录 O 条件的符合性验证方法还不完善,现有技术还不支持在飞行中区分冻毛毛雨和冻雨环境。因此,采用 25.1420(a)(2)进行认证将极具挑战性,且需要与审定单位密切协调。也就是说,如果假定申请人不具备过冷大水滴环境申请经验,建议的审定方式应为 25.1420(a)(3)或(a)(1)。如果以 25.1420(a)(3)作为审定基础,应当在所有附录 O 范围内,考虑临界冰型、结冰危害、防除冰设计和飞行验证;如果选择 25.1420(a)(1)作为审定基础,则审查的重点则需要考察飞机结冰系统的设计冗余和附录 O 环境的探测能力,从而判断各系统在附录 O 条件下的应对能力。

过冷大水滴结冰机理和云雾环境构建仍然是值得研究的方向,也同样是结冰适航符合性验证需求的重要技术手段。过冷大水滴环境的附加影响主要体现在液滴粒径分布的可变性。差别在于,附录 C 条件可以用单一 MVD 参数描述粒径,采用单峰分布的云雾环境模拟,这是由于冰型对粒径分布形式(如朗格缪尔分布)并不敏感。附录 O 定义的液滴尺寸范围较宽,而过冷大水滴更倾向于放大液滴粒径的影响,这些差异不仅会影响水收集系数,其碰撞效应更可能反映在结冰规律上面,影响最终形成的冰型形态。

根据 Cober 等描述的方法,附录 O 每一种过冷大水滴结冰环境的液滴粒径可以通过均值法将每一种液滴尺寸缩放为液态水含量(LWC)$=0.2\ \text{g/m}^3$ 的固定值,采用 1 μm 为特征直径的最小单位,可以生成质量谱分布和对应直径的关系曲线,如图 1-2 所示。可以看出冻雨环境的 $\Delta(\text{LWC})/\Delta\log$(水滴直径)随直径的变化呈现出双峰分布特征,水滴直径在 200～300 μm 范围之外出现了 700～800 μm 范围的第二个质量峰值。四种过冷大水滴结冰环境的质量谱曲线存在巨大的差异。Isaac 等通过分时采集数据点评估其形成机制发现,有些过冷大水滴通过融化成过冷态的机制形成,有些则通过冷凝-碰撞-凝聚的机制形成。总之,目前有关过冷大水滴结冰的形成机理还需要在理论层面上进一步突破。

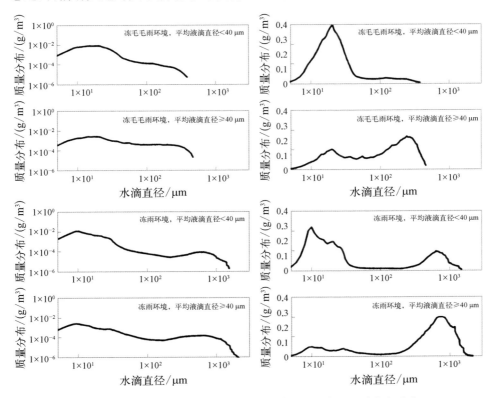

图 1-2　附录 O 规定的过冷大水滴结冰环境的典型云雾粒径分布

从工程评估角度,局方建议把质量与液滴直径的比例列成不同仓位来构建云雾环境。如表1-3所示,通过构建不同仓位的质量比例与粒径的关联,形成附录O的质量累积分布离散谱。仓位的质量比例作为分布的上限范围提供合理的分辨率。表1-3包含用作积冰计算机代码的输入参考值。

表1-3 使用仓位法表示的冻雨液滴尺寸分布

尺 寸		平均粒径<40 μm 的冻雨环境			平均粒径>40 μm 的冻雨环境		
仓位(Bin)	质量比例	左边界点/μm	质量加权中点/μm	右边界点/μm	左边界点/μm	质量加权中点/μm	右边界点/μm
1	0.100	1	7	8	1	9	14
2	0.200	8	10	12	14	35	236
3	0.200	12	15	19	236	399	526
4	0.200	19	25	53	526	645	765
5	0.100	53	255	468	765	833	912
6	0.050	468	534	595	912	957	1 008
7	0.050	595	655	718	1 008	1 066	1 129
8	0.050	718	792	883	1 129	1 197	1 288
9	0.025	883	942	1 034	1 288	1 345	1 420
10	0.025	1 034	1 191	1 553	1 420	1 545	2 228

注:1 μm 分辨率的离散谱可在威廉·休斯技术中心的文件中查找。

1.3.2 临界冰型评估与安全性分析

未来结冰适航审定面临的另一个挑战在于如何分析和评估临界冰型,确定设计方案。除了需要考虑飞行条件和环境因素的不确定性因素之外,临界冰型还需要考虑机组响应、系统运行和失效条件的影响。有以下原则需要考虑。

(1)结冰环境的特殊性。过冷大水滴结冰的临界冰型评估可以是基于所有附录O环境,也可以是基于部分附录O环境。即使对所有附录O条件采取"发现-改出"的方式,仍然应当评估遭遇附录O环境后的结冰影响。附录O与附录C的差异在于双模态分布的特殊性,云团中的质量由更大直径的液滴占据;又如采用附录C常用的标准大气温度随海拔高度的递减率评估附录O条件是不合适的,因为附录O定义的冻雨环境与温度逆差有关,冻毛毛雨与标准递减率也有差异,因此,确定附录O产生的冰型要考虑临界温度和暴露过程的持续时间影响，这是另一特殊性。

（2）多途径验证原则。由于工程能力限制，现有的临界冰型确定方式存在局限性，尤其是冻雨环境，通过现有的手段很难得到充分的适航验证，因此通过多途径实现临界冰型是必须的。根据咨询通告 AC25 - 28，如果有至少两种预测附录 O 积冰的方法表明了相似的结果，那么可以不在自然结冰条件下进行附录 O 结冰飞行试验。评估方式包括 NASA LEWICE 2D/3D、冰风洞试验和机载结冰喷洒等，其他结冰模拟代码和设备需要考察可用性。

（3）防护等级的界定和修订。评估飞机在附录 C 和相关附录 O 条件下安全运行的能力时，应当首先确定哪些部件需要进行防冰，并且确定所需的防护等级。申请人应当基于分析结果确定哪些区域或组件不需要保护，并提供相关的数据和理由，防冰失效的影响也应考虑在内。因此，临界冰型的确定过程可能经过多轮迭代过程，如当升力面/控制面的相关冰型修改时，防冰系统的预启动、周期运行、残余及溢流冰影响都需要同时进行更新。AC25 - 28 强调确定临界冰型的同时应当考虑溢流冰的潜在危险。

在安全性分析方面，各分系统或部件的防冰能力需要逐一验证，具体包括如下几方面。

（1）防冰区域评估的分析。申请人应当证明，根据 25.21(g)要求，非防护面的结冰不会对飞机的操纵特性或性能产生不利影响。申请人还必须证明缺乏保护不会造成系统和设备（如皮托探针）的运行和功能受损。面向气流的辅助冷却进气道设备可能因积冰而受限。在附录 C 条件下不发生结冰的进气道，在附录 O 条件下可能会发生积冰的情况。

（2）可能发生颤振的分析。对于在结冰条件下运行的飞机，由于防冰系统单一失效（非对称结冰）或其他非极不可能事件的组合失效，需要考虑未保护面积冰对"运输类飞机的气弹稳定性"的影响。按照 25.629 - 1B 所述，颤振分析应当反映出受保护和未保护表面暴露在附录 C 和附录 O 条件下的所有结冰，也包括可能在控制面上发生的积冰。

（3）电源系统的分析。申请人应评估防冰系统设计的电源，对每个电源进行电载荷分析或试验，以确定其足以运行防冰系统，并在整个飞行包线内为飞机提供所有其他必要的电载荷。防冰系统失效对其他必要载荷供电可用性的影响应根据 25.1309 进行评估。影响发动机或发动机防冰系统的所有动力源必须根据 25.903(b)的独立要求表明符合性。

（4）冰脱落影响的分析。冰脱落可能会损坏或侵蚀发动机或动力装置部件,以及飞机升力面、安定面和飞行控制面前缘。风扇和压气机叶片等叶轮机械、进气滤网和喷管以及螺旋桨是冰脱落造成动力部件损伤的典型部件。对于安装在机身上的涡喷发动机以及非常靠近机身和机头后方的螺旋桨,都有可能由于前机身和机翼上的冰脱落造成严重损坏。飞机部件上的冰脱落不应损坏发动机和螺旋桨、对发动机运行产生不利影响或造成推力的严重损失。诸如升降舵、副翼、襟翼和扰流板的控制面,特别是由薄金属、非金属或复合材料构成的控制面也可能被损坏。

(5) 空速管和静压系统防冰的分析。"皮托管和皮托静压管的最低性能标准"的符合性,本身并不足以证明 25.1323 的符合性。而在飞行试验中,不太可能遇到对设备产生临界危险的结冰条件。因此,审定过程应当通过结冰喷雾试验和/或喷雾试验对结冰飞行试验进行补充。在恶劣气象条件下的运行经验表明,使用旧标准的皮托管探测器会导致空速波动,甚至造成指示空速丢失。25.1326 要求系统在皮托管加热系统失效时向飞行机组发出提示。TSO - C16a参考了美国自动机工程师学会(SAE)航空标准 AS8006"皮托管和皮托静压管的最低性能标准",并补充了附录 C 结冰条件规定的结冰要求和英国规范 2G 135"电加热皮托管和皮托-静压探头规范"规定的特定液态水含量实验的结冰要求。然而,它不包含附录 O 结冰条件,混合相和冰晶条件的试验。申请人需要表明,皮托管的加热足以满足附录 C 和适用的附录 O 结冰条件。如果在飞行试验中没有获得相关符合性证据,则应当提供分析或冰风洞数据。另外,大约 40% 的附录 O 结冰状况事件由液态水滴和冰晶混合组成,如果没有足够的热量使其在混合相或冰晶条件下融化,就会堵塞皮托管,影响准确的空速指示。

(6) 溢流冰危害分析。AC25 - 28 特别明确提出了溢流冰造成潜在危险的分析需求。在评估临界冰的影响时,需要考虑溢流的情况。在咨询通告中明确提到:附录 O 结冰条件可能会导致受保护区后方的冰脊或粗糙冰。在具有可逆飞行控制系统的飞机上,冰脊会导致控制面发生非指令偏转,可能导致飞机颠簸。飞机也可能遭遇最大升力降低、失速迎角降低以及飞控系统失效。如果失速保护系统的启动计划没有调整,附录 O 积冰还可能会导致飞机失控或失速。

1.3.3 结冰预警和防护技术的综合需求

25.1420(a)(1)和(a)(2)要求一旦进入附录 O 环境或已经达到必须脱离的附录 O 条件边界时,必须有相应的结冰探测技术提供给驾驶员信息。相应地,防冰系统的运行也需要有明确的替代方案。对于不同的防冰系统,结冰探测有不同的要求。

如采用简单的结冰探测系统,探测器必须在机体、发动机部件或发动机进气道产生不安全积冰之前,提醒驾驶员或自动启动防冰系统。结冰探测系统必须保证在设定的结冰包线内达到预计的功能。表明在附录 O 条件下的飞行安全符合性需要通过定性分析和冰风洞试验相结合的方式,说明结冰探测器能够在所有要求的结冰条件和飞机运行包线内正常运行。如果缺乏冻雨环境的验证工具表明符合性,则需要通过自然环境进行演示验证,以证实其在所有附录 O 条件下的探测功能。如果结冰探测器无法在低冻结系数时检测到积冰,申请人应当表明飞机可以在容冰条件下安全运行。如果安全性无法被证实,则需要安装结冰探测器。简单的自动结冰探测系统应当能尽量避免间歇结冰条件下的发动机频繁启停。否则在发动机引气阀的打开/关闭时会引起推力变化,这可能给飞行机组造成麻烦。

如采用咨询式结冰探测器,其结冰探测方式应当与线索提示绑定。例如通过可见的参考面或监视面结冰,启动防冰系统运行。咨询式系统不是用来确定防冰系统是否应该被开启的唯一手段。当飞机上安装咨询式系统时,飞行机组有职责确定何时启动防冰系统。无论飞行机组确定何时必须启动防冰系统,只要按照 25.1419(e)(2) 对飞机进行审定,则咨询式结冰探测器必须是型号设计的一部分,而不能作为可选设备。咨询式结冰探测器必须在飞机构型、飞行阶段以及附录 C 和附录 O 适用的结冰包线内达到其预定功能。如果咨询式结冰探测器不能在低结冰率时检测到积冰,此时飞行机组是不能感知到积冰的,需要安装结冰环境检测器或可探测到未知积冰的其他证明。

申请人无论采用哪种方式,都应当完成水滴碰撞分析或试验,以确保结冰探测器的位置合适。申请人应当表明,在不同的飞机构型、飞行阶段、飞行速度和飞行迎角下,结冰探测器均暴露在自由流的水滴轨迹中。结冰探测器应当安装在机体表面,使得传感器充分暴露于结冰环境。申请人应对选定的安装位置进行流场和边界层分析,以确保结冰探测器传感器不会受到液滴粒径的影响。结冰探测系统应表明可以在附录 C 和附录 O 使用的范围内运行。当通过自然或人工结冰试验(如冰风洞)验证时,申请人可以采用水滴撞击分析来确定在附录 C 和附录 O 适用部分的结冰探测器性能。申请人应当演示说明在结冰探测器启动后,飞机可以在防冰系统有效工作前形成的积冰下安全运行。探测器及其安装应尽量避免告警。

基于视觉线索提示进行咨询式结冰探测的方式较为复杂。如基于参考面积冰进行结冰探测分析,可能被用作视觉线索的示例有挡风玻璃雨刷杆(螺栓或叶片)、螺旋桨转子、雷达天线罩和受保护面。这里需要考察视场、视觉信号、云层能见度等因素的影响。因此,25.1419(e)(3)提供了另一种替代方案,即要求飞机在所有可能发生结冰的所有飞行阶段运行防冰系统,采用温度结合湿度进行线索提示。当采用温度与湿度结合判断时,应考虑因机体局部压力变化引起的静温变化。如果发动机和机体防冰系统都是基于表显湿度和温度启动的,则应采用双系统的共同保守温度。例如,如果发动机防冰系统在+5℃静态空气温度或更低温度下启动,则机体防冰系统也应在相同温度下启动,即使已经证实机体不会在静温+2℃以上发生结冰。总温或静温均是可接受的温度线索。如果使用静温,则应当提供静温显示,以便机组人员可以轻松确认何时启动防冰系统。

采用 25.1420(a)(1) 和(a)(2)符合性验证的结冰探测系统,需要确定飞机是否安全运行在附录 O 条件的边界。为表明 25.1420(a)(1)符合性,可以采用结冰探测系统探测飞机受保护区后方的结冰,但必须确保结冰探测器能够在飞机运行的条件和附录 O 条件下正常工作。申请人可以通过计算分析来确定结冰探测器的位置是否足够涵盖整个附录 O 水滴范围。申请人还可以使用典型翼型段和结冰探测器,通过冰风洞试验演示说明系统正常运行,并将探测器的信号提示与真实结冰过程相关联。

1.3.4　失效判定和飞行系统的验证

系统失效判定和飞行试验验证同样也是结冰适航的难点。如果说安全性评估旨在通过分析手段表明部件/分系统具备应对结冰环境能力,失效分析则是从概率角度解决结冰潜在危险的系统需求问题。参考 25.1309-1A"系统设计分析",通常采用分析或试验来证实防冰系统失效条件的危险分类,以表明 25.1309 的符合性。

评估 25.1309 符合性的危害分类通常是结合定性和定量因素的过程。如果是全新设计,与以往设计没有相似之处,那么基于经验性的危害分类可能不合适。如果新设计具有衍生性,可以考虑结合类似飞机的结冰历史事件进行评估,可以考虑将所有常规设计飞机的结冰事件历史记录考虑在内。申请人应当评估以往设计的相似性,在此基础上进一步考虑过冷大水滴结冰的特定影响,包括溢流冰效应、结冰范围更大、升阻力及发动机的额外影响等。

可以按下列三种假设进行定性分析:

(1)飞机探测到附录 O 条件,并安全脱离结冰环境,或者飞机能在部分附录

O 结冰条件安全运行,并在探测到超过许可的环境后安全地改出。

(2) 飞机进入附录 O 环境但没有告警,也未表明可以安全运行。

(3) 飞机和发动机的防冰系统已经在未告警之前被激活。

虽然还没有确切的统计数据,但历史经验提供了一些证据。例如许多飞行穿越结冰区域的飞机,都曾在驾驶员没有意识到的情况下暴露在过冷大水滴环境中。遭遇过冷大水滴环境的时间间隔可能会是极短暂的时间(如穿越垂直云团),也可能是持久的暴露(如等待阶段)。暴露时长和液态水含量的严重程度可能会产生较大的影响差异。因此,并非所有遭遇的过冷大水滴环境都会导致灾难性事件。

附录 C 通常设计为 99% 概率的结冰条件。因此,在附录 C 条件之外遭遇结冰的可能性大约为 1%。申请人可以假设遭遇附录 O 结冰条件的平均概率是 0.01 次/飞行小时,此概率不应由于飞行阶段改变而降低。申请人在进行安全性分析时,可以将设备故障的发生概率与附录 O 结冰环境的发生概率相结合。如果申请人能够使用过冷大水滴环境发生概率来证明危险等级达到"灾难级(hazardous)",那么提示飞行机组脱离结冰环境的设备发生失效的概率应该小于 1×10^{-5}。

如果防冰系统或结冰探测系统包含复杂的电子硬件,则应当为这些设备提供一定程度的设计保障计划,使其与飞机危害和系统失效的潜在贡献相称。这些危险或失效可能会由于电子硬件的失效或故障引起。申请人应参考 RTCA DO-254"机载电子硬件设计保障指南"和 RTCA DO-160G"机载设备的环境条件和试验程序"为这些设备提供设计保障。

申请人应当进行飞行试验,以演示说明飞机在除冰系统工作失效时,可以采用适当的飞行手册异常或紧急运行程序,使得飞机继续安全飞行和着陆。这种演示试验应当在常规受保护面的预期积冰条件下进行。

模拟冰飞行试验的难点在于失速告警系统和攻角结冰保护的验证。失速警告设备的最低性能标准应参照"失速告警仪器"表明符合性,但本身不足以表明 25.1324 的符合性。25.1324 要求一个加热的攻角系统传感器或等效方法,以防止在附录 C,或某些附录 O 结冰条件和规定的混合相以及冰晶条件下发生故障。

在某些例外和附加条件下,TSO-C54 要求 SAE 航空标准 AS403A"失速警告仪器"的性能符合性。如在 AS393B"电加热空速管"中,这些要求包括了只在特定的温度和空速条件下,演示除冰和防冰能力的试验。SAE AS403A 的结冰试验条件包括了Ⅱ型仪表的中等结冰条件。尽管在审定试验计划中,攻角传感器的功能是在自然结冰条件下进行评估,但并不需要通过飞行试验去找到附录 C 或附录 O 结冰条件的极限,因为找到这些条件的可能性很低,还可能会造成负担。申请人有责任表明皮托管的加热量足以满足附录 C 和适用的附录 O 条件。如果在飞行试验中没有获得相关证明,则应提交分析或冰风洞数据。

1.4 本章小结

本章从结冰适航层面开始,讨论了飞机结冰的历史演进——从 1928 年美国航空咨询委员会(NACA)时代的结冰研究报告,到 2014 年以后过冷大水滴结冰适航标准发布。为了更好地理解结冰与防除冰技术的发展脉络,将结冰研究的发展分解为四个时期展开论述。相对应地,1.2 节介绍了与技术同步发展的飞机结冰适航标准的修订与更新,重点分析了与飞机结冰密切相关的 25 - 121、25 - 129 和 25 - 140 修正案要点。此外,本章归纳了未来飞机结冰适航取证可能面临的困难与挑战。

不难看出,由于过冷大水滴结冰环境的拓展,人们对于飞机结冰和防除冰机理的认知有了新的需求。要突破过冷大水滴、混合相和冰晶等复杂环境对飞机结冰防护技术的知识盲区,需要以飞机结冰适航需求为引领,注重附录 C 环境框架以外的结冰和防除冰机理研究,并与工程应用需求相结合,坚持结冰机理研究和防除冰方法的认知革新和技术创新,才能完善飞机结冰安全评估体系,为飞行安全防护提供重要保障。飞机结冰机理和防除冰研究应当坚持如下原则。

1)基础理论研究要注重与工程应用相结合

目前,现有的结冰理论研究主要集中于附录 C 环境,而缺乏对异常结冰危险环境的深入研究;基础理论研究需要包括环境范围拓展之后带来的物理性质、防护范围等一系列因素的影响,才能最终真正解决现代飞机设计面临的结冰防护设计问题。此外,结冰机理研究更需要结合防除冰技术的发展进行研究。目前,众多新型防除冰技术方法还没有在严苛的结冰条件下进行功能性和耐久性评估,一些新技术还未形成自主的知识产权,结冰理论研究需要与防除冰相结合才能产生效益和核心竞争力。理论研究一旦脱离工程实际,将无法形成技术-研发-生产的完整链路,理论成果的作用也会大打折扣。

2)工程方法要加强边界验证能力建设

对于飞机结冰而言,工程需求的重点是临界冰型的判定和飞行品质边界的评估。加强工程评估能力,需要从试验、计算和试飞等多角度考虑。试验方面,加强冰风洞环境模拟及配套测试能力的建设,在过冷大水滴环境模拟和同步测试等方面进一步完善,从而获得可靠的实验冰型数据;计算方面,发挥国内计算资源的优势,重点完成边界区的能力验证,提高计算模拟效率,要面向飞机真实构型开展数值算法研究,实现流场的不稳定性分析;性能方面,要建立面向适航需求,完成结冰包线的边界划定,制订完整的试飞任务规划,排查风险源。

3) 适航审定要规范审定程序和工业标准

由于我国适航规章体系的滞后性,且 FAA 和 EASA 在过冷大水滴适航审定上还存在差异,我国的过冷大水滴适航审定规范需要进一步制定和落实。对应的符合性验证方法,要参考 2014 年 11 月同期发布的咨询通告 AC25 - 28 *Compliance of Transport Category Airplanes with Certification Requirements for Flight in Icing Conditions* 进行技术层面上更细化的理解和整理;过冷大水滴结冰的专用条件、等效安全、豁免方式等都需要做进一步的深入理解,形成系统的符合性验证程序。在工业标准方面,过冷大水滴的结冰防护与探测必然会涉及相关的新设备、电子元器件的硬件审定需求,相关的探测、告警及防除冰设备生产标准都需要依托适航平台完成研发、生产和制造的工业化产业链对接,形成相互支撑的标准产业体系,切实解决过冷大水滴结冰的适航问题。

参考文献

[1] Federal Aviation Administration. Airplane and Engine Certification Requirements in Supercooled Large Drop, Mixed Phase and Ice Crystal Icing Condition, final rule[S]. 2014.

[2] National Transportation Safety Board. Aircraft accident report: in-flight icing encounter and loss of control, simmons airlines, d. b. a. American Eagle flight 4184[R]. National Transportation Safety Board, 1996.

[3] Ice Protection Harmonization Working Group. Task 2, Supercooled Large Droplet Rulemaking[R]. Transport Airplane Directorate IPHWG, 2005.

[4] Federal Aviation Administration. Airplane and Engine Certification Requirements in Supercooled Large Drop, Mixed Phase, and Ice Crystal Icing Condition[S]. 2014.

[5] European Aviation Safety Agency. Large Aeroplane Certification Specifications in Supercooled Large Drop, Mixed phase, and Ice Crystal Icing Conditions-Advisory Material[S]. 2015.

[6] 中国民用航空局. 中国民用航空规章第 25 部: 运输类飞机适航标准[S]. 2009.

[7] Carroll T C, McAvoy W H. Formation of ice on airplanes[J]. Airway Age, 1928: 58 - 59.

[8] Jacobs E N. Airfoil section characteristics as affected by protuberances[R].

NACA，1932.

[9] Jones R，Williams D H. The effect of surface roughness of the characteristics of the aerofoils[R]. NACA，1936.

[10] Gulick B G. Effects of simulated ice formation on the aerodynamic characteristics of an airfoil[R]. NACA，1938.

[11] Johnson C L. Wing loading，icing and associated aspects of modern transport design[J]. Journal of the Aeronautical Sciences，1940，2(8)：43 - 54.

[12] The American Society of Mechanical Engineers. An International Historic Mechanical Engineering Landmark：icing research tunnel[R]. 1987.

[13] Gray V H，von Glahn U H. Effect of Ice and Frost Formations on Drag of NACA 65 (sub 1) - 212 Airfoil for Various Modes of Thermal Ice Protection[R]. NACA，1953.

[14] von Glahn U H，Gray V H. Effect of Ice Formations on Section Drag of Swept NACA 63A - 009 Airfoil with Partial-Span Leading-Edge Slat for Various Modes of Thermal Ice Protection[R]. NACA，1954.

[15] Bowden D T. Effect of pneumatic de-icers and ice formations on aerodynamic characteristics of an airfoil[R]. NACA，1956.

[16] Gray V H，von Glahn U H. Aerodynamic Effects Caused by Icing of an unswept NACA 65A004 Airfoil[R]. NACA，1958.

[17] Gray V H. Correlations among ice measurements，impingement rates，icing conditions，and drag coefficients for unswept NACA 65A004 airfoil[R]. NACA，1958.

[18] Gray V H. Prediction of aerodynamic penalties caused by ice formations on various airfoils[R]. NASA，1964.

[19] Lamb W F. Advisory group for aerospace research and development[R]. NATO，1978.

[20] Ingelman-Sundberg M，Trunov O K，Ivaniko A. Methods for prediction of the influence of ice on aircraft flying characteristics[R]. Swedish-Soviet Working Group on Flight Safety，1977.

[21] Cebeci T. Effects of environmentally imposed roughness on airfoil performance[R]. NASA，1987.

[22] Potapczuk M G，Gerhart P M. Progress in the development of a Navier-Stokes solver for evaluation of iced airfoil performance[C]//23rd Aerospace Sciences Meeting，1985.

[23] Kwon O，Sankar L. Numerical study of the effects of icing on finite wing aerodynamics [C]//28th Aerospace Sciences Meeting，1990.

[24] Zaman K B M Q，Potapczuk M G. The low frequency oscillation in the flow over a NACA airfoil with an iced leading edge[M]//Mueller T J. Low Reynolds number aerodynamics. New York：Springer，1989：271 - 282.

[25] Bragg M B. Rime ice accretion and its effect on airfoil performance[D]. Columbus：The Ohio State University，1981.

[26] Flemming R J，Lednicer D A. High speed ice accretion on rotorcraft airfoils[R]. NASA，1985.

[27] Bragg M B, Coirier W J. Detailed measurements of the flow field in the vicinity of and an airfoil with glaze ice[C]//23rd Aerospace Sciences Meeting, 1986.

[28] Bragg M B, Khodadoust A, Spring S A. Measurements in a leading-edge separation bubble due to a simulated airfoil ice accretion[J]. AIAA Journal, 1992, 30(6): 1462 – 1467.

[29] Potapczuk M G, Bragg M B, Kwon O, et al. Simulation of iced wing aerodynamics [C]//68th AGARD fluid dynamics panel specialist meeting, 1991.

[30] Bragg M B, Khodadoust A, Soltani R, et al. Effect of a simulated ice accretion on the aerodynamics of a swept wing[C]//29th Aerospace Sciences Meeting, 1991.

[31] Kerho M, Bragg M B. Helium bubble visualization of the spanwise separation on a NACA 0012 with simulated glaze ice shape[C]//30th AIAA Aerospace Sciences Meeting and Exhibit, 1992.

[32] Bragg M B, Kerho M F, Khodadoust A. LDV flow field measurements on a straight and swept wing with a simulated ice accretion[C]//31st Aerospace Sciences Meeting, 1993.

[33] Bragg M B, Khodadoust A. Experimental measurements in a large separation bubble due to a simulated glaze ice shape[C]//26th Aerospace Sciences Meeting, 1988.

[34] Zierten T A, Hill E G. Effects of wing simulated ground frost on aircraft performance [R]. VKI Lecture Series, 1987.

[35] van Hengst J, Boer J N. The effect of hoar-frosted wings on the Fokker 50 m take-off characteristics[R]. AGARD, 1991.

[36] Bragg M B, Heinrich D C, Valarezo W O, et al. Effect of underwing frost on a transport aircraft airfoil at flight Reynolds number[J]. Journal of Aircraft, 1994, 31 (6): 1372 – 1379.

[37] Kerho M F, Bragg M B. Airfoil boundary-layer development and transition with large leading-edge roughness[J]. AIAA Journal, 1997, 35(1): 75 – 84.

[38] Ashenden R, Lindburg W, Marwitz J. Two-dimensional NACA 23012 airfoil performance degradation by super cooled cloud, drizzle and rain drop icing[C]//34th AIAA Aerospace Sciences Meeting and Exhibit, 1996.

[39] Ashenden R, Lindburg W, Marwitz J D, et al. Airfoil performance degradation by supercooled cloud drizzle and rain drop icing[J]. Journal of Aircraft, 1996, 33(6): 1040 – 1046.

[40] Miller D R, Addy H E, Ide R F. A study of large droplet ice accretions in the NASA-Lewis IRT at near-freezing conditions[C]//34th AIAA Aerospace Sciences Meeting and Exhibit, 1996.

[41] Addy H E, Miller D R, Ide R F. A study of large droplet ice accretion in the NASA Lewis IRT at near-freezing conditions: Part 2[R]. NASA, 1997.

[42] Lee S, Bragg M B. Experimental investigation of simulated large-droplet ice shapes on airfoil aerodynamics[J]. Journal of Aircraft, 1999, 36(5): 844 – 850.

[43] Lee S, Bragg M B. Effects of simulated-spanwise ice shapes on airfoils: experimental investigation[C]//37th AIAA Aerospace Sciences Meeting and Exhibit, 1999.

［44］ Calay R K, Holdo A E, Mayman P, et al. Experimental simulation of runback ice[J]. Journal of Aircraft, 1997, 34(2): 206 - 212.

［45］ Kim H S, Bragg M B. Effects of leading-edge ice accretion geometry on airfoil aerodynamics[C]//17th Applied Aerodynamics Conference, 1999.

［46］ Papadakis M, Alansatan S, Seltmann M. Experimental study of simulated ice shapes on a NACA 0011 airfoil[C]//37th AIAA Aerospace Sciences Meeting and Exhibit, 1999.

［47］ Papadakis M, Alansatan S, Wong S. Aerodynamic characteristics of a symmetric NACA section with simulated ice shapes[C]//38th AIAA Aerospace Sciences Meeting and Exhibit, 2000.

［48］ Addy H E, Potapczuk M G, Sheldon D W. Modern airfoil ice accretions[C]//35th AIAA Aerospace Sciences Meeting and Exhibit, 1997.

［49］ Addy H E. Ice accretions and icing effects for modern airfoils[R]. NASA, 2000.

［50］ Addy H E, Chung J J. A wind tunnel study of icing effects on a natural laminar flow airfoil[C]//38th AIAA Aerospace Sciences Meeting and Exhibit, 2000.

［51］ Addy H E, Broeren A P, Zoeckler J G, et al. A wind tunnel study of icing effects on a business jet airfoil[C]//41st AIAA Aerospace Sciences Meeting and Exhibit, 2003.

［52］ Gile-Laflin B E, Papadakis M. Experimental investigation of simulated ice accretions on a natural laminar flow airfoil[C]//39th AIAA Aerospace Sciences Meeting and Exhibit, 2001.

［53］ Jackson D G, Bragg M B. Aerodynamic performance of an NLF airfoil with simulated ice[C]//37th AIAA Aerospace Sciences Meeting and Exhibit, 1999.

［54］ Broeren A P, Addy H E, Bragg M B. Effect of intercycle ice accretions on airfoil performance[C]//40th AIAA Aerospace Sciences Meeting and Exhibit, 2002.

［55］ Dunn T A, Loth E, Bragg M B. Computational investigation of simulated large-droplet ice shapes on airfoil aerodynamics[J]. Journal of Aircraft, 1999, 36(5): 836 - 843.

［56］ Bragg M B, Loth E. Effects of large-droplet ice accretion on airfoil and wing aerodynamics and control[R]. FAA, 2000.

［57］ Pan J P, Loth E, Bragg M B. RANS simulations of airfoils with ice shapes[C]//41st AIAA Aerospace Sciences Meeting and Exhibit, 2003.

［58］ Chung J J, Addy H E. A numerical evaluation of icing effects on a natural laminar flow airfoil[C]//38th AIAA Aerospace Sciences Meeting and Exhibit, 2000.

［59］ Wright W B. Validation methods and results for a two dimensional ice accretion code [J]. Journal of Aircraft, 1999, 36(5): 827 - 835.

［60］ Papadakis M, Alansatan S, Yeong H W. Aerodynamic performance of a T-tail with simulated ice accretions[C]//38th AIAA Aerospace Sciences Meeting and Exhibit, 2000.

［61］ Papadakis M, Yeong H W, Chandrasekharan R, et al. Experimental investigation of simulated ice accretions on a full-scale T-tail[C]//39th AIAA Aerospace Sciences Meeting and Exhibit, 2001.

［62］ Luxford G, Hammond D, Ivey P. Modelling, imaging and measurement of distortion, drag and break-up of aircraft-icing droplets[C]//43rd AIAA Aerospace Sciences Meeting and Exhibit，2005.

[63] Purvis R，Smith F T. Droplet impact on water layers：post-impact analysis and computations[J]. Philosophical Transactions of the Royal Society A：Mathematical，Physical and Engineering Sciences，2005，363(1830)：1209 - 1221.

[64] Tan S C，Papadakis M. General effects of large droplet dynamics on ice accretion modeling[C]//41st AIAA Aerospace Sciences Meeting and Exhibit，2003.

[65] 张辰,孔维梁,刘洪. 大粒径过冷水滴结冰模拟破碎模型研究[J].空气动力学学报，2013,31(2)：144 - 150.

[66] 李海星,张辰,刘洪,等.大粒径过冷水滴碰撞-结冰收集率分布经验模型[J].科学技术与工程,2014,14(10)：104 - 110.

[67] Zhang C，Liu H. Effect of drop size on the impact thermodynamics for supercooled large droplet in aircraft icing[J]. Physics of Fluids，2016，28(6)：062107.

[68] Jin Z Y，Wang Y M，Yang Z G. An experimental investigation into the effect of synthetic jet on the icing process of a water droplet on a cold surface[J]. International Journal of Heat and Mass Transfer，2014，72(5)：553 - 558.

[69] Kong W L，Liu H. A theory on the icing evolution of supercooled water near solid substrate[J]. International Journal of Heat and Mass Transfer，2015，91：1217 - 1236.

[70] Karev A R，Farzaneh M，Lozowski E P. Character and stability of a wind-driven supercooled water film on an icing surface—I. Laminar heat transfer[J]. International Journal of Thermal Sciences，2003，42(5)：481 - 498.

[71] Rothmayer A P，Matheis B D，Timoshin S N. Thin liquid films flowing over external aerodynamic surfaces[J]. Journal of Engineering Mathematics，2002，42(3/4)：341 - 357.

[72] Tsao J C. Cross flow effects on glaze ice roughness formation[C]//41st AIAA Aerospace Sciences Meeting and Exhibit，2003.

[73] Wright W B，Potapczuk M G，Levinson L H. Comparison of LEWICE and GlennICE in the SLD Regime[C]//46th AIAA Aerospace Sciences Meeting and Exhibit，2008.

[74] Honsek R，Habashi W G. FENSAP-ICE：Eulerian modeling of droplet impingement in the SLD regime of aircraft icing[C]//44th AIAA Aerospace Sciences Meeting and Exhibit，2006.

[75] William W B，Potapczuk M G. Semi-empirical modelling of SLD physics[C]//42nd AIAA Aerospace Sciences Meeting and Exhibit，2004.

[76] Wright W B. Further refinement of the LEWICE SLD model[C]//44th AIAA Aerospace Sciences Meeting and Exhibit，2006.

[77] Han Y Q，Palacios J. Surface roughness and heat transfer improved predictions for aircraft ice-accretion modeling[J]. AIAA Journal，2017，55(4)：1318 - 1331.

[78] Han Y Q，Palacios J. Heat transfer evaluation on ice-roughened cylinders[J]. AIAA Journal，2016，55(3)：1070 - 1074.

[79] Kong W L，Liu H. Development and theoretical analysis of an aircraft supercooled

icing model[J]. Journal of Aircraft，2014，51(3)：975－986.

[80] Zhang C，Liu H，Wang F X，et al. Supercooled large droplet icing accretion and its unsteady aerodynamic characteristics on high-lift devices[J]. Proceedings of the Institution of Mechanical Engineers，Part G：Journal of Aerospace Engineering，2018，232(10)：1985－1997.

[81] 张恒，李杰，龚志斌. 基于 IDDES 方法的翼型结冰失速分离流动数值模拟[J]. 空气动力学学报，2016，34(3)：283－288.

[82] 安博，桑为民. 基于不同网格结构的 LBM 算法研究[J]. 力学学报，2013，45(5)：699－706.

[83] Pan J P，Loth E. Detached eddy simulations for iced airfoils[J]. Journal of Aircraft，2005，42(6)：1452－1461.

[84] Lorenzo A，Valero E，de-Pablo V. DES/DDES post-stall study with iced airfoil[C]// 49th AIAA Aerospace Sciences Meeting Including the New Horizons Forum and Aerospace Exposition，2011.

[85] Duclercq M，Brunet V，Moens F. Physical analysis of the separated flow around an iced airfoil based on ZDES simulations [C]//4th AIAA Atmospheric and Space Environments Conference，2013.

[86] 张恒，李杰，龚志斌. 多段翼型缝翼前缘结冰大迎角分离流动数值模拟[J]. 航空学报，2017，38(2)：51－64.

第 2 章　飞机表面过冷水
结冰原理

现有主流飞机结冰和防冰理论体系早在 20 世纪 60 年代就已建立,至今已超半个世纪。随着过冷大水滴等严重结冰环境和异常结冰现象的发现,传统结冰和防除冰理论不足以应对新结冰适航标准下的结冰评估和防冰设计需求。

本章旨在介绍飞机结冰的物理原理,按照条件从简单到复杂的逻辑,分层次介绍现有结冰理论的基本物理假设和模型。首先简要介绍过冷水的异常物理性质,说明异常的物理性质如何简化为当前结冰理论假设和参数。接着逐级建立冰生长理论,包括冰核产生、自由结冰、壁面结冰,然后介绍平衡和非平衡的统一结冰理论,最后介绍过冷大水滴撞击条件下的结冰过程。

2.1　过冷水的物理性质

2.1.1　普遍而又异常的水

水是地球上最为普遍的物质之一,覆盖了地表 70% 的面积。太阳能可以蒸馏地球大气中大约 40% 的水,其中 14% 来自陆地,其余来自海洋。大气中 24% 的水将以降水的形式返回地表。水在大气和地表之间的不断运动形成了地球的水循环,而飞机结冰则是飞机与大气水循环作用产生的现象之一。

如图 2-1 所示,飞机在不同尺度上与大气结冰云雾环境存在相互作用。最大尺度的图来自 2011 年 7 月 *Science* 报道的"飞机穿过云层结冰引起的云洞现象"[1-3],中等尺度的图是在飞机近场尾迹到远场尾迹流动中结冰,小尺度的图是传统意义的飞机机翼前缘结冰。可见人类航空活动和大气环境相互作用的范围很广,而结冰只是其中的现象之一。

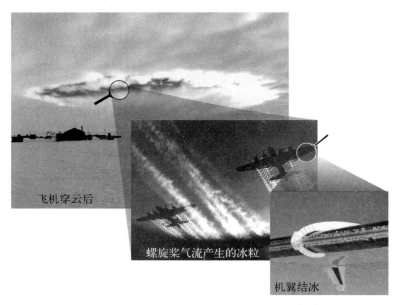

飞机穿云后

螺旋桨气流产生的冰粒

机翼结冰

图 2-1　飞机结冰在地球水循环中的位置[1-3]

虽然在传统飞机结冰研究中只用到水的少数物理性质,如密度、黏性、表面张力和导热率等,但其他相关领域如大气物理、物质科学等的研究均会提到水是地球上性质最为异常的物质之一。由于水中氢键的强烈作用(约为 20 kJ/mol,高于范德华力),水拥有比分子质量和结构相似的其他物质高得多的熔点和沸点,使其能在常温下以液体的形式存在,并且拥有复杂的团簇结构[4]。近百年来,研究不断发现水物理化学性质的异常之处,到现在已经超过 70 种,并且还在不断增加,其中大多数是地球环境形成和维持的基础。

这里主要介绍几种与结冰相关的水异常性质。尽管现有研究尚未掌握这些异常性质和结防冰问题的联系,但可以预见的是水自身的特殊性质将逐渐成为结防冰研究的理论基础。

1) 热水先结冰的姆潘巴现象

姆潘巴现象(Mpemba effect)指在同等质量和同等冷却环境下,温度略高的液体比温度略低的液体先结冰的现象。或者说,在同等质量和同等冷却环境下,温度略高的液体在其与该冷却环境直接接触的分子将比温度略低的分子温度下降得快;若其冷却环境能始终维持一致(温度不变)的冷却能力,则温度略高的液体将先降至冷却环境温度;若温度低于该液体冰点则温度略高的液体先结冰。

历史上亚里士多德、培根和笛卡尔均曾以不同的方式描述过该现象。亚里士多德认为"先前被加热过的水,有助于它更快地结冰。"可理解为"先前加热过的水相比未加过热的水,在同一条件下会更快结冰"。但是这些论述均未能引起广泛的注意。

1963 年,坦桑尼亚的一位中学生姆潘巴在制作冰激凌时发现,热牛奶经常比冷牛奶先结冰,1969 年,他和丹尼斯·G. 奥斯伯恩(Denis G. Osborne)博士共同撰写了关于此现象的一篇论文,因此该现象便以其名字命名。

关于该现象的一种解释是液体降温速度的快慢不是由液体的平均温度决定,而是由液体温度梯度决定的。在冻结前的降温过程中,热液体中的温度梯度一直大于冷液体的温度梯度。不过该现象的产生原因目前仍是研究者争论的焦点。近期研究已越来越多地认为其来自水微观结构产生的异常热力学行为。

2) 低温下的密度异常

大多数固体比相应的液体状态密度大,因此这些固体不能在相应的液相中漂浮。而液态的水比固态的冰密度大,使得固态的冰可在液态水中漂浮。这是水密度异常的一个特征[5]。其他的氢键液体,例如乙醇、四氧化二氮(N_2O_4)或过氧化氢(H_2O_2),该性质都与水不同,如乙醇的结晶现象[6]。这关系到一个问题:水的特殊性质不仅在于它形成氢键的能力,而在于它是如何形成氢键的。在液体状态下,水可以有多种分子团簇构型,例如六聚体和十聚体。然而随着温度的下降,特别是在冰的熔点以下,几乎所有的单个水分子都与四个临近水分子以线性的氧-氢-氧键相连。

长期以来,水的密度一直是研究的焦点。如果我们比较水和冰的密度,可以很清楚地理解这一点。如图 2-2 所示,在 0~10℃ 之间,水的密度有一个明显的最大值,而冰的密度则非常稳定[7]。从图中可以看到水密度的非线性变化特征,也就是存在最大密度温度(temperature of maximum density,TMD)[8]。

最大密度温度(TMD)是水表现出的异常特征之一[7]。TMD 是恒定压力

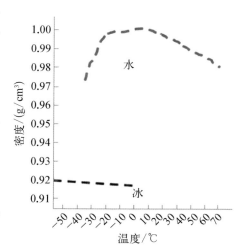

图 2-2 水/冰在不同温度下的密度变化异常规律[7]

下密度最大时的温度。TMD 的意义在于它将整个压力-温度相图划分为两个具有两种不同性质的区域。例如,热膨胀系数,定义为体积的相对增加(与体积波动和熵的乘积成正比),在相图中温度较低的一侧为负,而在温度较高的一侧,该系数为正。该异常行为与水分子形成的氢键结构有关。

3)过冷水的热力学奇点

实验研究表明,273 K 以下水的等温压缩性上升非常快[9]。在 −45℃时压缩性将出现发散,并且该温度会随着压力的增加而降低[10]。其他一些物理性质,包括密度、扩散系数、黏度、热容量和介电弛豫时间,也在这个温度下发散。早在 1976 年,Speedy 等就给出了一个尝试性的解释,即认为这种趋势是由水分子之间的方向变化引起的。这个键角的改变导致能量和密度的波动,反映在上述数量的异常增加。

4)导热系数异常

热能在系统中不是均匀分布的:一些粒子具有较高的能量,而另一些粒子具有较低的能量。根据热力学的基本原理之一,热量从高能态流向低能态,由此产生的传热(温度梯度)与材料有关,该性质可以用热导率表示。水的热导率之所以特别引人关注,不仅因为它在高温中的许多应用具有重要意义(如在有机合成中作为介质),而且因为它的复杂性质。水的热导率在热力学上受压力、温度和密度的影响,在结构上受水特有的氢键模式的影响。使用 SPC/E 和 TIP4P/2005 等模型的计算模拟发现,水的导热率会出现反常增加并在 500 K 左右存在一个导热系数最大值[11]。

2.1.2 亚稳态过冷水物理

1)过冷态水的物理定义

过冷状态于 1724 年首次被报道,这是包括水在内的许多液体表现出的有趣特征之一。水和其他物质一样,可以以三种主要形式存在:固体、液体和气体。在正常情况下,它以液体的形式存在。有趣的是,当温度降低到冰点以下时,像水这样的物质可以继续以液体的形式存在,这种状态称为过冷态。

林德曼比率(Lindemann ratio),即测量粒子在最近邻间距上的均方根粒子位移,提供了一个有用的方法来区分材料的晶体和液体形态,如图 2-3 所示。根据这一准则,液体比固体有更大的林德曼比率。随着气温的升高,这两个阶段都明显显示出上升的趋势。过冷液体的数值介于固、液两相之间。固体的林德曼比率可以通过计算方法和实验(X 射线衍射和中子衍射)获得。

相比过冷态而言,同样温度的结晶是能量更低也是更自然的状态,拥有更低的熵。水,包括其他一些液体,都可以在一定的条件下保持过冷态。但除非以极高的速率冷却形成玻璃态,水在低温下最终都将变为晶体相[12],如图 2-4 所示。

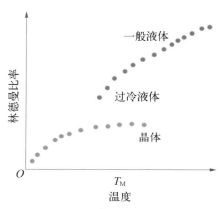

图 2-3　一般液体、过冷液体和晶体在
大温度范围内的林德曼比率
（见附图中彩图 1）

注：T_M 为熔点。

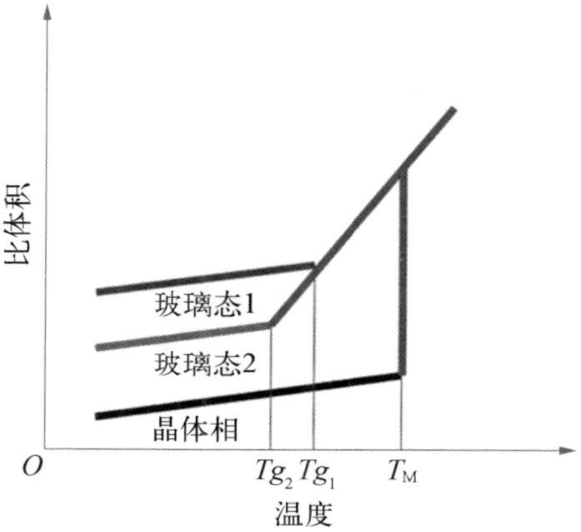

图 2-4　水在不同冷却路径下的过冷液体、
玻璃态和晶体相状态关系

现有的成核理论认为,从过冷态到结晶态的转变被一个不可穿透的高自由能垒壁所阻碍,其特征是巨大的势能梯度。如图 2-5 所示,完成结冰转变的要求是过冷态物质通过几个自由能高于液态或晶态的中间态,该自由能差产生的

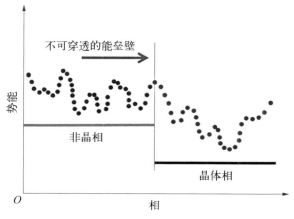

图 2-5　非晶相水和晶体相的势能面状态对比[13-14]

能垒阻止了从亚稳态到稳定态的转变。在较高的温度下,液晶态和晶体态之间的自由能垒更高,而在低温域则较小。

2) 过冷水的结构

水在均质成核温度 T_h 和熔点 T_M 之间形成一个强四面体网络[15]。Starr 等进行的计算机模拟揭示了水在低温和高温下结构的根本差异[16]。Sciortino 等利用传统的分子动力学和固有结构(IS)模拟研究了分子分数与配位数之间的关系。IS 仿真可以精确映射局部势能最小时对应的结构。当温度接近 210 K 时,大量水分子达到稳定的四配位态(见图 2-6)。反之,在 300~700 K 的温度范围内,四方配位水分子的分子数差异不大。从这些模拟中很难看出密度对水分子周围邻居数量的影响。然而,随着密度的增加,更多的水分子在所有温度下都可达到四配位态。

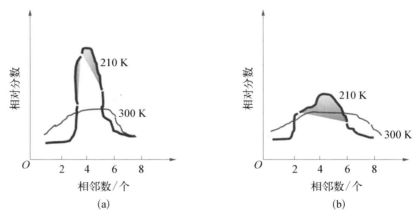

图 2-6　高密度和低密度状态中水的相邻分子数
(a) 低密度　(b) 高密度

水的结构特征由图 2-7 可知,在 210 K 的过冷水中,可以看到峰值强度由模拟的最低密度增加到最高密度(1.40 g/cm³)[16]。这被认为是系统中氢键扭曲的标志。不难想象,完美的四面体结构在密度增加时将发生变形,令原本井然有序的氢键被压缩,以适应体积的减少。

较低的压力下,在均质成核温度 T_h 和熔点(0℃)之间的区域,水呈开放式结构。该结构的特征是具有理想四面体角度(三个相邻氧原子之间的角度为 109°47′)。在 273 K 以下,压力的增加对过冷水的结构有显著影响。此时水中开放的四面体结构开始坍塌。首先,围绕中心水分子的第二壳层和第三壳层被打破,促使第一壳层的水分子数量增加。其结果是中心水分子周围的密度增加[15]。Franzese 等利用 ST2 水模型进行的计算机模拟显示,第一水合壳层中的水分子数量从 $0.8\,g/cm^3$ 时的 3.9 急剧增加到 $1.0\,g/cm^3$ 时的 4.6。此外,在中心水分子(第一配位壳层)周围存在额外的水分子[产生一种有趣的称为分叉氢键(BHB)的成键情况],降低了分子平动和旋转运动的障碍[17]。在低温条件下,第一水合壳层中水分子数量的增加对改变水的动力学具有重要作用,因为在低温条件下氢键能高于热能,促进了氢键网络的重构。

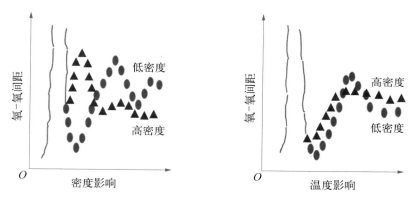

图 2-7　不同密度和温度下水中的氧-氧间距

注:左图温度为 $210\,K$,右图密度为 $1.0\,g/cm^3$。

　　Sciortino 等的计算机模拟也表明与较高温度的水相比,过冷水中的氢键寿命更长[18]。过冷水分子间氢键的平均能量比温度较高的水分子间氢键的平均能量高。在图 2-8 和图 2-9 中,可注意到氢键寿命和氢键强度随着温度的降低而增加。还可以观察到随着温度的增加,平均能量的斜率也在增加。此外,氢键寿命的分布显示了两种不同的特征。可以清楚地看到,在低温(如 $235\,K$)下,衰变较慢(见图 2-9);相反,在更高的温度下,衰变更快。

　　为什么会发生这种两步衰变? 这主要归因于水团簇的大小随温度变化的规律。在过冷状态下,水分子优先以团簇的形式出现。随着温度的降低,这些团簇的尺度趋于增加,并且变得非常致密[19]。同时,具有较高寿命时间的水团簇的数量增加。在水的冻结温度($273\,K$),很难找到寿命高于 $3\,ps$ 的水团簇。相反,在 $235\,K$ 时寿命小于 $3\,ps$ 的水团簇很罕见,其中至少 10% 的水团簇寿命高达 $14\,ps$。有趣的是在更高的温度(大于 $273\,K$)下,氢键的寿命将不再继续缩短,而是收敛于一个值。在过冷状态下,可以观察到具有不同寿命的水团簇,如图 2-9 所示。

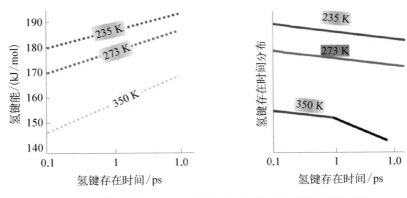

图 2 - 8　平均氢键能和氢键存在时间分布对应的氢键存在时间

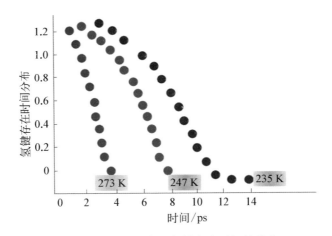

图 2 - 9　不同温度下氢键存在时间的分布

与正常液态水相比,过冷水中的水分子比例更大,显得更有序。过冷水中发现的团簇的大小和形状有明显的差异,如图 2 - 10 所示。过冷水中的团簇在结构和局部有序性方面都是温度敏感的[20]。它们的大小不等,每个团簇有 2～300 个分子,较小的团簇呈链状[见图 2 - 10(a)],较大的团簇呈三维球形[见图 2 - 10(c)]。有人认为由于水分子的聚集,在过冷水中观察到一些反常的热力学性质,如等压比热中的奇点[21]。

3) 低温液-液转变

过冷温度以下的水以两种相互转换的形式存在:具有四面体结构的低密度液体(LDL),具有不规则结构的高密度液体(HDL)[15-22]。Franzese 等利用 ST2 和 TIP4P 两种不同的水模型进行了计算机模拟,首次观察到了这种转变[15]。这是液-液临界点理论(LLCT)的基础,LLCT 理论用于解释在过冷水中观察到的几种异常性质[23]。这两个阶段可以通过阈配位数来区分：LDL 的配位数小于4.4,而 HDL 的配位数在 4.4 以上[24]。在图 2-11 中,我们可以看到高密度水和低密度水分子排列的差异。

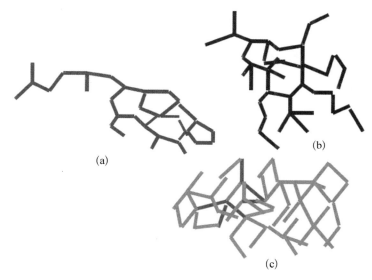

图 2-10　过冷水中的团簇结构

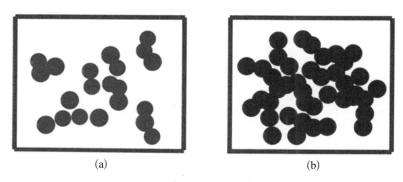

图 2-11　低密度和高密度水相的分子排列示意图

(a) 低密度　(b) 高密度

分子动力学模拟显示过冷液体中存在两种液-液的转变：在 210 K 和 1.025 g/cm³ 时发生从低密度液体(LDL)到高密度液体(HDL)的转变,以及在 165 K 和 1.3 g/cm³ 时发生从高密度液体(HDL)到极高密度液体(VHDL)

的转变。高密度转变(HDL 到 VHDL)伴随着较大的配位数变化(中心水周围有 7～8 个水分子)。如图 2-12 所示,这些转变确定为两个关键区域[在图 2-12 中由 C* 和 C** 表示,C* 在较低密度(约 1.05 g/cm³),C** 在较高密度(约 1.3 g/cm³)]。

在图 2-13 中,一个"粗略"的水相图显示了过冷水的两相(LDL 和 HDL)的所处区域。值得注意的是在适当的压力下,即使低于成核温度 T_h,水也可以过冷到超过 200 K。对于在过冷状态和玻璃状态之间的区域,水的性质存在很大的争议。该区域称为"无人区",因为用现有的技术无法对该区域的水进行稳定实验观察。

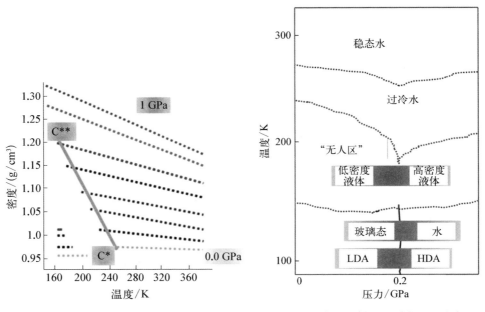

图 2-12　高密度到低密度态过冷水的转化条件　　图 2-13　常温到低温不同水相的分布图

4) 过冷态的实现

现有研究表明可以将大体积的水过冷到 242 K 而不结冰,但水必须是"足够干净的",否则会立即结晶。这个温度是可以过冷的自然极限,称为水的均匀成核温度。越容易玻璃化的物质(如 B_2O_3)在过冷状态下抵抗结晶的能力越强。相反,不管在纯水还是非纯水中,冰晶在成核温度以下容易自发形成。这可以通过一个事实证明,在装有过冷水的容器中放入一根钢棒,水可以迅速转化为冰,而不放入钢棒时水也可以自发结冰[25]。这种情况使水成为"不良"的玻璃化物质[26-27]。然而,如果采取几项措施,即将到来的结晶可以推迟或完全避免。有趣的是可以通过保持样品静止或不断搅拌来延迟样本中水的结冰过程。据报道,水可以在剧烈搅拌后过冷至 254 K[25]。更有效的方法是通过将水分散成非常微小的液滴,降低导致结冰的杂质浓度,从而将水的结晶推迟到较低的温度[28]。由于这些液滴中杂质的浓度很小,结晶率可以忽略不计,因此永远无法达到形成冰的临界质量。Rau 用同样的原理成功地在实验室制备了 201 K 以下的过冷水,但这一工作在很大程度上被当代研究人员遗忘了[29]。这种方法是除菌技术的一种变体,在这种方法中,对特定的水滴进行几次冻结和融化的循环,以防止冰成核。继续这个过程,其他液滴可以达到更大程度的过冷,甚至可以达到 200 K 的温度。

在当今的实验室中,有两种替代方法可以避免冰的形成:① 施加巨大的压力;② 采用高速率的冷却。在这些条件下,过冷水可以有效地转化为玻璃态[30]。值得注意的实验方法包括"避免"或延迟结晶,包括水蒸气在通过小喷嘴的超声速流动中凝结,以及在拉法尔喷管中进行 D_2O 与氮气的膨胀。通过这些方法可以进行过冷水结构的光谱研究[31]。

2.2　过冷水结冰理论

冰从过冷水中产生和长大在物理上属于典型的一级相变过程,其相应的热释放和界面动力学共同形成结冰的非平衡过程。本节将由微观到宏观,从简单条件到复杂条件,逐步介绍冰从初始的冰核到宏观的冰晶生长的理论描述。冰的生长过程如图 2-14 所示。

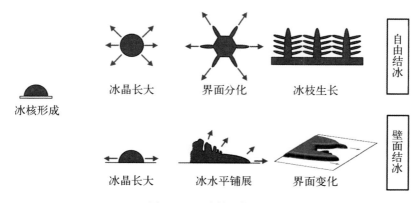

图 2-14　冰的生长过程

2.2.1 过冷水成核理论

1) 经典成核理论

一般认为过冷水的结冰过程可以分为两个阶段[32]：冰核形成阶段和新相生长阶段。在冰核形成阶段,过冷水中形成大于临界尺寸的可自发长大的冰核,这些冰核在新相生长阶段长大成为冰晶。过冷水中一旦有可自发长大的冰核形成,结冰过程必然开始。冰核形成的随机性决定了结冰发生的随机性。结冰发生的概率等于至少有一个可自发长大的冰核形成的概率。成核阶段通常用成核率来描述。当人们需要预测或控制结冰过程时,人们最关心的通常是随机性结冰发生概率。

最早的成核理论是由 Volmer 等[33]于 1926 年在 Gibbs 热力学基础上提出的。他们通过对纯物质蒸气凝结成液滴这一相对简单的成核过程的研究,提出了亚稳体系中的随机涨落理论。1935 年 Becker 等[34]在动力学基础上对该理论加以发展。1949 年,Turnbull 等[35]将已有理论推广到液/固相变过程,并得出了成核率的表达式,形成了被广泛应用的经典成核理论。

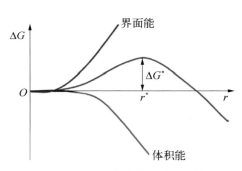

图 2-15 经典成核理论中成核能垒示意图[37]

在经典成核理论中,稳态成核率是关于成核能垒的幂函数,可表示为[36-37]

$$J = K \exp\left(-\frac{\Delta G^*}{k_B T}\right) \quad (2-1)$$

式中,K 为一个由成核动力学决定的前置因子,表示的是水分子穿过冰表面的扩散通量;k_B 为玻尔兹曼常数;T 为温度;ΔG^* 为成核时形成临界冰胚需要克服的成核能垒,如图 2-15 所示,可表示为[38]

$$\Delta G^* = \frac{16\pi \gamma_{IW}^3}{3\left[\Delta G_v(T)\right]^2} \quad (2-2)$$

式中,γ_{IW} 为冰-水界面能;ΔG_v 为冰和水之间每单位体积的体积自由能差,可表示为

$$\Delta G_v(T) = \frac{\Delta H_v(T_M - T)}{T_M} \quad (2-3)$$

式中，ΔH_v 为水的体积熔解焓；T_M 为冰的熔点。

当存在外界物质时，过冷水结冰一般需要通过异质成核过程开始冻结。在冰晶异质成核条件下，成核能垒可表示为[38-39]

$$\Delta G_h^* = \frac{16\pi\gamma_{IW}^3}{3\left[\Delta G_v(T)\right]^2} f(m, a) \tag{2-4}$$

式中，函数 $f(m, a)$ 为 Fletcher 因子[40]，它在 0～1 之间变化，并且取决于在过冷水中冰胚（团簇）在凝结核（接触表面）上的杨氏接触角 θ 和冰胚与杂质粒子的相对尺寸 a，可表示为

$$f(m, a) = \frac{1}{2} + \frac{1}{2}\left(\frac{1-ma}{w}\right)^3 + \frac{1}{2}a^3\left[2 - 3\left(\frac{a-m}{w}\right) + \left(\frac{a-m}{w}\right)^3\right] +$$
$$\frac{3}{2}ma^2\left(\frac{a-m}{w} - 1\right) \tag{2-5}$$

式中，$m = \cos\theta$；$a = \dfrac{R_p}{r^*}$；$w = \sqrt{1 + a^2 - 2ma}$。其中 R_p 为凝结核的半径；r^* 为临界冰胚半径，其表达式为

$$r^* = \frac{2\gamma_{IW}}{\Delta G_v} \tag{2-6}$$

对于平板构型，即 a 趋于无穷，f 可表示为[36]

$$f = \frac{1}{4}(2 - 3m + m^3) \tag{2-7}$$

通常，当 $a > 10$ 时，可以应用上述平面几何极限构型。

动力学前置因子[41]可以通过以下方式获得：

$$K(T) = N_c \frac{k_B T}{h} e^{-\frac{\Delta F_{diff}(T)}{k_B T}} \tag{2-8}$$

式中，N_c（约 $1 \times 10^{19}/\text{m}^2$）为与单位面积冰表面接触的水的单体数目；$h$ 为普朗克常量；ΔF_{diff} 为水分子扩散越过冰水边界的活化能，可表示为

$$\Delta F_{diff}(T) = \frac{k_B T^2 E}{(T - T_r)^2} \tag{2-9}$$

对于液态水,在 $150\sim273$ K 的温度范围内,Simth 等通过实验确定了 $E = 892$ K 和 $T_r = 118$ K[42]。

2) 成核理论的进一步发展

经典成核理论提出之后,许多学者提出了对它的修正,主要的修正方向在于改进临界核成核功的计算。如扩散界面理论将临界核成核功与临界核与母相液体之间界面的特征厚度联系起来。迄今成核理论的发展主要在于改进临界核成核功的计算,但对指前因子的计算仍然缺少有效的动力学方法。目前常用的指前因子的计算方法有两种,一种是假设指前因子等于液体分子扩散通过液体、临界核界面的速率进行计算,但没有证据能够证明这种方法的正确性。另一种是从实验测得的成核率数据根据成核理论进行反推,这种方法得到的指前因子不能用来预测其他物质及状态下的成核率。

为了使理论更切合实际过程并与实验结果更好地吻合,许多学者采用热力学、动力学、计算机模拟等方法,对经典成核理论进行了修正,并建立了一些非经典成核理论。其中较具代表性的有如下几方面:热力学方面,Meyer[43] 以及 Schmelzer 等[44]通过对界面曲率及温度进行修正而建立的修正经典理论,Cahn 和 Hilliard 提出的密度泛函理论模型,Gránsáy 等的扩散界面理论;动力学方面有多分子团簇碰撞聚合理论,以及瞬态成核理论等。

2.2.2 过冷水自由结冰理论

1) 概述

冰在过冷水中的自由生长是最基本的结冰问题,在过去几十年中被人们大量研究。大量实验结果显示,冰的形状随其生长速度而变化:随着生长速度从 0 增加,凝固前沿将由于各向异性,表现为两个顶端相连的六边形棱锥,并且棱锥之间的角度随着过冷度的增加而增加。此外,冰晶在基面上也不完全对称[45]。过冷水中自由冰晶的生长速率与过冷度的二次方成正比,而尖端尺度与过冷度成反比。随着生长速度增加,冰的形貌还会出现一些大的变化。在生长速度接近 0 时,冰界面首先以平滑表面的形式出现。随着生长速度增加,其逐渐从平面过渡到树枝状,并最终过渡回平面[46]。在前一个转变中,平滑界面上的小扰动由于被热扩散放大,使得冰平滑界面变得不稳定,这称为线性稳定性[47]。而在后一种转变中,冰界面前沿的热扩散长度太小而压制了界面上的小扰动,此时界面形状又变得平滑,这称为绝对稳定性。在一般大气结冰的过冷度范围中,我们常见到的是枝晶状的冰,其热力学状态同时位于线性稳定和绝对稳定之间的不稳定区域。下面按照界面形态将自由结冰分为平界面冰生长、界面稳定性理论和自由冰枝生长三个部分来介绍。

2）平界面冰生长

由于飞机表面结冰通常厚度较低，当平滑冰层垂直于壁面生长时，热量将向两个方向同时扩散。我们首先需要建立水和壁面中的温度场表达式，以计算冰表面的生长速度。由于冰在水平方向上的厚度变化很小，可以认为冰层是在垂直方向上一维生长。

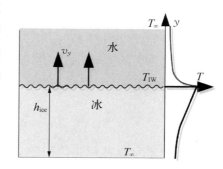

如图 2-16 所示，平滑冰层垂直向上移动，潜热分别向 y 方向的正负方向扩散。

因界面平滑，所有量在 x 方向上都相同。将坐标原点放在水-冰表面上随着其移动，此时水和冰中的热扩散方程为

图 2-16　冰层垂直生长的温度
分布示意图[48]

$$D_W \frac{\partial^2 T_W}{\partial y^2} + v_y \frac{\partial T_W}{\partial y} - \frac{\partial T_W}{\partial t} = 0 \qquad (2-10)$$

$$D_I \frac{\partial^2 T_I}{\partial y^2} + v_y \frac{\partial T_I}{\partial y} - \frac{\partial T_I}{\partial t} = 0 \qquad (2-11)$$

式中，T_W、T_I 分别为水和冰中的温度；D_W、D_I 分别为水和冰的热扩散系数；$v_y = \dfrac{\partial h_{ice}}{\partial t}$ 为水-冰界面的速度；h_{ice} 为冰的厚度。

式（2-10）、式（2-11）的边界条件如下：

（1）当 $y \to \infty$ 时，水中的温度趋近于环境温度，$T_W \to T_\infty$。

（2）由于水-冰界面的移动速度不高，冰生长的界面动力学效应可以忽略，此时 $y = 0$ 处的温度满足下式：

$$T_{IW} = T_M (1 + d_0 K) \qquad (2-12)$$

式中，$d_0 = 2.88 \times 10^{-10}$ m，为毛细长度；K 为壁面的曲率。当表面平滑时有 $T_{IW} = T_M$。

界面的生长速度和传热满足式（2-13）：

$$L\rho_I v_y = \lambda_I \frac{\partial T_I}{\partial y} - \lambda_W \frac{\partial T_W}{\partial y} \qquad (2-13)$$

式中，L 为结冰的潜热；ρ_I 为冰的密度。式(2-13)的初始条件为当 $t=0$ 时，全场温度为 T_∞。

为计算冰生长速率，这里分别求解水和固壁中的温度分布。首先求解水中的温度场，当冰开始生长时，水-冰界面上释放出的热量在水中逐渐扩散，最终形成稳定的热扩散长度。根据移动界面稳定生长的解，我们可以给出传热稳定之前的温度场解：

$$T_W = T_\infty + (T_{IW} - T_\infty) e^{-\frac{y}{l}} \qquad (2-14)$$

式中，$l(t)$ 为随时间变化的热扩散长度，表示了水-冰界面前方热边界层的厚度。

将水中的热扩散方程从 $y=0$ 到 ∞ 进行积分，并且考虑式(2-14)得

$$\frac{\partial l}{\partial t} = \frac{D_W}{l} - v_y \qquad (2-15)$$

结合式(2-14)和式(2-15)可以给出平界面冰生长解。

3) 界面稳定性理论

在冰界面生长速度达到一定时，界面将变得不规则，并且随着时间增加而变为明显的突起，最终演化为形状各异的冰晶。这一现象广泛存在于晶体凝固过程中。对这一机制的理解主要归功于 Mullins 和 Sekerka[47]，他们首次进行了系统线性稳定性分析，并提出了这一过程的动力学机制(见图 2-17)。

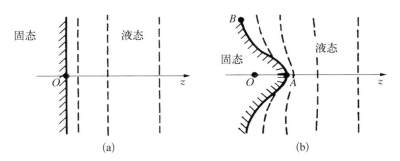

图 2-17　Mullins-Sekerka 界面不稳定性示意图[49]

(a) 相界面平滑状态　(b) 相界面突起时的温度分布

因此，让我们以上面描述的纯热力学模型为基础，假设为一个扁平的凝固锋面以速度 v 向过冷水中推进。这在形式上与定向凝固模型相同，但没有稳定的热梯度。本节将通过引入无量纲扩散场 u 来强调热力学模型等效性。

$$u = \frac{T - T_{\mathrm{M}}}{\dfrac{L}{c_p}} \tag{2-16}$$

式中，c_p 为水的比定压热容。

然后，我们将简单地分别用符号 D 和 D' 来表示液体和固体中的扩散常数。而连续性条件为

$$v_n = D\big[\beta(\nabla u)_{\mathrm{solid}} - (\nabla u)_{\mathrm{liquid}}\big] \times \hat{n} \tag{2-17}$$

$$\beta \equiv \frac{D'c_p'}{D'c_p} \tag{2-18}$$

最后根据吉布斯-汤姆森公式可知：

$$u(\mathrm{Interface}) = -d_0 x \tag{2-19}$$

式中，d_0 为毛细长度，具体为

$$d_0 = \frac{\gamma T_{\mathrm{M}} c_p}{L^2} \tag{2-20}$$

如图 2-17 所示，界面以速度 u 向 z 方向移动的参照系中，其稳态扩散方程为

$$\nabla^2 u + \frac{2}{l}\frac{\partial u}{\partial z} = 0 \tag{2-21}$$

式中，l 为热扩散长度，其表达式为

$$l = \frac{2D}{u} \tag{2-22}$$

根据式（2-17）及式（2-21）可得到

$$u = \exp\left(-\frac{2z}{l}\right) - 1, \quad \mathrm{Liquid}, \ z \geqslant 0 \tag{2-23}$$

式中，$z=0$ 为界面处，可以看出，在 v 大于 0 时都存在一个稳态解。

过冷的唯一性是相同的守恒条件的结果,界面必须通过释放潜热均匀加热到熔点温度 T_M。过冷条件下,不存在平面稳态解。特别要注意的是稳态速度 v 不受过冷度的影响。

该系统的线性稳定性分析具有完全的一般性;但基于本节的目的,最好是直接采用所谓的"准稳态"近似。

寻找界面位置的线性运动方程,$z(\text{Interface})=\zeta(\boldsymbol{x}, t)$。一般来说,界面的变形会引起扩散场的扰动,而该扰动又会影响随后界面的运动。对准静态界面施加一个小扰动:

$$\zeta(\boldsymbol{x}, t)=\hat{\zeta}\exp(\mathrm{i}\boldsymbol{k}\boldsymbol{x}+\omega_k t) \tag{2-24}$$

式中,$\boldsymbol{k}$ 为垂直于 v 的二维波矢量;ω_k 为放大率,其决定了稳定性。

根据式(2-24)可知(以下将一维问题中的 $\boldsymbol{k}$ 简化为标量):

$$u(\text{Liquid})\cong\exp\left(-\frac{2z}{l}\right)-1+\hat{u}_k\exp(\mathrm{i}kx-qz+\omega_k t) \tag{2-25}$$

$$u'(\text{Solid})\cong\hat{u}'_k\exp(\mathrm{i}kx+q'z+\omega_k t) \tag{2-26}$$

式中,q 及 q' 为式(2-27)和式(2-28)的正解:

$$-2\left(\frac{2}{l}\right)q+q^2-k^2=0 \tag{2-27}$$

$$\left(\frac{2}{l}\right)q'+q'^2-k^2=0 \tag{2-28}$$

可得到

$$-\left(\frac{2}{l}\right)\hat{\zeta}_k+\hat{u}_k=\hat{u}'_k=-d_0k^2\hat{\zeta}_k \tag{2-29}$$

同理,可写为

$$\omega_k\hat{\zeta}_k=-\left(\frac{2v}{l}\right)\hat{\zeta}_k+Dq\hat{u}_k+\beta Dq'\hat{u}'_k \tag{2-30}$$

最终可得到

$$\omega_k=v\left[q-\left(\frac{2}{l}\right)\right]-D(q+\beta q')d_0k^2\cong kv[1-0.5(1+\beta)d_0lk^2] \tag{2-31}$$

可以看出,式(2-31)由两部分组成:与速度成比例的正失稳项和包含表面张力的负稳定项。

对于这里考虑的情况,界面在足够长的波长下总是不稳定的。ω_k 消失的波数 k_s,即中性稳定点,为问题设定了长度尺度,采用第二种形式:

$$\lambda_S = \frac{2\pi}{k_S} \cong 2\pi\alpha\sqrt{ld_0} \qquad (2-32)$$

式中,$\alpha = \sqrt{\dfrac{1+\beta}{2}}$ 为一阶无量纲参数。

(a)　　　　　　　　　　　　　　(b)

图 2-18　枝状冰晶图片[50]

(a) 典型雪花照片(Furukawa,1995)　(b) 过冷水中的冰晶照片(Furukawa,2000)

4) 自由冰枝生长

前面分析了结冰过程中液-固交界面稳定性问题,液-固交界面由于 M-S 不稳定性机制失稳而形成几个大的树枝状结构。这时凝固过程进入了一个新的模式,即自由枝晶生长。

自由生长的冰通常具有六边树枝状结构和抛物线形尖端。由于冰晶体的各向异性,该结构被转化为两个中空的六边形棱锥,它们在大约 271.65 K 的温度下在其顶端连接,并且这些棱锥之间的角度随着过冷度的增加而增加。此外,冰晶在基面上不是反射对称的[45]。过冷水中自由冰枝的生长速率与过冷度的 2 次方成正比,冰枝尖端尺度与过冷度成反比。在高于 14.5 K 的过冷度下,游离冰晶会变成片状。

1947 年提出的 Ivantsov 理论首次描述了抛物线型枝晶在过冷液体中的传

热和生长[51]。该理论被扩展到包括更一般形式的椭圆抛物面状枝晶[52],适用于各向异性枝晶冰[53]。然而,该解是一系列具有不同尖端半径枝晶的通解。为了获得问题的唯一解,研究者考虑了毛细管效应和各向异性,提出了几种理论以给出生长速度的定解条件,包括边缘稳定性理论、微观可解性理论和界面波理论。

在处理枝晶生长问题时,由于其一直在移动和变化,因此需要找到系统稳态解,然后研究这个状态下扰动的线性运动方程。

如前所述,自由枝晶生长一般从一个晶核开始,在经历了复杂的动力学过程后呈现出一个稳定的晶枝图案。这种在晚期形成的枝晶图案的细节会受到许多物理因素(包括其初始条件的细节)的影响,要从理论上描述与预测整个动力学演化过程的全部历史与各个细节十分困难,也没有多大意义。从理论角度看来,最有意义的事情是研究枝晶生长系统在其演化后期的行为。或者说,确定其在时间 $t \to \infty$ 时所选择的终极状态。可以设想,当时间充分长、枝晶结构得到充分发展之后,枝晶生长的初始条件或枝晶根部条件的影响都将减到极小。

实验表明,在演化后期($t \gg 1$),一个自由枝晶的前缘将以一个稳定的特征速度 v 进入过冷水。我们可取这个特征速度 v 作为速度尺度。为简化起见,首先采用对称模型,即假定液态和固态的质量密度 ρ,比定压热容 c_p,以及其他热力学特征参数均相等。假定界面上的表面张力是各向同性的,同时重力可以忽略,从而确保在熔体中没有对流影响。

假定表面张力是同向同性的,可限于考虑三维轴对称枝晶生长,我们将采用运动旋转抛物面坐标系 $(\varepsilon, \eta, \theta)$。假定旋转抛物面坐标系以匀速 v 随枝晶前缘一起运动。在柱坐标系 (r, z, θ) 下,这个旋转抛物面坐标系可定义如下(见图 2-19):

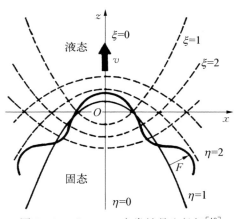

图 2-19 Ivantsov 定常针晶生长解[49]

$$\frac{r}{\eta_0^2} = \xi\eta \tag{2-33}$$

$$\frac{z}{\eta_0^2} = 0.5(\xi^2 - \eta^2) \tag{2-34}$$

式中，η_0 为待定常数。假定在旋转抛物面坐标系下，定常生长的晶枝液-固界面可表示为函数 $\eta = \eta_S(\varepsilon)$。我们要求枝晶前缘满足 $\eta_S(0) = 1$。那么该条件便唯一确定了坐标系中待定常数 η_0。

在上述曲线运动坐标系下，温度场满足无量纲化非定常热传导方程为

$$\frac{\partial^2 T}{\partial \varepsilon^2} + \frac{\partial^2 T}{\partial \eta^2} + \frac{1}{\varepsilon}\frac{\partial T}{\partial \varepsilon} + \frac{1}{\eta}\frac{\partial T}{\partial \eta} = \eta_0^2\left(\varepsilon\frac{\partial T}{\partial \varepsilon} - \eta\frac{\partial T}{\partial \eta}\right) + \eta_0^4(\varepsilon^2 + \eta^2)\frac{\partial T}{\partial t}$$

$$(2-35)$$

无量纲化的边界条件如下。

（1）上游远场条件：当 $\eta \to \infty$ 时，$T \to T_\infty = \dfrac{(T_\infty)_d - T_M}{\dfrac{\Delta H}{(c_p\rho)}}$。

（2）正则条件：当 $\eta \to 0$ 时，$T_S = O(1)$。

（3）界面条件：在界面 $\eta = \eta_S(\varepsilon, t)$ 上，解需满足以下条件。

a. 温度连续条件：$T = T_S = T_I$。

b. 吉布斯-汤姆森条件：$T_I = -\dfrac{\Gamma}{\eta_0^2}\kappa\{\eta_S(\varepsilon, t)\}$。

c. 能量守恒条件：$\left(\dfrac{\partial}{\partial \eta} - \eta_S'\dfrac{\partial}{\partial \varepsilon}\right)(T - T_S) + \eta_0^4(\varepsilon^2 + \eta^2)\dfrac{\partial^2 \eta_S}{\partial \varepsilon} + {}_0^2(\varepsilon\eta_S)' = 0$

式中，T_M 为结冰温度；$(T_\infty)_d$ 为枝晶远场温度；$\Gamma = \dfrac{l_c}{l_T}$，毛细长度 $l_c = \dfrac{\gamma c_p T_M}{(\Delta H)^2}$；$\varepsilon = \dfrac{\sqrt{\Gamma}}{\eta_0^2}$。

首先考虑在表面张力为 0 的特殊情况（即 $\varepsilon = \Gamma = 0$）下定常枝晶的生长问题。可以假设 $\dfrac{\partial}{\partial t} = 0$，则上式有解析解：

$$\begin{cases} T = T_*(\eta) = T_\infty + \dfrac{\eta_0^2}{2}e^{\frac{\eta_0^2}{2}}E_1\left(\dfrac{\eta_0^2\eta^2}{2}\right) \\[3mm] T_S = T_{S^*} = T_*(1) = 0 \\[3mm] T_\infty = -\dfrac{\eta_0^2}{2}e^{\frac{\eta_0^2}{2}}E_1\left(\dfrac{\eta_0^2}{2}\right) \end{cases} \qquad (2-36)$$

式中，$E_1(x) = \int_x^\infty \dfrac{\mathrm{e}^{-t}}{t}\mathrm{d}t$。

该解称为定常枝晶生长的 Ivantsov 解。该解特征如下：

（1）由于表面张力为零，在固相区域内的温度恒为常数。

（2）在液相区域内的温度只依赖于变量 η，而与变量 ε 无关，因此，Ivantsov 解可称为相似性解。

（3）液-固界面形状是一个定义 在 $0 \leqslant \varepsilon < \infty$ 无限区域内的旋转抛物面，$\eta_s = 1$。它描述了一个有着圆钝头部、可光滑地延伸到无穷远的定常针状晶体生长，也正因为如此，Ivantsov 解通常称为定常针晶生长解。

（4）由 Ivantsov 解，从给定的生长条件可以唯一确定常数，$\eta_0^2 = \eta_0^2(T_\infty)$，参数 η_0^2 有着重要的物理意义，如果计算抛物面 $\eta = \eta_* = 1$，在前缘 $\varepsilon = 0$ 的曲率半径 l_t，可得出 $l_t = \eta_0^2 l_T$。

通常定义枝晶生长的 Peclet 数为 $Pe = \dfrac{l_t}{l_T}$。值得注意的是热扩散长度 l_T 在此解中并未完全确定，它依赖于针晶的生长速度 v。所以只给出了枝晶尖端生长速度 v 与曲率半径 l_t 的乘积与生长条件和材料性质的关系 $l_t U = \eta_0^2 \kappa_T = F(T_\infty \kappa_T)$，却未能分别给出生长速度与曲率半径的数值。在实际枝晶生长过程中，可测量在给定生长条件（T_∞）下的枝晶前缘曲率半径与生长速度，从而算出 Peclet 数 $Pe = \dfrac{l_t}{l_T}$。实验表明这些数据能很好地与 Ivantsov 解相符合，即 $Pe \approx \eta_0^2 = Pe_0$。所以 Ivantsov 解从一个侧面上抓住了真实的枝晶生长的特征；但是从另一侧面看来，Ivantsov 解有着很大的缺陷。首先，Ivantsov 解得到的是一个光滑的针状晶体，界面上没有树枝状的细微结构，这与真实枝晶不同，于是就产生了一个关于针晶界面上树枝状细微结构的起源与本质是什么的问题（即枝晶侧面树枝结构的起源问题）；其次，Ivantsov 解是个相似性解，在其长度尺度中包含了一个任意参数 v。因此对应的有量纲的物理解实质上是一个连续的解族，在此解族内的每个成员只满足条件：$l_t v =$ 常数。所以生成速度 v 本身不能唯一确定，而 1970 年以来的枝晶生长的实验表明，只要生长条件以及物质的热力学特性给定，在生长晚期的枝晶前缘生长速度 v 是唯一确定的。也就是说，这里存在一个在生长晚期，当 $t \to \infty$ 时，枝晶生长速度 v 的选择性问题。

上述由 Ivantsov 解所引申出的这两个问题曾是枝晶生长领域的长期未解决、关键性的理论难题。从 20 世纪 50 年代算起，它们困扰了材料科学与凝聚态物理学界半个多世纪,特别在 20 世纪 80—90 年代,这些课题成为相关科学领域的研究热点。

5) 流动对结冰的影响

在飞机结冰问题中,流动过冷水中的冰枝生长是更为普遍的情况。但目前对流动中冰晶生长的研究有限,并未形成成熟的理论模型。相关研究主要集中在材料凝固领域。实验和理论研究[48-49]表明在平行和垂直晶枝生长方向的流动规律不同。针对流动状态下枝晶的凝固问题。Karma 等首先提出了能够模拟枝晶生长的扩散界面相场方法[54-55],解决了 Level - set 以及 VOF 方法中的界面追踪问题,使用有序相参数代表不同的相,成功模拟了不同过冷度下的枝晶生长形貌。随后,Medvedev 等[56-57]使用相场- LBM(lattice boltzmann method)方法模拟了流动状态下的枝晶生长,发现流动对于枝晶生长形态有直接影响。但以上研究主要针对金属晶体,其性质(主要是 Prandtl 数)与水差别很大。

Tsurugasaki 等[58]使用相场-浸没边界法研究了二维管道中的冰枝生长问题,结果表明随着雷诺数的增大,朝向来流的枝晶臂变厚,而且由于上游方向的潜热被流动传递到下游,因此上游冰枝附近的温度梯度更为平缓,冰枝生长受到了抑制。实验研究方面,Kallungal[59]研究了来流速度 0~68 cm/s,过冷度 0~1 K 范围内的冰枝,并且给出了在不同来流方向下,冰枝生长速度与过冷度以及流速的关系。清华大学的曲凯阳测量了圆管内流动的过冷水在不同的工况下发生结冰的时间,实验结果表明,圆管内流动的水是否发生结冰仅与圆管内表面的最低温度有关,流动对于结冰的发生没有影响,这是由于流动的特征尺度远大于结冰成核的特征尺度[75]。但是由于其并不是实时拍摄结冰过程,缺乏流动对于结冰形态的影响观察,而冰枝生长速度与形态是紧密联系的,因此对其结论还需要进一步研究。

2.2.3　过冷水壁面结冰理论

1) 概述

与自由结冰相比,壁面结冰要丰富和复杂得多。固体表面法向上的冰生长问题在工业生产中普遍存在,例如冰激凌制造[61-62],液体食品的冷冻浓缩[63]等。关于过冷表面上冰层生长的最早科学研究始于地理学领域,由 Lunardini[64]在 19 世纪中期开展。他的工作建立了冰生长的数学模型及其解析解,提出了一种与热通量相反的温度场。该模型称为经典 Neumann 问题(见图 2 - 20),这是一个假设存在初始层的一维凝固模型。Neumann 问题适用于纯净水或稀释溶液的结冰。对于实际的水溶液,Ratkje 等[65-66] 提出了一个冰层生长模型,该模型使用了从不可逆热力学导出的热质通量耦合方程。也有文献[67]认为他们提出的模型似乎忽略了界面冰侧的温度梯度,这可能导致对冻结作用的错误预测,与传统传热传质理论的预测冲突。

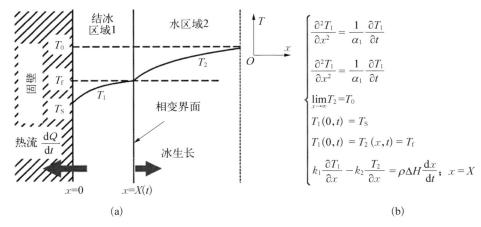

图 2-20　壁面结冰过程中的温度分布及其 Neumann 问题描述[70]
（a）温度分布　（b）Neumann 问题表达式

在实验方面,早在 1957 年 Lindenmeyer 观察到在黄铜和玻璃上覆冰比自由冰枝生长更快[68]。Camp 等观察到树枝状冰的生长与铝上 c 轴的方向不同[69]。Qin 等在低过冷度下观察到冰在金属上以薄膜形式生长[70]。他认为固体表面可以降低相变的能量势垒,尤其是在表面微观结构不均匀的位置。这可能是成核点彼此相对较远的原因。一旦冰胚出现,过冷的固体表面就成为更适合冰结晶的地方,因为熔合热可以直接提供给固体表面,尤其是当溶液温度接近冰点时。冰沿冷却表面的生长速度远快于法向(即垂直于固体表面)的生长速度,这导致了冰膜的形成,这是冰核和冰层正常生长之间的中间过渡阶段。在这个过渡阶段之后冰层的生长开始。对于从水中生长的冰层,可以使用 Neumann 问题来描述这一过程。在这种情况下,应考虑传热和传质的耦合,并且可以用不可逆热力学层生长模型[66]或其他模型[70-71]来描述该过程。不过以上研究对壁面冰生长认识仍然不完整,特别是与自由结冰的关系。

与自由结冰机理相比,以往对基底冰生长机理的研究非常有限。Kong 等根据试验数据假设基底冰尖具有抛物线形态,初始厚度为 $20~\mu m$[72]。Schremb 等发现在高过冷度条件下,覆冰对壁面特性的依赖性较低[73]。基底结冰的形态也不同于自由结冰。随着生长速度的增加,垂直于壁面的冰从平面冰膜转变为树枝状冰,而平行于壁面的冰从树枝状冰转变为光滑冰膜。Qin 等根据在低过冷度条件下进行的实验结果假设基底冰膜的初始厚度为 $200~\mu m$。基底表面能对结冰的影响也需要考虑。壁面的表面能决定了冰在表面上的接触角,此时,冰枝尖端不应如自由冰枝一般为椭圆抛物面形状。冰的吉布斯自由能的变化也会影响其相变行为。根据奥斯特瓦尔德阶段定律(Oswald stage rule)[74],当水向冰转换时其将经历一系列亚稳相的转变,而这一过程可能会受到壁面表面能的影响。

2) 过冷水壁面结冰现象

(1) 壁面结冰演变过程。

在前人研究基础上,Kong 等设计定向触发过冷水结冰试验,在 1～7 K 的过冷度下观察到冰在壁面上生长的过程[72]。金属表面的结冰可明显分为三个阶段,分别是冰在壁面上的铺展、冰层的增厚和自由冰枝的生长,如图 2-21 所示。

当冰从触发管中长出,触碰到壁面时即开始结冰的第一阶段。在这个阶段冰以薄冰层的形式迅速地沿着壁面铺展。冰层铺展的速度为 $1\times10^{-2}\sim1\times10^{-1}$ m/s,这远超过此时冰层在垂直方向上的生长速度(1×10^{-4} m/s 左右)。这个过程将持续 0.1～1 ms。此时冰的增长速度和形状主要由壁面热扩散率和温度决定,并且随时间的变化很小。从侧面图像 2-21(b)、(c)、(d)中可以看到,冰层的初始厚度约为 1×10^{-5} m。在导热率较大的壁面上,冰层的形状接近于圆形。如图 2-21(a)所示,在导热率较低的壁面上,冰层的形状会变得不规则,甚至变为枝状冰。

水膜厚度增长速度较水平方向增长速度缓慢得多,因此在冰层水平铺展时可以认为冰的厚度改变很少。另外壁面的接触角对于冰的水平生长速度有少量的影响,但不会改变冰的形态。

冰在壁面上铺展过后垂直向上生长,进入冰在壁面上生长的第二阶段。本阶段能够持续数秒到数十秒。在本实验观察到的第二阶段结冰中,冰层的增长速度和厚度尺度为 1×10^{-4} m/s 和 1×10^{-3} m。随着冰层的增厚,冰垂直生长的速度随时间减少,冰的表面逐渐变得粗糙,随后转变为枝状冰。

这个阶段的冰生长主要取决于温度和壁面的热扩散系数。当温度较高而壁面热扩散系数高时,冰层的生长可以在整个实验观察期间内持续。而在温度较低及壁面热扩散系数低时,冰层在壁面上的持续时间将非常短,甚至可以认为第二阶段的冰层生长不存在。由于冰层的生长与冰枝生长速度有很大的差别,冰

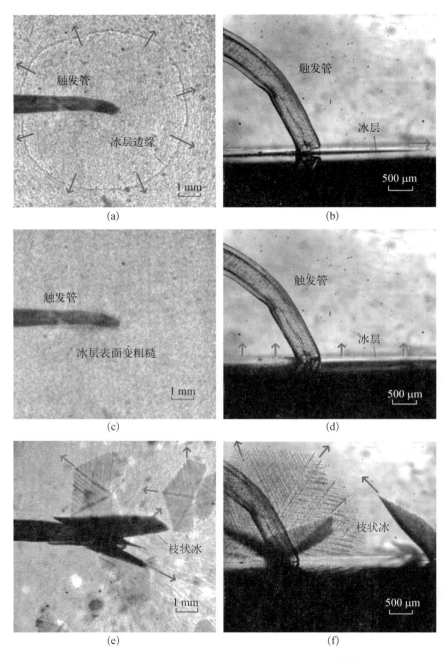

图 2-21　268.1 K 时冰在紫铜表面生长的过程[48]

注：1.（a）（c）（e）分别是 95 ms、535 ms 和 2 270 ms 时垂直于试验件表面拍摄的图像。

　　2.（b）（d）（f）分别是 95 ms、535 ms 和 2 270 ms 时平行于试验件表面拍摄的图像。

　　3.（a）和（b）显示的是冰生长的第一阶段：水平铺展。

　　4.（c）和（d）显示的是冰生长的第二阶段：垂直生长。

　　5.（e）和（f）显示的是冰生长的第三阶段：空间中的枝状冰生长。

层向冰枝的转换时间对于冰增长速度有十分明显的影响。

在第二阶段的冰层增长结束后,冰的生长进入第三阶段:空间中的枝状冰生长。在这个阶段中,冰枝从冰层上产生并且向过冷水中生长。冰枝的生长速度明显高于冰层的增厚速度,但低于第一阶段的冰水平铺展速度。在实验中可以看到第三阶段的冰枝生长速度不随时间改变。

由以上结冰现象,可发现当壁面的导热率逐渐降低时结冰过程逐渐趋近于自由冰枝生长,而多阶段的结冰现象也发生相应的改变。随着壁面导热率的降低,结冰的第一阶段中壁面附着冰层的生长速度降低,形态逐渐变为枝状冰。与此同时第二阶段中的冰层存在时间逐渐减少。

在不同导热率的表面上,冰分别显示了单冰枝、多冰枝和平滑冰层的不同形态。某些时候壁面冰枝与自由冰枝的形态有一定相似形,但又有明显不同。前者虽然为枝状,也存在明显的晶体各向异性,但形状不规则,生长方向甚至会改变。将壁面结冰和文献中自由结冰的结果对比,可发现壁面冰和自由冰形态上的联系:① 壁面冰保持了自由冰的晶体方向;② 壁面导热增加冰枝间夹角,直至最大 60°。

图 2-22 中对比了海绵夹层基底(近绝热)和铁基底上的壁面冰枝以及自由冰枝的形态。可以看到,壁面冰枝的形态与其初始触发冰晶的方向直接相关。冰晶体在低过冷度下其形状为平面的六角枝状。该六角晶体平面所在即为冰晶的基平面,其法向为晶体的 c 轴。而晶体六个角为生长方向(即 a 轴)。在更大的过冷度下自由冰枝呈现双碟形的形态,即如两片底部相接的六角碟形,两片碟形的夹角与过冷度成正比[75]。在此可以定义冰晶基平面的法向与壁面法向之间的夹角为 β。如图 2-22 所示,当冰晶平面接近垂直于壁面时(即 β 接近 90°),壁面上的四边形冰对应于自由冰枝的双碟形,其夹角和双碟之间夹角对应。因此基材不会改变冰枝的方向。当 $\beta < 90°$ 时,壁面冰枝开始不对称生长,其形状取决于冰和壁面之间的夹角。当冰晶平面几乎平行于壁面时,壁面上的冰变成六角晶体。过冷度和热扩散率都可以使冰晶平面之间的夹角增加。

将壁面冰枝之间的夹角定义为 α。选取冰晶平面垂直于壁面的条件进行分析,可以发现冰枝间的夹角随着过冷度线性增加,与壁面导热率也呈正相关。当过冷度和壁面导热率都接近 0 时(在海绵基底上),壁面冰的形态接近于单冰枝。随着壁面导热率和过冷度增加,壁面冰的形态由单枝开始分叉,变为冰枝阵列,同时冰尖端的尺度也逐渐减小。该分叉现象与自由冰枝的 $a-c$ 轴平面形状相似。随着结冰速度进一步增加,当冰枝夹角接近 60° 时,壁面冰枝逐渐融合直到成为圆形光滑界面。该形态变化现象与自由冰形态随过冷度增加的变化规律一致。壁面表面能对壁面冰形态没有明显影响。图 2-23 中统计了不同壁面上冰枝角度的变化规律，以及其变为平滑前缘的温度。从中可看到壁面导热增强可以令壁面冰前缘在过冷度更小时形成平滑界面。

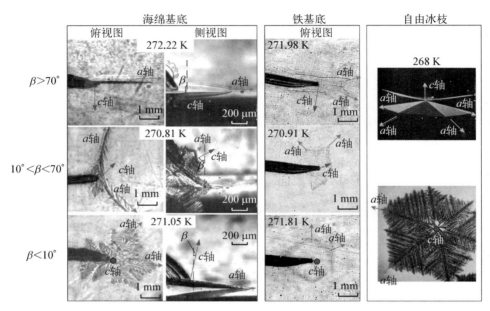

图 2-22　壁面冰枝和自由冰枝形态的对应关系[76]

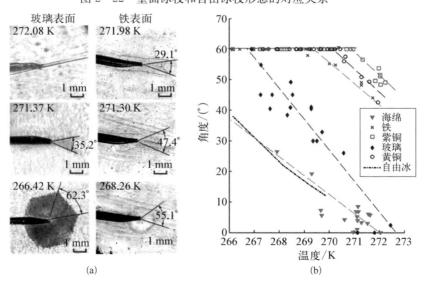

(a)　　　　　　　　　　　　　　(b)

图 2-23　不同壁面和温度条件下的冰枝间夹角[77]

（a）玻璃和铁表面上冰夹角随着温度变化的现象　（b）不同温度和壁面上的壁面冰夹角

（2）水平铺展。

壁面上冰层水平生长的速度如图 2-24 所示。从不同的壁面上水平生长速度与温度的曲线可以看出，冰生长速度和温度近似为幂函数的关系。在这里使用了冰枝生长研究中常用的拟合式 $v_x = a\Delta T^b$ 对曲线进行拟合。从拟合式的系数 a 和 b 中可以观察壁面热扩散系数和温度对冰生长的影响，如表 2-1 所示。

表 2-1　冰在不同表面上的水平铺展速度按照 $v_x = a\Delta T^b$ 拟合后的系数

基　底	紫　铜	黄　铜	铁	玻　璃	自由生长
a	7.371×10^{-3}	4.262×10^{-3}	2.972×10^{-3}	4.948×10^{-4}	1.870×10^{-4}
b	1.47	1.65	1.73	2.25	2.09

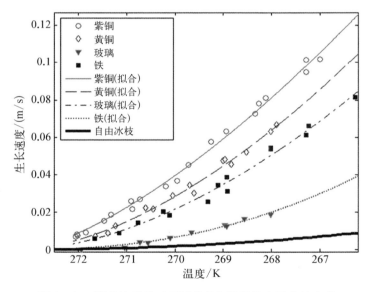

图 2-24　附着冰层处于不同基底和温度的水平生长速度

从图 2-24 可以看到，在紫铜表面的冰生长速度可以达到同等温度条件下自由冰枝的 10 倍以上。虽然玻璃的导热率与水相近，但是在玻璃表面冰的生长速度也明显高于水中的自由冰枝速度。从拟合的冰生长曲线可以看到壁面性质对冰生长规律的影响。拟合的系数 a 与壁面热扩散率成正比例且受其影响很大，在紫铜表面和玻璃表面 a 的差别可以达到 15 倍。而系数 b 与壁面的热扩散率的关系为反比例,而且在1～2范围内变化。当壁面的热扩散系数很大时,如在紫铜的表面,系数b接近于1;而在玻璃的表面,b的系数接近于2。在纯的热扩散问题中,热流量与温度成一次方关系,而在热对流问题中,热流量与温度成二次方关系。这说明在本阶段中,随着壁面热扩散率的变化,结冰潜热的传导方式也在发生变化。

除导热率外,壁面表面亲水性也会影响冰水平生长速度,如图2-25所示。当温度高于272 K时,壁面的亲水性对冰生长速度影响很小,而当温度处于271～272 K之间时,亲水表面和有机玻璃表面的结冰速度突然下降,而疏水表面的结冰速度仍然保持不变。随着温度进一步降低,不同表面的结冰速度开始重新靠近。值得注意的是海绵疏水表面的结冰速度与自由冰枝的速度接近。考虑到海绵基底的导热率总高于0,其表面的冰生长速度应高于自由冰。因此从曲线趋势来看,疏水海绵表面上的结冰与自由冰枝生长最为接近。

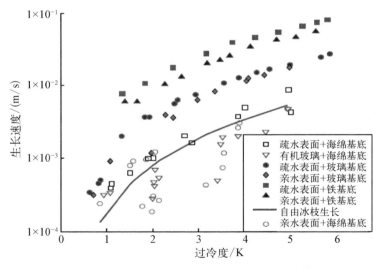

图2-25 不同性质表面上冰水平生长速度[76]

更细致的壁面冰尖端如图2-26所示。在近绝热的海绵基底上三种不同亲水性表面的冰枝形状并没有明显差别,并且壁面冰与自由冰形态接近。这说明壁面亲水性并不改变冰枝的尖端半径,同时在壁面导热消失后壁面冰可以退化为自由冰。而亲水性对结冰速度的影响与温度相关。如图2-26(c)所示,疏水表面的冰生长速度始终快于自由结冰速度,但亲水表面上冰的生长速度在271.5 K左右下降,并且始终低于自由冰生长速度。

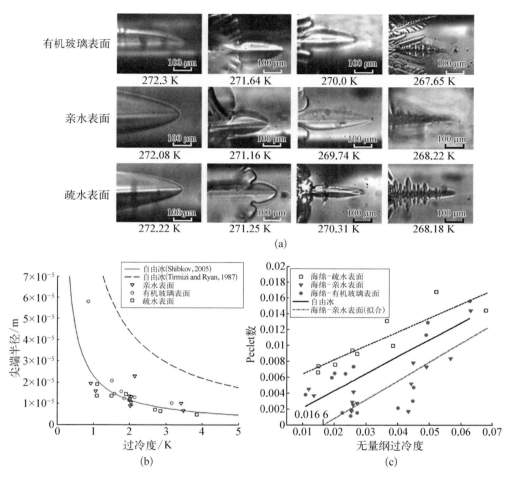

图 2 - 26　海绵壁面与自由冰形状、尖端半径以及 Peclet 数随温度的变化

　　根据自由冰生长的 Ivantsov 理论，冰枝生长的 Peclet 数与过冷度唯一相关。而在这里，海绵基底上的结冰传热条件相当于自由冰的对称条件，但 Peclet 数更低，这在理论上不是不可能发生的。在第一种结冰状态中，由于正常大气环境下过冷水结冰后形成六角形冰(Ih)，它是该条件下的稳定相，一般情况下结冰可认为是由过冷水瞬间转变为 Ih。而在第二种结冰状态中，相变释放的潜热明显高于 Ih 是不可能的，因此只可能是冰尖端过冷度较自由冰更低。唯一的解释是表面亲水性改变了相变的物理过程。

　　将冰枝在亲水表面上的 Pe - T 关系代入 Ivantsov 方程中，可以得出结冰表面的过冷度。壁面冰 Peclet 数曲线在 271.6 K 处趋近于 0。这与立方体冰

(cubic ice，Ic)的凝固点十分接近。但根据文献[77]，Ic 一般在 140 K 以下才稳定存在，为何其性质会在 271.6 K 左右出现？根据 Ostwald 阶段定律，晶体在相变时不是直接变为稳定相，而是要经过一系列亚稳相的变化。若壁面改变了冰前缘相变过程，令其中某个相影响了冰前缘的性质，这可能导致冰生长规律的改变。

（3）垂直生长。

冰垂直于壁面的生长对于飞机结冰的影响更加直接，因其决定了冰在表面的累积速率。在实验中冰垂直生长的速率可以直接通过水平方向拍摄的冰图像测量得到。由于实验中只有在金属表面上光滑冰层的垂直生长可以持续，因此在这里主要讨论金属壁面上的冰层生长。

第一阶段中冰的生长已经产生了一个初始的冰层厚度。当结冰的第二阶段开始时冰层将开始增厚，但速度随着时间而降低。在第二阶段开始的时候，冰垂直生长的初始速度甚至能超过自由冰枝生长速度。但是在大部分时间内，冰层的垂直生长速度是整个结冰过程中最低的。垂直生长速度与壁面的热扩散系数和过冷度成正比。另外随着结冰时间的增加，壁面对于冰生长速度的影响逐渐减弱。如图 2-27 所示，随着结冰的推进，不同基底上的冰生长速度将逐渐趋于同一。由于相比于金属材料冰的热扩散系数非常低，因此当冰生长时间长时壁面传热对于冰生长的贡献将会迅速降低，冰的生长逐渐趋近于壁面不相关。

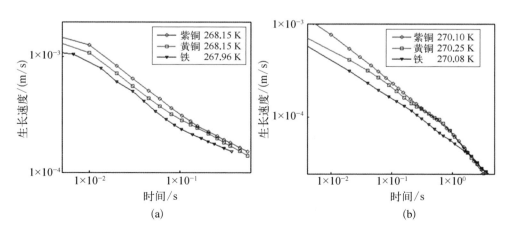

图 2-27　不同基底上冰层垂直生长速度的对比
(a) 268 K　(b) 270 K

在冰层向垂直方向生长的同时,某些条件下冰层表面将会产生冰枝并向过冷水中生长,这代表着冰生长从第二阶段转变为第三阶段。不同壁面上冰形态的转换时间如图 2 - 28 所示。相比于第二阶段,冰在第一阶段的时间非常短,因此可以将第一阶段的时间忽略。从结果可以看到,冰形态转化的时间随温度的变化非常剧烈。以在黄铜上的实验结果为例,在 270.5 K 的温度下冰在第 7 s 的时间才发生形态的转换。而在高于此温度时,冰形态转换始终不出现。而当温度降低时,冰形态转化的时间将迅速减少。如在 270 K 时,冰形态转化时间降低到 1 s。而在 268 K 时,冰枝几乎是在薄冰层生长的同时就开始生长。壁面性质对于形态转化的影响较小。在紫铜的壁面上,冰开始出现形态转化的温度较黄铜表面降低了大约 1 K,为 269 K。而在低导热的材质上如玻璃,冰不存在平滑冰层的生长阶段。从实验结果可以看到,冰形态的转化主要取决于温度,壁面条件对转化的影响较小。

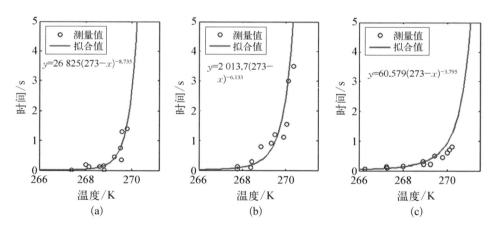

图 2 - 28　不同壁面上平滑冰层转变为冰枝的时间
（a）紫铜　（b）黄铜　（c）铁

当冰生长进入第三阶段时,由于冰枝生长是三维的,可以通过结合两个方向上测量到的冰生长速度分量来得到冰枝生长速度。在较小的过冷度下($\Delta T <$ 2 K),枝状冰从冰层上产生的速度较低。而在更大的过冷度下,枝状冰很快即从冰的表面上长出来,在很短的距离(1×10^{-4} m)内达到稳定的生长速度。观察结果可以发现,冰枝生长速度、形态和过冷水中自由生长的冰枝基本一致,如表 2 - 2 所示。因此结冰表面对第三阶段的冰枝生长基本没有影响,并且可以将其作为自由生长的冰枝处理。

表 2 - 2　实验中自由冰枝生长速度对比

温度/K	生长速度/(m/s)		
	紫铜基底	玻璃基底	理　　论
271	0.000 810	0.000 730	0.000 796
269	0.003 45	0.003 50	0.003 39
267	0.007 80	0.008 50	0.007 91

3) 壁面结冰的热力学建模

壁面结冰不论在形态还是影响因素方面都较自由冰复杂得多。尽管可以对每一种形态的结冰过程建立传热传质理论描述,但这样只能让问题变得更加复杂,无助于对结冰问题的整体理解。完整的壁面结冰理论描述需要回到结冰相变的基本过程,找到这些结冰现象之间的共同点。在此需要先介绍两类相变的区分。结冰属于水到冰的一级相变。相变是指当外场和控制参量在连续变化达到某个临界值而引起系统内部对称性的破缺和有序的突变,即由一稳定质态向另一稳定质态的跃迁过程[78]。相变包括平衡相变和非平衡相变两类。平衡相变是平衡态系统由一个平衡均匀态向另一个平衡均匀态的跃迁过程,其参考态是平衡态,在这里指水到冰的物态转变。非平衡相变是非平衡系统由一个非平衡定态向另一个非平衡定态的跃迁过程,其参考态是非平衡态,在此为不同冰生长形态的转变。前面介绍的多种多样壁面结冰现象均可归于平衡或非平衡相变过程。

如图 2 - 29 所示,考虑壁面上附着冰的两个主要生长方向前缘,它们的相变和传热决定了冰的生长。相变包括平衡相变和非平衡相变两部分,前者是过冷水相转变为冰相的过程,后者是非平衡过程状态的改变。基于壁面结冰的特征可以给出如下假设:

(1) 两个方向冰生长的速度和尺度有很大的差别,因此两者可以独立考虑。

(2) 平衡相变可以通过改变冰性质影响非平衡相变,但非平衡相变不直接影响平衡相变过程。

在平衡相变方面,主要影响其过程的壁面变量是壁面的表面能,其可以通过改变冰尖端的自由能以影响结冰相变过程。在非平衡相变方面,冰的相变共有三种状态:线性稳定、不稳定和绝对稳定。它们之间的界限通过界面线性稳定和绝对稳定条件决定。

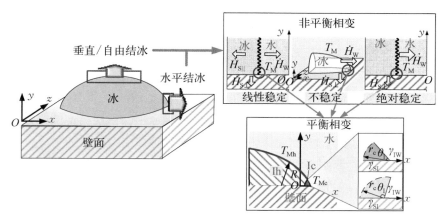

图 2-29　壁面表面性质和导热分别影响过冷水结冰平衡和非平衡相变过程

　　壁面结冰的三种非平衡相变状态如图 2-30 所示。随着冰生长速度从 0 开始增加，结冰将依次经历线性稳定、不稳定和绝对稳定三个状态。它们的产生由热流和冰界面移动速度决定。

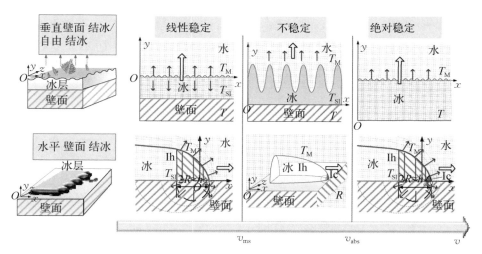

图 2-30　平行和垂直于壁面冰生长的非平衡相变状态

　　首先当冰生长速度很慢时，冰凝固界面上热扩散速度远超过冰界面移动速度，同时冰界面向水中的热流较小。即便冰表面产生了一定扰动，其也会在表面张力的作用下恢复光滑。此时冰界面形态接近平衡状态，冰生长速度和温度梯度呈线性关系，故称为近平衡的线性稳定状态。

　　当冰生长速度增加到一定值时，冰界面上的张力将无法令小扰动收敛，任意小扰动都将不断增大从而导致界面失稳。此时冰生长将进入胞晶-冰枝生长状态,称为不稳定状态。凝固进入该状态的条件可由线性临界稳定性理论给出。在界面生长非稳态时,温度场的扩散还将加快冰界面的扰动增幅,从而提前界面失稳。

当冰生长速度增加到与热扩散速度接近时,热扩散长度并不远大于界面扰动幅度。此时界面上的扰动受到温度场的抑制,因而再次出现稳定的凝固界面。这种状态称为绝对稳定,其判定条件由绝对稳定理论[79]给出。

下面分别建立壁面结冰在两个方向上的生长模型,讨论其生长速度和形态规律,以及状态转变的临界条件。

4)壁面冰水平铺展过程建模

(1)平衡相变过程。

如图2-31所示,首先对比壁面冰和自由冰的前缘,它们的相变和传热决定了冰的生长行为。由于冰枝前缘尺度小,并且受壁面影响强烈,在冰相变时亚稳相最可能在冰的前缘发生。当壁面为绝热时,界面上不存在热流,其作用类似自由冰枝的对称面。壁面冰除接触点之外的区域传热生长条件与自由冰差别不大,其外形也是抛物线。根据局域平衡条件,壁面冰前缘接触角由壁面表面能决定,变化范围为0°~180°;而自由冰前缘与对称面的夹角始终为90°。这些冰前缘形貌对其自由能有直接影响。由实验现象可知冰尖端的接触角影响范围小于冰枝尖端尺度。

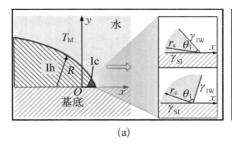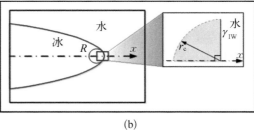

(a)　　　　　　　　　　　　　(b)

图2-31　壁面和自由结冰前缘建模对比

(a)壁面前缘　(b)自由表面前缘

在冰的各种亚稳态相中,立方体冰(Ic)与稳定相六角形冰(Ih)自由能差最小也最可能出现,下面将重点分析Ic与Ih的关系。在其最前端处取半径为r的区域,分析其平均自由能随尺度r的变化,以分析其相变的类型。

Ic 和 Ih 的单位质量自由能差为

$$\Delta\left(\frac{\sum A\gamma_I}{V\rho_I}\right)_{h-c} = \frac{r(1-\cos\theta_h)\gamma_h}{\dfrac{\theta_h r^2 \rho_h}{2}} - \frac{r_c(1-\cos\theta_c)\gamma_c}{\dfrac{\theta_c r_c^2 \rho_c}{2}} \qquad (2-37)$$

式中,下标 I 为冰相,这里主要分析 Ih 和 Ic 两种相。$\Delta \bar{G}_{h-c}$ 为控制体由 Ic 变为 Ih 时的单位质量自由能差,Ih 相的性质为体积自由能 $H_h = 3.3 \times 10^5$ J/kg,密度 $\rho_h = 920$ g/m³;Ic 相的密度 $\rho_c = 930$ g/m³。 Ic 与 Ih 的单位质量体积自由能差与温度无关,为 $\Delta H_{h-c} = 1.944 \times 10^3$ J/kg。 两个冰相的表面张力与温度有关:$\gamma_c = [0.030\,67(T-200)+21.7]$mJ/m²,$\gamma_h = [0.026\,67(T-200)+31]$mJ/m²。

假设冰-壁面界面自由能变化很小,则有 $r_c = \sqrt{\dfrac{\theta_h}{\theta_c}}\, r$,$\cos\theta_h \gamma_h = \cos\theta_c \gamma_c$。

当两相的自由能差大于 0 时,说明 Ih 比 Ic 更为稳定;反之则说明此时 Ic 比 Ih 稳定。$\Delta \bar{G}_{h-c}$ 为 0 时的控制体尺寸可以给出

$$r_{tr} = \frac{2}{\Delta H_{h-c}}\left[\frac{(1-\cos\theta_h)\gamma_h}{\theta_h \rho_h} - \frac{\left(1-\cos\theta_h\dfrac{\gamma_h}{\gamma_c}\right)\gamma_c}{\sqrt{\theta_h\theta_c}\rho_c}\right] \qquad (2-38)$$

由图 2-32 可以看出,接触角对壁面冰成为 Ic 的尺度有很大影响。当接触角小于 60°时,冰前缘成为 Ic 的尺度大于自由冰核,甚至能达到 1×10^{-7} m。

Ic 的尺度与温度成反比关系,即温度越低 Ic 的尺度越大(考虑冰相变理论,可发现促进冰成核的因素——过冷度和壁面接触角,同样可以导致冰容易停留在亚稳态相)。

由于在实验中冰前缘形态与壁面亲水性无关。我们假设壁面冰尖端的曲率也服从 LMK 理论,与角度无关。冰枝的尖端半径可以通过 LMK 理论给出

$$\sigma = 0.025\,3 = \frac{2D_W d_0}{vR^2} \qquad (2-39)$$

式中,d_0 为毛细长度。

将不同温度下的壁面冰特征尺度 R 和 Ic 相尺度进行对比,如图 2-33 所示。可以看到在接触角较小时冰尖端尺度会急剧减小,同时 Ic 相的尺度会增大,令这两个尺度接近甚至交叉。这说明在接触角很小时壁面冰的尖端有可能

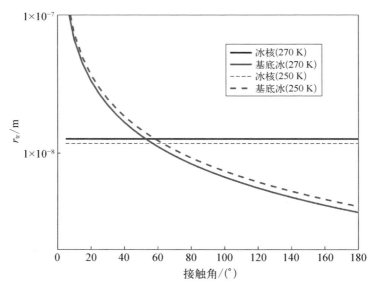

图 2 - 32　壁面冰枝前缘上 Ic 能稳定存在的尺度

被 Ic 相占据，这导致冰枝的生长以 Ic 的性质为主导。应注意到实验现象中壁面对冰前缘形状的影响很小，这说明壁面冰前缘接触角影响的尺度小于宏观冰枝尺度（至少小于 1×10^{-5} m）。可认为 Ic 的影响并不仅限于其稳定尺度，而是会扩展到更大的尺度。

虽然冰尖端接触角尚无法通过实验验证，但可通过以上分析对接触角影响冰前缘相变的情况进行讨论。从图 2 - 36 中可看出，只要冰枝接触角在 25°以下，即便在 270 K 左右的温度，Ic 尺度仍可以影响冰枝生长前缘；反之 Ic 对冰枝生长无明显影响。在前一种情况下，冰的生长将受到 Ic 性质的影响。此时的结冰行为不同于自由冰，我们将其称为相变模式 Ic。而后一种情况中冰生长过程完全由 Ih 主导，我们将其称为相变模式 Ih。

从冰前缘单位质量自由能来看，自由冰相当于接触角为 90°时的壁面冰。当接触角为 90°时，Ic 相尺度与冰前缘相差两个数量级，并且受温度影响小。这说明在正常结冰温度范围内，自由结冰很难在前缘产生明显的 Ic。因此自由冰总是处于相变模式 Ih 中。

虽然以上计算中仅考虑了 Ic - Ih 的性质，但对于其他相变中间态都适用。对于任意自由能高于 Ih 的冰相 x，都存在如下关系：$\Delta H_{h-x} > 0$，$\gamma_h > \gamma_x$，因此都存在一个冰核尺度满足 $\Delta \bar{G}_{h-x} = 0$。这样在一定条件下表面对结冰平衡状态

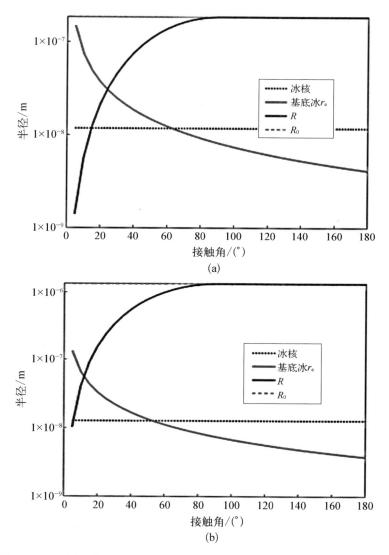

图 2 - 33　不同温度和接触角时冰枝尖端尺度和 Ic 相尺度（见附图中彩图 2）

(a) 250 K　(b) 270 K

的影响将不止于 Ic 的性质，可能还会体现出其他相的性质。

　　在过冷水到冰的相变过程中还存在其他亚稳相，如文献[80] 提到的 HDL - LDL - Ic - Ih 的相变过程。根据其论述，水中的溶质会令相变历程改变：在 LDL 和 Ic 之间还经历了低密度不定形相（LDA）的变化。对于亲水性表面（特别超亲水）而言，在壁面和水接触的界面上（分子量级）水的热力学状态会与溶液中相似。这样冰的相变过程还将进一步延长,在宏观上则体现为超亲水表面冰生长速度的进一步降低。该现象的微观证据还需要更深入的理论和实验研究来发现。

（2）非平衡相变过程。

壁面水平结冰在壁面导热的作用下将会明显快于垂直结冰,考虑到垂直结冰速度随厚度减少,故其外形可以假设为二维抛物面。此时冰生长速度由两个方向的传热决定。

$$L\rho_1 h_{ice0} v_x = \dot{H}_S + \dot{H}_W \tag{2-40}$$

式中,v_x 为冰在 x 方向上的生长速度;h_{ice0} 为冰前缘的高度;$L = 3.33 \times 10^5 \ J/kg$ 为冰凝固时的单位质量的潜热;$\rho_1 = 918 \ kg/m^3$ 为冰的密度;$\dot{H}_S$ 为冰向固壁中释放出的热流量;$\dot{H}_W$ 为冰向水中释放的热流量。

在考虑冰前缘的生长时,由于其有着与冰枝生长相近的条件,我们可以借鉴 Ivantsov 的冰枝生长数学建模,假设前缘为近似半抛物线形,并在抛物线坐标系下求解水中的温度场。而在考虑固壁中温度场时,由于冰的前缘尺寸相比其宽度及结冰基底的尺度很小,我们可以将其假设为一个温度为 273 K 的点在固壁表面移动。通过热扩散方程求解固壁中的温度场,如图 2-34 所示。

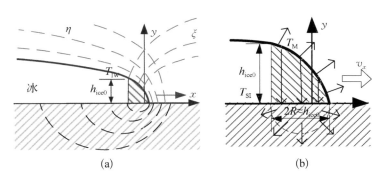

图 2-34 冰层在壁面上水平生长的理论模型
（a）水中和壁面中的温度分布 （b）冰前缘传热路径的理论模型

水-冰界面的无量纲过冷度满足下式:

$$-\hat{T}_\infty = \sqrt{\pi} \frac{\left(Pe' - \dfrac{\partial \hat{H}_S}{\partial \xi}\right)}{\sqrt{Pe'}} \times \exp(Pe') \, \mathrm{erf}c(\sqrt{Pe'}) \tag{2-41}$$

式中，$\mathrm{erf}c(x)=\dfrac{2}{\sqrt{\pi}}\displaystyle\int_x^\infty \mathrm{e}^{-t^2}\,\mathrm{d}t$；$Pe'=Pe\,\dfrac{\rho_\mathrm{I}}{\rho_\mathrm{W}}$。

在水-冰-壁面的接触点上，由于假设壁面为抛物线，则在该点处的曲率为 0，这一点的温度应始终保持为结冰温度 T_M。而在冰和壁面接触的其他位置上温度应该低于这个值。由于冰前缘的尺度较小，假设冰前缘和壁面接触位置的温度为 $T_\mathrm{SI}<T_\mathrm{M}$，则冰向壁面中传递的热流量为

$$\frac{\mathrm{d}\dot H_\mathrm{S}}{\mathrm{d}S}=\lambda_\mathrm{I}(T_\mathrm{M}-T_\mathrm{SI})\int_{-\frac{3R}{2}}^{\frac{R}{2}}\frac{1}{y}\,\mathrm{d}\bar x=\frac{2\lambda_\mathrm{I}(T_\mathrm{M}-T_\mathrm{SI})}{\sqrt5+\dfrac12\ln\!\Big(h_\mathrm{ice0}+\dfrac{\sqrt5}{2}h_\mathrm{ice0}\Big)-\dfrac12\ln\dfrac{h_\mathrm{ice0}}{2}}$$

$$(2-42)$$

式中，$\lambda_\mathrm{I}=2.22\ \mathrm{W/ms}$ 为冰的导热系数。

根据实验现象假设，冰前缘的接触角对冰形态改变很小。在考虑冰枝宏观生长时将其外形近似为抛物线。根据文献，式（2-42）可以表达为 Ivantsov 方程的变体：

$$\Delta\bar T=\sqrt\pi\,\frac{\Big(Pe-\dfrac{\partial\hat H_\mathrm{S}}{\partial\xi}\Big)}{\sqrt{Pe}}\times\exp(Pe)\,\mathrm{erf}c(\sqrt{Pe})=\mathrm{Iv}(Pe)\Big(1-\frac{1}{\sqrt{Pe}}\frac{\partial\hat H_\mathrm{S}}{\partial\xi}\Big)$$

$$(2-43)$$

式中，$\mathrm{erf}c(x)=\dfrac{2}{\sqrt{\pi}}\displaystyle\int_x^\infty \mathrm{e}^{-t^2}\,\mathrm{d}t$；$\Delta\bar T=\dfrac{T_\mathrm{M}-T}{\dfrac{L}{c_\mathrm{W}}}$ 为无量纲过冷度；T_M 为水-冰平衡温度；T 为环境温度；L 为水变为冰相 Ih 时释放的潜热；c_W 为水的比热容。

可见当壁面热流趋于 0 时，该方程退化为 Ivantsov 方程。

式（2-43）中壁面热流密度可通过在冰前缘上积分得到

$$\frac{\mathrm{d}\dot H_\mathrm{S}}{\mathrm{d}S}=\lambda_\mathrm{I}(T_\mathrm{M}-T_\mathrm{SI})\int_{-\frac{3R}{2}}^{\frac{R}{2}}\frac{1}{y}\,\mathrm{d}\bar x=\frac{2\lambda_\mathrm{I}(T_\mathrm{M}-T_\mathrm{SI})}{\sqrt5+\dfrac12\ln\!\Big(h_\mathrm{ice0}+\dfrac{\sqrt5}{2}h_\mathrm{ice0}\Big)-\dfrac12\ln\dfrac{h_\mathrm{ice0}}{2}}$$

$$(2-44)$$

式中，$\dfrac{\partial\hat H_\mathrm{S}}{\partial\xi}$ 为抛物线坐标下的热流密度；$\dfrac{\mathrm{d}\dot H_\mathrm{S}}{\mathrm{d}S}$ 为直角坐标下的热流密度，在这

里 $\dfrac{\partial \hat{H}_{\mathrm{S}}}{\partial \xi} = \dfrac{\mathrm{d}\dot{H}_{\mathrm{S}}}{\mathrm{d}S} \dfrac{h_{\mathrm{ice0}} c_{\mathrm{W}}}{4\lambda_{\mathrm{W}} L_{\mathrm{f}}}$。

根据文献,冰尖端向壁面中的热通量表达式为

$$\int \frac{\mathrm{d}\dot{H}_{\mathrm{S}}}{\mathrm{d}S}\mathrm{d}S = \lambda_{\mathrm{S}} \int_0^{\pi} \frac{\partial T}{\partial r}\bigg|_{r=\frac{h_{\mathrm{ice0}}}{2}} \mathrm{d}\theta$$

$$= -\frac{\lambda_{\mathrm{S}}\pi v_x}{2D_{\mathrm{S}}}(T_{\mathrm{SI}} - T_{\infty})\left[\frac{K_1\left(\dfrac{v_x h_{\mathrm{ice0}}}{4D_{\mathrm{S}}}\right) I_0\left(-\dfrac{v_x h_{\mathrm{ice0}}}{4D_{\mathrm{S}}}\right)}{K_0\left(\dfrac{v_x h_{\mathrm{ice0}}}{4D_{\mathrm{S}}}\right)} + I_1\left(-\dfrac{v_x h_{\mathrm{ice0}}}{4D_{\mathrm{S}}}\right)\right]$$

$$(2-45)$$

将式(2-45)代入式(2-44)可得

$$T_{\mathrm{SI}} = \frac{AT_{\infty} + BT_{\mathrm{M}}}{A+B} \tag{2-46}$$

式中, $A = -\dfrac{\lambda_{\mathrm{S}}\pi v_x}{2D_{\mathrm{S}}}\left[\dfrac{K_1\left(\dfrac{v_x h_{\mathrm{ice0}}}{4D_{\mathrm{S}}}\right) I_0\left(-\dfrac{v_x h_{\mathrm{ice0}}}{4D_{\mathrm{S}}}\right)}{K_0\left(\dfrac{v_x h_{\mathrm{ice0}}}{4D_{\mathrm{S}}}\right)} + I_1\left(-\dfrac{v_x h_{\mathrm{ice0}}}{4D_{\mathrm{S}}}\right)\right]$; $B = \dfrac{2\lambda_{\mathrm{I}}}{\sqrt{5} + \dfrac{1}{2}\ln\left(h_{\mathrm{ice0}} + \dfrac{\sqrt{5}}{2}h_{\mathrm{ice0}}\right) - \dfrac{1}{2}\ln\dfrac{h_{\mathrm{ice0}}}{2}}$。

根据式(2-46)可知,当壁面传热趋于 0 时,水平生长相当于自由结冰。此时冰尖端半径很大,以至于生长可以用一维来考虑。

考虑壁面水平冰的临界稳定性,其与自由结冰的不同是冰表面为二维曲面,传热在生长方向和垂直生长方向上都存在。考虑表面失稳是由生长方向上的扰动引起的,我们假设垂直于生长方向的传热不影响扰动的增强,在判断结冰表面稳定性时只考虑生长方向上的热流。此时垂直于壁面的热流相当于减小了冰在生长方向上的潜热释放。在同样的过冷度下,这减少了冰生长方向上的热流并且增加了冰的生长速度。根据 M-S 稳定性理论可知此时冰表面扰动会增加。即壁面导热会促进表面的失稳。

自由表面结冰的稳定界面过冷度本已很小,而壁面水平冰铺展处于线性稳定状态的条件更为苛刻。当平衡相变模式改变时,冰前缘性质的变化将分别体

现到水和壁面热流表达式中。当冰前缘由 Ic 的性质主导时，冰生长方程为

$$\Delta \bar{T}_c = \frac{T_{Mc} - T}{\dfrac{\Delta H_c}{c_w}} = \text{Iv}(Pe)\left(1 - \frac{1}{\sqrt{Pe}}\frac{\partial \hat{H}_S}{\partial \xi}\right) \tag{2-47}$$

壁面传热项则需要考虑冰前缘 r_c 尺度变化的影响。

$$\frac{\mathrm{d}H_S}{\mathrm{d}S} = \lambda_I(T_{Mh} - T_{SI})\int_{\frac{3R}{2}}^{\frac{R}{2}-r_c}\frac{1}{y}\mathrm{d}\bar{x} + \lambda_I(T_{Mc} - T_{SI})\int_{\frac{R}{2}-r_c}^{\frac{R}{2}}\frac{1}{y}\mathrm{d}\bar{x} \tag{2-48}$$

根据文献，Ih 的凝固点为 273.15 K，而 Ic 的为 271.66 K，两者差异约为 1.5 K，将导致结冰温度场的改变。因此理论上在极端情况下，当冰枝前缘完全变为 Ic 时，两种结冰模式的差别为模式 1 的过冷度较模式 2 高 1.5 K 左右。

5）壁面冰垂直生长过程建模

考虑壁面冰在垂直方向的生长。由于该方向的相变不接触壁面，故在此不考虑壁面对平衡相变过程的影响。同样需要建立水和壁面中的温度场表达式，以计算冰表面的生长速度，并且对水-冰表面的稳定性进行理论分析。由于冰在水平方向上的厚度变化很小，可以认为冰层是在垂直方向上一维生长。结冰释放的潜热可以通过水膜和冰两个方向传播（见图 2-35）。

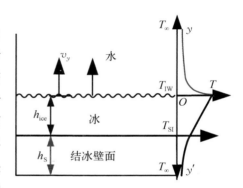

图 2-35　冰层垂直生长的温度分布示意图

首先不考虑各向异性的影响：当冰表面平滑时，垂直壁面结冰可以简化为一维的界面移动和热扩散问题。冰界面移动速度与热流量成正比。壁面冰生长的热流平衡式为

$$\Delta H_h \rho_I v_y = \lambda_W \frac{\partial T}{\partial y}\Big|_{y=0} + \lambda_I \frac{\partial T}{\partial y}\Big|_{y=0} \tag{2-49}$$

式中，ρ_I 为冰的密度；v_y 为垂直于壁面的冰生长速度，λ_W 和 λ_I 为水和冰的导热率。

当冰开始生长时，水-冰界面上释放出的热量在水中逐渐扩散，最终形成稳定的热扩散长度。根据移动界面稳定生长的解我们可以给出传热稳定之前的温

度场解：

$$T_W = T_\infty + (T_{IW} - T_\infty) e^{-\frac{y}{l}} \tag{2-50}$$

式中，$l(t)$ 为随时间变化的热扩散长度，其表示了水-冰界面前方热边界层的厚度。

将水中的热扩散方程从 $y=0$ 到 ∞ 进行积分，并且考虑上式可以得到

$$\frac{\partial l}{\partial t} = \frac{D_W}{l} - v_y \tag{2-51}$$

再考虑壁面中的传热。在冰和壁面的界面上满足当 $y = -h_{ice}$ 时有 $T_I = T_S = T_{SI}$，并且通过该界面的热量守恒：

$$\lambda_I \frac{\partial T_I}{\partial y}\bigg|_{y=-h_{ice}} = \lambda_S \frac{\partial T_S}{\partial y}\bigg|_{y=-h_{ice}}$$

式中，T_{SI} 为冰-壁面界面的温度；λ_S 为壁面的导热率。在壁面的底部有

$$\frac{\partial T_S}{\partial y}\bigg|_{y=-(h_S+h_{ice})} = 0$$

当壁面中的热扩散长度未超过壁面厚度（0.01 m）时，求解壁面温度场时可以认为壁面厚度为无穷大。由于扩散中的温度场难以用解析式描述，因此这里用了三次多项式对温度分布进行近似。壁面中的温度分布可表示为

$$T_S(y') = T_\infty + (T_{SI} - T_\infty)\left(1 - \frac{y'}{\delta_S}\right)^3 \tag{2-52}$$

式中，$\delta_S = \sqrt{24 D_S t}$ 为壁面中温度场传播距离，并且 $y' = -(y + h_{ice})$。

当 $\delta_S > h_S$ 时，壁面边界的作用必须考虑。假设壁面下边界为绝热，此时温度场的表达式为

$$T_S(y') = T_{SI} - \frac{3}{2}(T_{SI} - T_\infty)\exp\left(\frac{1}{10} - \frac{12 D_S t}{5 h_S^2}\right)\left[\frac{y'}{h_S} - \frac{1}{3}\left(\frac{y'}{h_S}\right)^3\right] \tag{2-53}$$

在结冰开始时冰层的厚度不大，冰中的温度分布随着厚度的增加变化较大。根据边界条件可以用二次的多项式对冰中的温度分布进行近似表示：

$$T_I(y, t) = A + B(t)y + C(t)y^2 \tag{2-54}$$

式中，系数 A、B、C 可以通过壁面在 $y = 0$ 和 $y = -h_{ice}$ 的边界条件求得

$$A = T_{IW}$$

$$B = \frac{1}{h_{ice}}\left[Eh_{ice}(T_{SI} - T_\infty) - 2(T_{IW} - T_{SI})\right]$$

$$C = \frac{1}{h_{ice}^2}\left[Eh_{ice}(T_{SI} - T_\infty) - (T_{IW} - T_{SI})\right]$$

式中，当 $\delta_S < h_S$ 时，$E = \dfrac{3\lambda_S}{\lambda_I \delta_S}$；当 $\delta_S > h_S$ 时，$E = \dfrac{3(T_{SI} - T_\infty)}{2h_S}$

$\exp\left(\dfrac{1}{10} - \dfrac{12D_S t}{5h_S^2}\right)$。

将冰中的温度场积分可得到

$$D_I \frac{\partial T}{\partial y}\bigg|_{-h_{ice}}^0 + v_y T\bigg|_{-h_{ice}}^0 = \frac{\partial}{\partial t}\int_{-h_{ice}}^0 T\mathrm{d}y - \frac{\partial(-h_{ice})}{\partial t}T_{SI} \tag{2-55}$$

通过式(2-55)可以求得冰和壁面的交界面温度：

$$T_{SI} = \frac{\left[T_\infty E\left(\dfrac{h_{ice}v_y}{3} - \dfrac{h_{ice}^2}{12t} + 2D_I\right) + T_{IW}\left(\dfrac{2D_I}{h_{ice}} + \dfrac{2v_y}{3}\right)\right]}{\left[E\left(\dfrac{h_{ice}v_y}{3} - \dfrac{h_{ice}^2}{12t} + 2D_I\right) + \left(\dfrac{2D_I}{h_{ice}} + \dfrac{2v_y}{3}\right)\right]} \tag{2-56}$$

综合上述各式可以求得冰界面移动速率的表达式为

$$v_y = \frac{\partial h_{ice}}{\partial t} = \frac{\lambda_I \mid B \mid}{L\rho_I} + \frac{\lambda_W(T_{IW} - T_\infty)}{L\rho_I l} \tag{2-57}$$

根据经典 MS 稳定性理论，凝固界面的稳定性取决于界面附近的温度梯度方向和溶质的浓度。在结冰问题中水中的溶质可以不予考虑，冰表面的稳定性将由温度梯度（主要受材料的热扩散率影响）唯一决定。但实验结果（见图 2-27）显示冰表面失稳并非由 MS 稳定性理论预测的温度决定，而是与时间有关。并且，实验中冰的生长和温度场都是非稳态的，与 MS 稳定性理论假设的稳定生长状态有明显差异。Warren 等通过线性稳定性方法研究了溶质分布非定常时的凝固界面稳定性，说明在非定常情况下线性稳定性方法仍然可以适用。

我们假设在界面上有一个小扰动：

$$\zeta(x, t) = \hat{\epsilon}\exp(ikx + \omega t) \tag{2-58}$$

水中的温度表达式可以写为

$$T_{\mathrm{W}}(y) = T_{\infty} + (T_{\mathrm{IW}} - T_{\infty})\mathrm{e}^{-\frac{y}{l}} + \hat{T}_{\mathrm{w}}\exp(ikx + \omega t - q_{\mathrm{w}}y) \tag{2-59}$$

式中，$\hat{\epsilon}$ 和 $\hat{T}_{\mathrm{W}}$ 为冰界面形状和温度的扰动幅度，为一阶小量；k 为在 x 方向上扰动的波数；ω 为扰动随着时间的增幅；q_{w} 为水中温度扰动在 y 轴上的增幅。

因此冰和壁面中的温度分布可以表示为

$$T_{\mathrm{I}}(y) = T_{\mathrm{M}} + By + Cy^2 + \hat{T}_{\mathrm{I}}\exp(ikx + \omega t + q_{\mathrm{I}}y) \tag{2-60}$$

$$T_{\mathrm{S}}(y') = T_{\infty} + (T_{\mathrm{SI}} - T_{\infty})\left(1 - \frac{y'}{\delta_{\mathrm{S}}}\right)^3 + \hat{T}_{\mathrm{S}}\exp(ikx + \omega t - q_{\mathrm{S}}y') \tag{2-61}$$

式中，q_{I} 为冰中温度在 y 轴上的增幅；q_{S} 为壁面中温度在 y 轴上的增幅。

考虑冰和壁面界面上的温度连续条件，可以得到 $\hat{T}_{\mathrm{S}} = \hat{T}_{\mathrm{I}}\exp(-q_{\mathrm{I}}h_{\mathrm{ice}})$。$\hat{T}_{\mathrm{S}}$ 和 $\hat{T}_{\mathrm{I}}$ 分别为壁面和冰中的温度的小扰动幅度。

将式（2-60）和式（2-61）代入水和冰的热扩散方程可以求得

$$q_{\mathrm{W}} = \frac{v_y}{2D_{\mathrm{W}}} + \sqrt{\left(\frac{v_y}{2D_{\mathrm{W}}}\right)^2 + \frac{\omega}{D_{\mathrm{W}}} + k^2} \tag{2-62}$$

$$q_{\mathrm{I}} = -\frac{v_y}{2D_{\mathrm{I}}} + \sqrt{\left(\frac{v_y}{2D_{\mathrm{I}}}\right)^2 + \frac{\omega}{D_{\mathrm{I}}} + k^2} \tag{2-63}$$

将式（2-56）、式（2-57）代入水-冰界面的温度边界条件，可得

$$T\mid_{y=\zeta} = T_{\mathrm{IW}} = T_{\mathrm{M}}[1 - d_0\hat{\epsilon}k^2\exp(ikx + \omega t)] \tag{2-64}$$

消去方程中小量的高阶导数可得

$$\frac{\hat{T}_{\mathrm{W}}}{\hat{\epsilon}} = \frac{1}{l}(T_{\mathrm{M}} - T_{\infty}) - T_{\mathrm{M}}d_0k^2 \tag{2-65}$$

$$\frac{\hat{T}_{\mathrm{I}}}{\hat{\epsilon}} = \frac{T_{\mathrm{IW}} - T_{\mathrm{SI}}}{h_{\mathrm{ice}}} - T_{\mathrm{M}}d_0k^2 \tag{2-66}$$

将式（2-60）和式（2-61）代入 Stefan 条件，并且考虑式（2-65）和式

(2-66)，可得

$$\omega = \frac{1}{\rho_{\mathrm{I}} L} \left[\frac{\lambda_{\mathrm{W}} q_{\mathrm{W}} (T_{\mathrm{IW}} - T_{\infty})}{l} - \lambda_{\mathrm{I}} q_{\mathrm{I}} B + \lambda_{\mathrm{I}} C - \frac{\lambda_{\mathrm{W}} (T_{\mathrm{IW}} - T_{\infty})}{l^2} - \right.$$

$$\left. T_{\mathrm{M}} d_0 k^2 (\lambda_{\mathrm{I}} q_{\mathrm{I}} + \lambda_{\mathrm{W}} q_{\mathrm{W}}) \right] \tag{2-67}$$

根据小扰动线化理论，扰动随时间的增幅 ω 由两部分组成：界面中的热流 [如式(2-67)右边的第一、二项]和一个始终为负的界面张力项[如式(2-67)右边的第五项]。当 ω 为负时界面上的扰动总是随时间减小的，此时界面稳定；反之则说明界面上的扰动将始终增大，界面不稳定。而在式(2-67)中扰动增幅 $\omega(k, t)$ 为时间相关的，并且方程中包含有其他的项。该方程说明界面的小扰动增幅将经历一个变化，而且无法直接用界面周围的热流方向确定界面稳定性。

可以在结冰的不同时刻将式(2-67)简化，以研究冰界面稳定性的规律。当冰刚开始生长时，$t \approx 0$，此时热扩散长度很小，$\dfrac{v_y}{D_{\mathrm{W}}}$、$\dfrac{1}{l}$ 和 $\dfrac{1}{h_{\mathrm{ice}}}$ 几个值将非常大。此时式(2-67)右边第三、四项将决定 ω 的取值。而当 $t \to \infty$ 时，在整个体系中的温度分布将稳定，此时有 $k \dfrac{D_{\mathrm{W}}}{v_y} \gg 1$。因此可得到 $q_{\mathrm{W}} \approx q_{\mathrm{I}} \approx k$，式(2-67)右边的第三、四项都会消失，方程将变为 Mullins 和 Sekerka 给出的界面稳定性判据：

$$\omega = \frac{k}{L\rho_{\mathrm{I}}} \left[\frac{\lambda_{\mathrm{W}} (T_{\mathrm{IW}} - T_{\infty})}{l} - \lambda_{\mathrm{I}} B - T_{\mathrm{M}} d_0 k^2 (\lambda_{\mathrm{I}} + \lambda_{\mathrm{W}}) \right] \tag{2-68}$$

当结冰为稳态时有 $\dfrac{\partial}{\partial t} = 0$，此时壁面导热项消失。冰的生长速度为

$$v_y = \frac{\lambda_{\mathrm{W}} (T_{\mathrm{IW}} - T_{\infty})}{\Delta H_{\mathrm{h}} \rho_{\mathrm{I}} l_y} \tag{2-69}$$

式(2-68)则变为

$$\omega = \frac{1}{\Delta H_{\mathrm{h}} \rho_{\mathrm{I}}} \left[\frac{\lambda_{\mathrm{W}} q_{\mathrm{W}} (T_{\mathrm{Mh}} - T_{\infty})}{l_y} - T_{\mathrm{Mh}} d_0 k^2 \lambda_{\mathrm{W}} q_{\mathrm{W}} \right] \tag{2-70}$$

当 ω 小于 0 时，生长界面稳定；而当 ω 大于 0 时，生长界面不稳定。由 ω 为

0 的条件可以给出冰界面稳定的临界生长速度：

$$v_{MS} = \frac{D_W T_{Mh} d_0 k^2}{T_{Mh} - T_\infty} \tag{2-71}$$

界面的稳定性与波数 k 有关。但在 $k l_y \gg 1$ 的限制下，界面稳定的临界波长可以由下式给出：

$$k_S \cong \left(\sqrt{l_y d_0 \frac{1 + \dfrac{D_I c_I}{D_W c_W}}{2}} \right) \tag{2-72}$$

根据式(2-72)，可以得出自由结冰的线性稳定性速度和过冷度。

当考虑冰生长的各向异性时，冰在各个方向上的生长速度和表面张力不同，故此时需要考虑冰主要生长方向与壁面方向的关系，并且式(2-72)中的表面张力系数为方向的函数。

当冰生长界面失稳时，其将迅速转化为冰枝形态。在垂直结冰条件下，由于冰枝底部的剩余水会继续冻结，隔绝了壁面传热的影响。故此时垂直结冰相当于自由冰枝生长，只是冰枝尖端温度场可能受到壁面热扩散的影响。

由于冰的各向异性，冰枝的形态为三维的椭圆抛物面，其生长方程可写为

$$\begin{cases} v_a = \dfrac{2 D_W P e_a^2 \sigma}{d_0} \\ \dfrac{T_M - T}{\dfrac{\Delta H}{c_W}} = \sqrt{P e_a (\varphi + P e_a)} \exp(P e_a) \displaystyle\int_{Pe_a}^{\infty} \dfrac{e^{-t}}{\sqrt{t(\phi^2 - 1 + t)}} dt \end{cases} \tag{2-73}$$

式(2-73)可以改写为

$$Pe_a = \frac{E}{l} \left(\frac{T_M - T}{\dfrac{\Delta H}{c_W}} \right) \tag{2-74}$$

式中，$\begin{cases} v_a = \dfrac{2 D_W P e_a^2 \sigma}{d_0} \\ El(x) = \sqrt{x(\varphi + x)} \exp(x) \displaystyle\int_{x}^{\infty} \dfrac{e^{-\zeta}}{\sqrt{\zeta(\phi^2 - 1 + \zeta)}} d\zeta \end{cases}$

下标 a 代表冰晶的 a 轴。在 c 轴上冰生长速度满足 $v_c = v_a \sin \alpha$。

在过冷度足够大时,结冰将进入绝对稳定状态。由于界面移动速度非常快,可认为处于冰界面后方的壁面传热对生长不产生影响。由于此时冰界面为平面,此时壁面垂直结冰可简化为一维情况。自由冰界面进入绝对稳定的机制为其表面扰动尺度和热扩散长度接近,达到绝对稳定的速度为[79]:

$$v_{\mathrm{abs}} = \frac{\Delta S_{\mathrm{m}}}{\sigma_{\mathrm{WI}}} \left(\frac{D_{\mathrm{W}}}{R_0} \Delta T + \frac{D_{\mathrm{S}} L_{\mathrm{f}}}{c_{\mathrm{W}}} \right) \tag{2-75}$$

文献[79]提出绝对稳定性判据时将晶枝生长与传热假设为一维状态。但在壁面结冰问题中传热为二维。考虑到绝对稳定性的产生机制,我们可以假设垂直于壁面方向的热流对界面的稳定性没有直接影响。则式(2-67)仍可用于壁面冰稳定性分析,但式中的潜热项需要减去壁面热流。由此可得到壁面冰的界面绝对稳定性判据:

$$v_{\mathrm{abs}} = \frac{\Delta S_{\mathrm{m}}}{\sigma_{\mathrm{WI}}} \left[\frac{D_{\mathrm{W}}}{R_0} \Delta T + \frac{D_{\mathrm{S}} \left(L_{\mathrm{f}} - \dfrac{H_{\mathrm{S}}}{R v_{\mathrm{abs}}} \right)}{c_{\mathrm{W}}} \right] \tag{2-76}$$

根据前面对壁面传热的计算,可以得到式(2-76)中壁面热流值,从而得到关于不同导热率壁面上冰形态变为稳定的最小速度值。

2.2.4　自由-壁面结冰统一理论

从前面的分析可以知道,自由结冰相当于接触角 90° 时的绝热壁面结冰。该条件下 Ic 相尺度远小于冰枝尖端半径,始终为第一种 Ih 相变模式。即是说自由结冰其实可看作壁面结冰的一种特例。因此在分析实际结冰问题时只需要考虑两种冰的以下差异:

1) 平衡相变的差别

壁面结冰有两种相变模式。当壁面表面能低(接触角 > 70°)时,亚稳相 Ic 尺度将不影响冰尖端生长,结冰以 Ih 性质为主导,为第一种相变模式。当壁面表面能高(接触角 < 70°)时,Ic 性质将会影响冰尖端生长,出现第二种相变模式。

2) 非平衡相变的差别

壁面冰生长方程式较自由冰多了一个壁面传热项,因此其生长速度总是高于自由冰(处于同一相变模式时),其非平衡相变形态相当于更大过冷度下的自由冰。壁面导热主导了壁面冰的界面稳定性,而自由冰的非平衡相变形态仅与过冷度有关。

　　由此可以给出自由-壁面结冰的统一表达。如图 2-36 所示,壁面冰和自由冰可以总结为两种平衡结冰模式和三种非平衡模式。首先,不同方向的冰生长根据壁面的接触情况可以确定为壁面水平生长或者垂直生长;接着以冰的尖端接触角判断冰所处的相变模式;最后通过界面稳定性判据确定冰的非平衡状态,从而确定其生长控制方程,如表 2-3 所示。

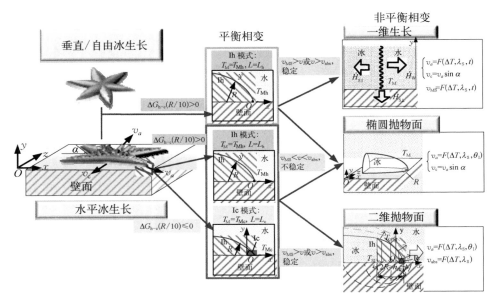

图 2-36　壁面-自由结冰包含的平衡和非平衡模式示意图

表 2-3　壁面冰与自由冰相变的差异

结冰类型	尖端接触角 $\theta/(°)$	模式	生 长 方 程	界面稳定性
壁面结冰	$70\sim180$	Ih	$\Delta\bar{T} = \mathrm{Iv}(Pe)\left(1-\dfrac{1}{\sqrt{pe}}\dfrac{\partial\hat{H}_S}{\partial\xi}\right),$ $\dfrac{R}{r_c}<0.1$	由导热率与过冷度决定
	<70	Ic	$\Delta\bar{T}_c = \mathrm{Iv}(Pe)\left(1-\dfrac{1}{\sqrt{pe}}\dfrac{\partial\hat{H}_S}{\partial\xi}\right),$ $\dfrac{R}{r_c}>0.1$	

（续表）

结冰类型	尖端接触角 $\theta/(°)$	模式	生 长 方 程	界面稳定性
自由结冰	90	Ih	$\dfrac{T_{\mathrm{Mh}} - T}{\dfrac{\Delta H_{\mathrm{h}}}{c_{\mathrm{W}}}} = \mathrm{Iv}(Pe)$	由过冷度决定

2.3　过冷大水滴撞击结冰

与 2.2 节讨论的过冷水结冰情况不同,在自然结冰条件下过冷水以不同直径水滴形式存在,结冰通常发生在水滴碰撞壁面后。当水滴粒径很小时(小于 $50\ \mu\mathrm{m}$),如过冷云状态下,水滴将快速冻结或者聚集成水膜再冻结。此时水滴撞击壁面过程对结冰过程的影响很小。因此现有主要飞机结冰理论均基于定常流场和温度场假设,详细内容将在第 3 章讨论。而在低空结冰中经常发生大粒径过冷水滴(远大于 $50\ \mu\mathrm{m}$)结冰,如冻毛毛雨、冻雨等天气条件,结冰表面的流动和传热均会受到撞击的直接影响。本节主要讨论过冷水滴撞击条件下的结冰。

2.3.1　过冷水滴撞击结冰研究现状

长期以来,由于过冷水滴撞击结冰过程的复杂性,研究者很少考虑撞击动力学与传热结冰的耦合关系。如在飞机结冰研究方面,2000 年后才开始研究过冷水滴的撞击致质量损失问题[81-82],对于撞击影响传热结冰的讨论较少。

近年来,随着高速照相技术的大量应用,越来越多研究关注了碰撞加速过冷水滴冻结问题。如 Yang 等试验发现以一定速度碰撞的水滴能冻结更快[83]。Zhang 等[84]发现了过冷大水滴碰撞快速铺展冻结现象,认为非稳态传热导致冻结加速现象。Wang 等[85]和 Sun 等[86]在不同的过冷度下观察到铺展、回缩中和水滴状等不同的冻结形态,并且认为水滴成核与冰铺展阻止水滴在壁面上的回缩,从而产生更大的水滴-壁面接触面积,加速水滴冻结。而在回缩时间范围之外的结冰则不会导致该情况。这些研究从碰撞回缩和结冰耦合的角度解释了 SLD 碰撞加速结冰的原因。Sun 等也试验观察了过冷水滴碰撞 60°倾斜角表面过程,发现水滴冻结时间和溢流距离与温度的非线性关系[87]。

此外,有些试验却显示碰撞并未直接影响结冰速率规律。Jin 等研究了水滴在不同材质的冷倾斜表面(倾斜角 30°)上碰撞结冰情况,认为材质同时影响了水滴冰珠(ice beads)冻结的形状和时间[88]。Schremb 等研究了 14.3℃ 水滴碰撞倾斜冷表面的冻结过程,其中仅显示了水滴的椭圆冻结形态[89]。Pan 等实验发现水滴-壁面接触面积是导致疏水倾斜表面结冰时间延长的原因。这些实验结果主要显示了线性的温度-结冰时间规律，并且只观察到单一的结冰形态——如水滴和椭圆[90]。

　　需要研究不同水滴冻结状态的形成过程和条件，以理解 SLD 碰撞对结冰的影响机制。总结其试验条件可发现，上面两类不同结论的实验结果研究对应着不同的水滴过冷条件。均使用了热水滴和冷表面，均给出了水滴和椭圆状的结冰形态。而本身过冷的水滴具有差异较大的冻结形态和时间规律。因此，过冷水滴撞击加速结冰的物理条件和机制需要进一步深入研究。

2.3.2　过冷大水滴撞击结冰现象

1）过冷水滴撞击快速冻结现象

　　Zhang 等通过上海交通大学 SH01 号结冰机理风洞、压电式超大粒径过冷水滴发生器和 Phantom 高速照相系统首次观察了过冷水滴高速撞击壁面的冻结过程[84]，如图 2-37 所示。试验段大小为 0.15 m×0.15 m×0.8 m，最高风速可达到 50 m/s，环境温度最低为−25℃。该试验中过冷水滴的产生采用了其自

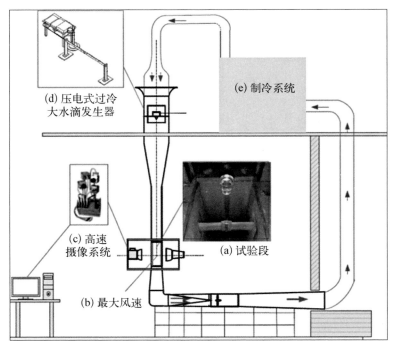

图 2-37　过冷水滴撞击结冰实验的各部件及装置[84]

主设计的过冷水滴发生器，可以产生的过冷水滴粒径范围为 $150\sim2\,000\ \mu\mathrm{m}$，温度范围为 $-15\sim0℃$。该实验中水滴粒径为 $434\sim1\,340\ \mu\mathrm{m}$，风速为 $8.5\sim46.1\ \mathrm{m/s}$，温度为 $-14.1\sim-6.3℃$，属于典型的过冷大水滴结冰条件。

这里通过雷诺数（Re）和韦伯数（We）来表征过冷水滴实验条件的动力学参数。定义 $\beta_{\max}$ 为最大扩展比，即为水滴最大铺展直径与初始水滴直径之比，用以表征动力学过程进行的强度；定义 β_{real} 为最终回缩率，即最终冰直径与最大铺展直径之比，用以表征撞击传热对相变结冰的影响特征。当 $\beta_{\max}$ 越大时，说明动力学过程进行得越剧烈；反之，则越平稳。当 β_{real} 越大时，说明冻结越快，撞击传热对相变结冰的影响越大；反之，则影响越小。各参数的定义式如下：

$$\beta_{\max}=\frac{d_{\max}}{d_0} \tag{2-77}$$

$$\beta_{\mathrm{real}}=\frac{d_{\mathrm{final}}}{d_{\max}} \tag{2-78}$$

$$Re=\frac{\rho_a v d_{0\mathrm{final}}}{\mu} \tag{2-79}$$

$$We_a=\frac{\rho_a v^2 d_0}{\sigma} \tag{2-80}$$

$$We_{\mathrm{W}}=\frac{\rho_{\mathrm{W}} v^2 d_0}{\sigma} \tag{2-81}$$

该实验显示过冷水滴撞击壁面分为两个过程：① 铺展过程，过冷水滴在壁面摊开，形成"饼状"水膜；② 回缩过程，过冷水滴受张力作用回缩，形成附着的液珠形状或发生冻结。

图 2-38 给出了水滴撞击铺展过程。在铺展过程中，水滴猛烈撞击壁面，产生飞溅。与此同时水膜由于张力作用，其在外表面形成致密的边界，此时水滴扩散到最大范围。

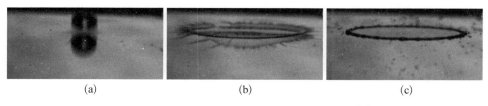

| (a) | (b) | (c) |

图 2-38　过冷水滴撞击后在壁面的铺展过程[84]

　　然而,在冻结特征参数上,回缩比 β_{real} 却体现了不同的结冰特性。这里我们基于将水滴的撞击冻结特征按照回缩比 β_{real} 分为三类:铺展冻结($\beta_{real}=0.8\sim1.0$),回缩冻结($\beta_{real}=0.5\sim0.8$),撞击完结冰($\beta_{real}<0.5$)。图 2-39 给出了三种典型最终冰型的冻结特性。

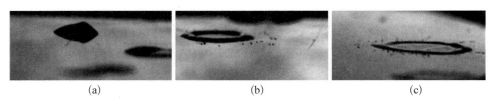

(a)　　　　　　　　　　(b)　　　　　　　　　　(c)

图 2-39　典型最终冰型的冻结特性[84]

(a) 撞击完结冰　(b) 回缩结冰　(c) 铺展结冰

　　图 2-40 展示了无量纲后的实验工况条件与最大扩展比之间的关系,并与 Bathel 的结果进行了比较。在雷诺数 4 000 到 10 000 之间,过冷水滴的最大扩展比 β_{max} 与标尺结果符合得较好。最大扩展比 β_{max} 的值正比于雷诺数。在这一点上,常规水滴与过冷水滴几乎没有差别。因此可以认为,在水滴撞击壁面往外铺展开的这段时间里,惯性力仍然占主要作用,结冰对水滴运动影响很小。

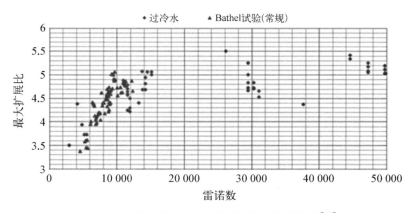

图 2-40　最大扩展比与雷诺数、韦伯数的关系[85]

　　在雷诺数大于 10 000 的范围内,分布曲线产生了非线性的变化。即使是雷诺数增大到 50 000,其最大扩展比仍然限制在 3.5～5.5 之间(这里撞击飞溅被忽略)。从 Bathel 的数据里看到,其在 10 000～14 000 雷诺数范围内的实验结果同样产生了非线性的变化。

　　水滴撞击在低速和高速条件下有着不同的特性。低速撞击时,最大扩展比与雷诺数的关联性较好,说明黏性力影响更重要,这部分 Bathel 已经完成得很好;但是在高速撞击时,其更多受限于表面张力,这一块却很少有人触及。两者的差异特性提醒研究者更要结合实际环境分析飞机结冰。然而,在水滴撞击铺展过程中,过冷水滴与常规水滴的差别还未得到体现。

图 2-41(a)给出了所有实验数据在雷诺数-温度坐标系下的分布特征。这些水滴表现为迥异的结冰特征,这在之前的研究中是从未讨论的。之前的研究通常立足于雷诺数 10 000 以下,而该情况下的结冰特异性很难被察觉。而当雷诺数增加到 50 000 时,这种关联性就可以很清楚地表现出来。不难发现,雷诺数的增长导致了 β_{real} 可能存在的范围增大,而这种增大本质上暗示了撞击过程对相变传热的影响关联。

图 2-41(b)列出了实验范围内不同粒径尺度下的回缩率范围,其结果与图

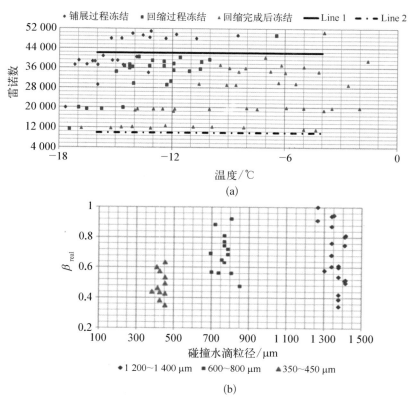

(a)

(b)

图 2-41　水滴冻结回缩率分布[84]

(a)在雷诺数-温度坐标系下的回缩率特征分布　(b)不同粒径尺度下的回缩率范围

注:Line 1 为以前研究的雷诺数基准范围;Line 2 为正常飞行可能遭遇的雷诺数范围。

2-41(a)的结果一致。由于动力学效应的影响,大直径水滴在相同的碰撞速度范围内能导致更多的飞溅损失,从而有更多的潜能回缩,这是大直径水滴回缩率可以达到更低的原因。而由于过冷特性影响,水滴通过快速结冰,从而使大直径水滴回缩率可以达到更大,甚至接近 1。

水滴的回缩运动中的传热量取决于两个参数:潜热扩散率和其持续的时间。在潜热扩散率 $\dfrac{Q_f}{Q_s}$ 中,Q_f 代表水滴撞击过程中与表面的传热率,Q_s 代表过冷水滴中的潜热量。通过用于对流传热的努塞尔特征方程,可给出如下表达式:

$$Q_f = hS\Delta T = Nu\,\frac{\lambda_W \Delta T \pi}{1}\,\frac{(\beta_{max}d)^2}{4} = \frac{0.166\pi Pr^{0.6}\lambda_W \beta_{max}^2}{Y_c}Re^{0.8}d_0\Delta T$$

$$(2-82)$$

$$Q_s = (q_1 + q_s)\rho V = (c\Delta T + q_1)\frac{\rho\pi d_0^2}{6} \qquad (2-83)$$

式中,h 为平均换热系数;S 为水滴传热面积;ΔT 为冰水界面的温差;Nu 为努塞尔数;λ_W 为水的导热率;d_0 为水滴直径;Pr 为水的普朗特;q_1 和 q_s 分别为水降温显热和潜热;c 为水的热容;ρ 为水的密度;V 为水滴体积。

潜热扩散率 $\dfrac{Q_f}{Q_s}$ 是一个关于 $\dfrac{\Delta T\beta_{max}^2 V^{0.8}}{(c\Delta T + ql)d_0^{1.2}}$ 的函数。也就是说,$\dfrac{\Delta T}{c\Delta T + ql}$,$\beta_{max}$ 和速度 V 都与热扩散率正相关,而粒径 d 与热扩散率负相关。在相同的过冷度、碰撞速度和最大扩展比条件下,更小的粒径其实有更好的潜热扩散率。

然而,根据图 2-42 的结果,潜热扩散率 $\dfrac{Q_f}{Q_s}$ 在粒径较大时,其范围也更大。排除因素不难发现,在相同的速度和温度尺度上,β_{max} 的平方关系很大程度上对潜热扩散率的范围起到了重要的作用,这在一定程度上抵消了粒径 d_0 的抑制作用。从图中可以看到,随着粒径的增大,其最大平均热扩散率分别为 6.5、10 和 12。而最小平均热扩散率则在 2 附近。在相同的撞击特征下,更大的水滴其实更容易将原本留在水滴内的潜热释放出去。这也从另一个层面上表明随着速度的增加,高速碰撞导致了水滴与界面之间的强热交换。

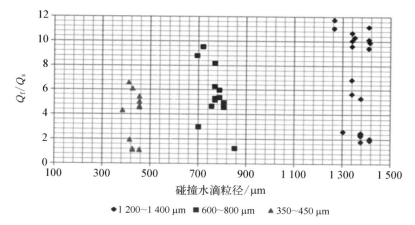

图 2 - 42　潜热扩散率在不同粒径尺度下的范围[84]

回缩过程的持续时间 τ_{final} 是另外一个对这种撞击凝固关联发生作用的因素。这里以铺展过程的耗时 τ_{max} 作为基准，也将该过程无量纲化。根据 Bathel 的统计，铺展过程的耗时可计算如下：

$$\tau_{max} = \left(\frac{4Re^{0.2}}{5}\right) + \left(\frac{1}{\sqrt{We}}\right) - \frac{34.75}{1.64(Re \times We)^{0.2}} \qquad (2-84)$$

如图 2 - 43 所示，撞击与相变关联的水滴，更大的水滴在相同的潜热扩散率条件下有更短的冻结持续时间。而在单个粒径特征下做比较，其潜热扩散率反

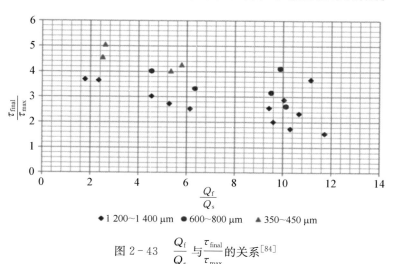

图 2 - 43　$\dfrac{Q_f}{Q_s}$ 与 $\dfrac{\tau_{final}}{\tau_{max}}$ 的关系[84]

比于持续时间。其关系可拟合为

$$\frac{\tau_{\text{final}}}{\tau_{\text{max}}} = -0.199\,7\,\frac{Q_{\text{f}}}{Q_{\text{s}}} + 4.473\,8 \qquad (2-85)$$

由此可见,水滴冻结时间与传热增强比率线性相关,即水滴加速冻结完全由碰撞增强的热流引起。

2) 过冷水滴撞击中的成核与冰生长

为更细致地观察过冷水滴撞击过程中的冰生长情况,理解快速冻结的机制,Kong 等设计了低速的过冷水滴实验[91]。实验中水滴从一定高度释放,自由下落并撞击壁面。水滴的温度范围为−17～−5℃,粒径为 2 300～2 800 μm。实验以不同亲水性的涂层研究表面动力学对结冰过程的影响。

图 2-44 和图 2-45 显示了在不同温度下各种表面上过冷水滴碰撞结冰的代表性过程。过冷水滴碰撞不同表面的结冰都包括铺展、回缩/弹跳和成核结冰

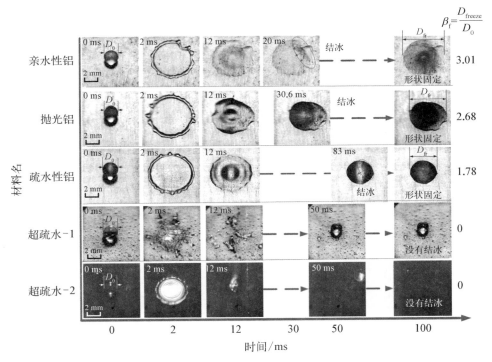

图 2-44　过冷大水滴(−5℃)撞击不同表面的结冰情况[91]

注:1. 圈给出的是成核位置。

　　2. 结冰铺展比为 $\beta_{\text{f}} = \dfrac{D_{\text{freeze}}}{D_0}$,即冻结面积与原始水滴直径之比。

这几个过程。当过冷水滴碰撞壁面后，其在 2 ms 内铺展为圆形的水膜，接着开始回缩/弹跳。在此过程中冰核随机产生并向四周扩展，直至水滴运动停止或者结冰完成。撞击的铺展过程受温度和壁面条件影响相对较小，而回缩/弹跳和结冰根据条件变化很大。这些运动的耦合形成了不同的结冰结果。

实验结果显示在不同过冷度时，表面润湿性对结冰的影响完全不同。低过冷度下结冰主要受润湿性影响，高过冷度下结冰与润湿性关系小。图 2 - 44 显示了较低过冷度下的过冷水滴碰撞结冰过程。可以看到如下特征：

（1）亲水、普通和疏水表面发生了结冰。发生结冰时间与接触角成正比。而两种超疏水没有。

（2）结冰铺展比与表面润湿性直接相关。由于接触角大的表面回缩较快，故发生结冰后铺展比也较小。

图 2 - 45 显示了高过冷度下不同表面上过冷水滴碰撞结冰的代表性过程。

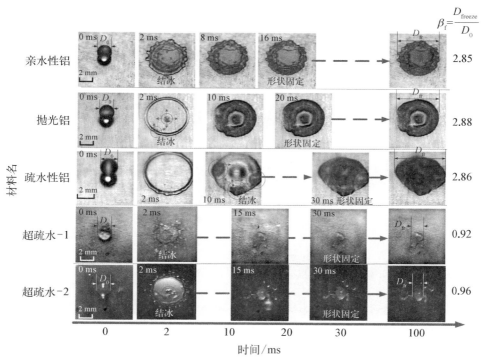

图 2 - 45　过冷大水滴（-13℃）撞击不同表面的结冰情况[91]

注：1. 圈给出的是成核位置。

2. 结冰铺展比为 $\beta_{\mathrm{f}} = \dfrac{D_{\mathrm{freeze}}}{D_0}$，即冻结面积与原始水滴直径之比。

可以看到所有表面发生了结冰,且是在碰撞后不久发生结冰。与图 2-44 不同,表面结冰铺展比与表面润湿性相关性较小。这是由于冰产生和发展过程快,甚至有多点成核发生,使得水滴来不及回缩即冻结。因此结冰铺展比都较大。两种超疏水表面在碰撞后迅速成核,尽管水滴回缩迅速(在 10 ms 内),但壁面冰晶阻止了水滴弹跳。最终水滴冻结于壁面上,冰覆盖壁面的尺寸甚至大于水滴直径。显然,不同温度下壁面润湿性对过冷水滴结冰的影响差别巨大。在足够低的温度下,壁面润湿性对结冰的影响会减弱,以至于疏水也无法避免结冰。

由于水滴冻结铺展比直接决定了其结冰时的传热效率和结冰速率,我们选择结冰铺展比作为碰撞结冰速度的特征量,并将不同条件下的结冰铺展比进行了统计。图 2-46 显示了不同温度下各种润湿性表面的结冰铺展比。每一个温度数据均为重复测量至少 10 次的平均值。

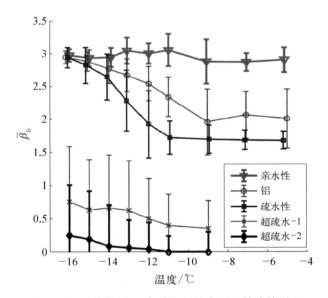

图 2-46 不同温度下各种润湿性表面的结冰铺展比

从图中可以看到表面润湿性对水滴结冰铺展有很大影响,但是与温度有关。在一定温度以上,过冷水滴碰撞结冰尺寸受温度的影响不大,主要取决于表面润湿性。随着温度降低到一定值以下,不同表面上的结冰尺寸开始增加。即随着过冷度的增加,表面润湿性对结冰的作用递减。

对于非超疏水表面,在温度低于 -10℃ 后结冰尺寸迅速增加。特别到 -13℃ 以下时,亲水和疏水表面的水滴结冰尺寸十分接近。而在超疏水表面上,在−13℃以下结冰面积也有快速增加的趋势。因此,每种表面都有一个温度影响结冰的温度上限。低于此温度则结冰逐渐变得与表面无关。

以上现象表明,过冷水滴碰撞结冰过程是碰撞动力学和成核结冰进程的耦合行为。随着温度降低,过冷水滴撞击壁面结冰过程将由壁面主导过渡到温度主导。

以上的垂直碰撞现象在实际结冰过程中只占一小部分,对应着飞机机翼前缘驻点附近的结冰情况。但在更大的结冰范围内,水滴将以一定倾斜角碰撞表面。特别是在防冰区域的边缘处水滴碰撞角度很大。当水滴以不同角度倾斜碰撞壁面时,会出现黏附、溪流、滑动、滚动、部分和完全弹跳等现象。当水滴碰撞壁面角度较小时(45℃以下)一般是椭圆形铺展并且黏附在壁面上,其碰撞正向和侧向的尺寸与碰撞韦伯数及角度相关。而大角度的碰撞则会产生流动或滑移,是两个方向运动组合产生的多阶段铺展-稳定过程。表面亲水性对水滴的碰撞铺展过程影响较小,但对后续回缩和流动方式影响大。

Kong 等进一步观察了过冷水滴碰撞 60°倾斜壁面时的情况[92],如图 2 - 47(a)所示。在疏水表面上−5.4℃时水滴碰撞到表面后铺展时(3 ms)即观察到冰核形成,之后水滴快速正向流动的同时侧面开始快速回缩。与此同时冰在壁面上缓慢生长:首先底部冻结,接着逐渐顶部冻结。该过程使得水滴最终冻结时回缩成为一条水流并且前端分裂出水滴。水滴冻结时首先可以看到顶部的光滑液体表面变暗不反光,随着结冰进程的深入又逐渐开始变得透明。当水滴的状态不再改变时,可以认为其完全冻结。该状态下的冻结时间为 2 690 ms。在−10.5℃时,水滴同样在碰撞后 3 ms 内成核,接着快速完成正向流动。但该条件下冰的水平生长速度较快以至于在水滴上部阻止了其侧面回缩。但水流的下部仍回缩较多,形成了上部宽下部窄的“梨形”冻结形态。结冰时间缩短到754 ms。在−14℃时,当水滴碰撞壁面铺展时多个冰核出现并且快速铺展到水膜中,使得大量的水在碰撞铺展过程中冻结,减少了继续正向流动的水量,并且在 24 ms 时即停止流动。这使得冻结水滴上半部分为椭圆而下半部分不完整,冻结时间为 456 ms。

如图 2 - 47(b)所示,在镀镍表面上水滴的回缩比疏水表面更慢,冻结形状也明显不同。如在−5.8℃时,水滴碰撞壁面后也发生了明显回缩,但未完全回缩成水流状。在水滴冻结时只有部分完成回缩,总冻结时间也比疏水表面上快了许多,为 1 485 ms。而在−10.3℃时,水滴在碰撞后快速成核,在正向流动完成而侧面回缩很少时冻结,形成了带有小水滴突起的椭圆状冻结形态。因水滴

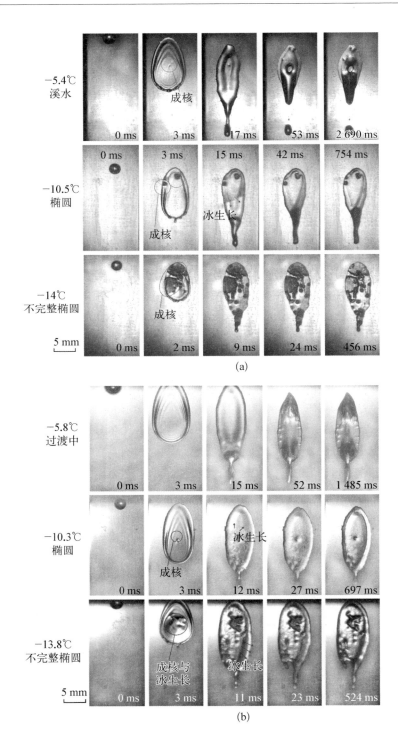

(a)

(b)

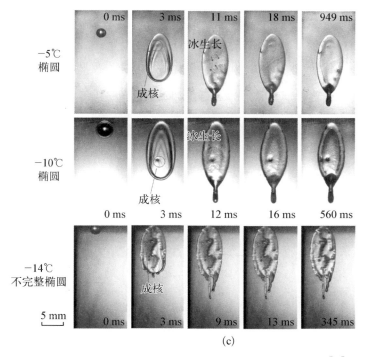

图 2-47　不同温度的过冷水滴在三个斜面上的撞击和冻结[92]

(a) 在疏水表面　(b) 在镀镍表面　(c) 在亲水表面

注：在这些图中，从上至下的三行图片分别显示了在三种不同温度下水滴的冻
结过程。从左至右的五列图片显示了接触、扩散、停止纵向流动、底部冻结和完
全冻结的时刻。

部分的完全冻结慢，整个水滴的冻结时间也有 697 ms。在−13.8℃时，水滴的
冻结过程与疏水表面−14℃时相似，均为碰撞后快速冻结，冰阻止了正向的水滴
流动从而形成不完整的椭圆冻结形态。

在亲水表面上，水滴碰撞铺展过程与前面两个表面相似，但是其回缩过程更
慢。这使得−5℃和−10℃时水滴在冻结后均无明显的回缩，其形态均为带突起
的椭圆形。而在−14℃时，水滴的冻结过程与前面两个表面有相似之处，即同样
为快速结冰阻止了正向铺展流动的完成，从而形成不完整椭圆的冻结形态。之
前的研究均只发现了水滴和椭圆状的冻结形态。这表明过去对过冷水滴结冰影
响倾斜碰撞的认知还有不足之处，需要进一步分析以更深入地理解该过程。

为了评估水滴碰撞对结冰的影响，定义正面和侧面的有效冻结长度比为

$$\beta_{\text{lfr}} = \frac{L_{\text{fr}}}{L_{\max}} \tag{2-86}$$

$$\beta_{\text{tfr}} = \frac{W_{\text{fr}}}{W_{\text{max}}} \tag{2-87}$$

式中，L_{fr} 为水滴冻结长度；L_{max} 为最大铺展长度；W_{fr} 为水滴冻结宽度；W_{max} 为最大铺展宽度。

通常认为，结冰会改变流动水滴的溢流长度，但实际上结果显示水滴碰撞的溢流距离并未受到冻结的明显影响，如图 2.48(a) 所示。仅仅随着温度下降而略有下降。同样地，水滴碰撞的侧面铺展比也是仅仅随着温度少量下降。因此结冰对于碰撞过程的影响较为有限。

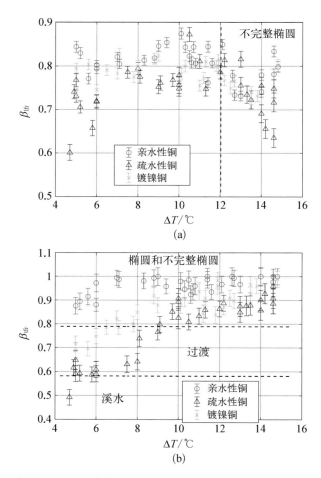

图 2-48　不同表面和温度条件下的两个方向碰撞溢流/铺展比以及冻结的回缩比

（a）正面有效冻结比　（b）侧面有效冻结比

但是,冻结对水滴回缩的影响明显,包括正向和侧向。其中侧向回缩比和冻结形态直接对应。侧向回缩比 0.6 以下为溪流形态,0.6~0.8 为转换形态,0.8 以上为椭圆及不完整形态。其中亲水性铜表面回缩很少,而疏水性铜表面冻结时的回缩多,这无疑导致不同结冰形态的出现。

过冷水滴的冻结时间与温度为非线性关系。并且温度-冻结时间曲线的斜率与结冰形态直接相关,形成了分段的结冰时间规律。−12℃以下的低温区域产生不完全椭圆冻结,结冰时间-温度曲线的波动大,但疏水性铜表面还是高于亲水表面。中间温度段(−12~−7℃)的水滴均为椭圆形态冻结。温度-结冰时间关系近似为线性,表面疏水性有一定影响。而在−7℃以上,不同表面的结冰形态和时间均出现了较大的差异。亲水性铜表面仍然维持着椭圆冻结,温度-冻结时间规律与之前温度区域的趋势一致。而镀镍铜表面和疏水性铜表面则出现了形态转变和非线性的冻结时间增加(见图 2 - 49)。

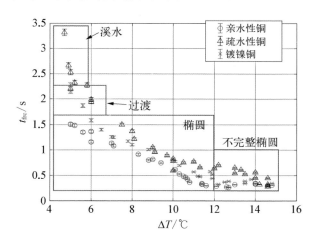

图 2 - 49　过冷水滴倾斜碰撞壁面结冰形态和冻结时间对应关系

3) 过冷水滴结冰与运动的耦合

撞击和冻结过程中的特征时间是根据前一节给出的速度和这些过程的特征距离定义的。纵向铺展特征时间定义为最大铺展长度除以纵向铺展速度:

$$t_{spl} = \frac{L_{max}}{v_{spl}} \tag{2-88}$$

由于液滴两侧同时收缩,故将横向回缩的特征时间定义为液滴初始直径除以横向回缩速度的 2 倍:

$$t_{\text{ret}} = \frac{D_0}{2v_{\text{ret}}} \qquad (2-89)$$

水平结冰的特征时间定义为液滴初始直径除以水平结冰生长速度：

$$t_{\text{frh}} = \frac{D_0}{v_{\text{I}}} \qquad (2-90)$$

图 2-50 对比了不同表面上三种特征时间随过冷度的变化趋势以及不同特征时间范围对应的冻结形态。

如图 2-50(a)所示，在疏水性铜表面上，t_{ret} 和 t_{spl} 几乎与过冷度无关。前者始终在 12.5 ms 以上，后者在 8 ms 以下。随着过冷度的增加，t_{frh} 的快速下降将跨越 t_{ret} 并逐渐接近于 t_{spl}。

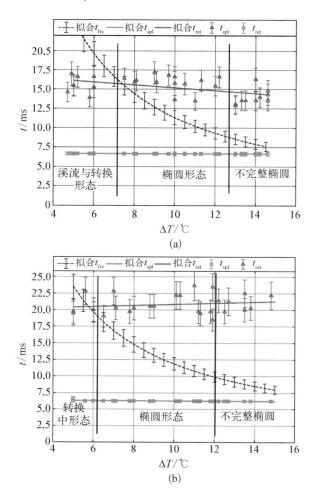

(a)

(b)

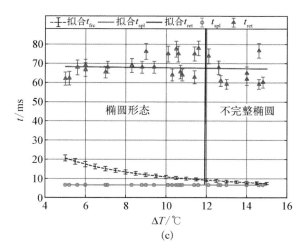

(c)

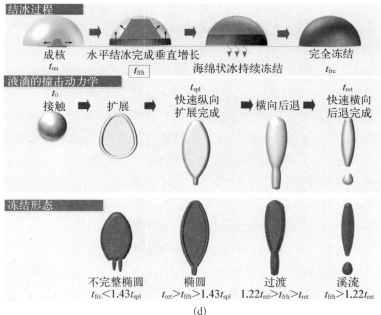

(d)

图 2.50　不同冻结模式的条件与液滴动力学特征时间和水平冰生长过程的关系
（a）疏水铜表面　（b）镀镍铜表面　（c）亲水铜表面　（d）四种冻结形态的形成条件
注：其中不确定性来自从图像上测量长度的误差。

在 $\Delta T = 6℃$ 时，冻结形态由"溪流状"转变为"过渡状"，$t_{frh} = 1.22t_{ret}$。在 $\Delta T = 7℃$ 时，水平结冰时间曲线与横向回缩时间曲线相交，冻结形态正好转变为"椭圆状"。在 $\Delta T = 12℃$ 时，当形态转变为"不完整椭圆状"时，水平结冰时间

t_{frh} 与纵向回缩时间 t_{spl} 接近,约为 $t_{frh}=1.43t_{spl}$。 显然,t_{ret}、t_{spl} 和 t_{frh} 的相对变化与不同冷冻形态的转变相对应。

镀镍铜表面与疏水性铜表面冻结的唯一区别是横向回缩时间更大(约 20 ms),如图 2-51(b)所示。在 $\Delta T=5.5℃$ 左右,横向结冰时间曲线与横向回缩时间曲线相交,冻结形态由"过渡状"转变为"椭圆状"。过冷度较大时,曲线变化和冻结形貌转变趋势与图 2-51(a)相同。

亲水性铜表面的结果如图 2-50(c)所示。在这一表面上,横向回缩时间近 70 ms,远远大于横向结冰时间。因此,在 5~12℃(不含)的过冷范围内,该表面只有"椭圆状"的冻结形貌。当过冷度增加到 12℃时,水平结冰时间与纵向铺展时间接近,呈现"不完整椭圆状"。

以上结果表明,不同的冷冻形态对应不同的 t_{frh} 与 t_{ret} 比值,或 t_{frh} 与 t_{spl} 比值,如图 2-50(d)所示。在所有三个表面上,$t_{frk}=1.22t_{ret}$ 表示从"溪流状"到"过渡状"的转变。$t_{frh}=t_{ret}$ 表示"过渡状"和"椭圆状"的边界。$t_{frh}=1.43t_{spl}$ 将"不完整椭圆状"和"椭圆状"分离。这一现象表明冻结形态是由水平结冰和液滴铺展/回缩的相互作用决定的。换句话说,冻结形态取决于液滴的平面形状冻结的动力学阶段,如图 2-50(d)所示。过冷金属基底上的冰生长过程一般由快速的水平生长、缓慢的垂直生长和完全冻结组成。液滴在斜面上的撞击是一个包括铺展、滑动和回缩的多阶段过程。实验结果表明,冰的生长和液滴的动力学几乎是独立的。因此,当水滴的底部被冰完全覆盖时,水滴就会停止运动,形成冻结的形态。唯一的例外是初始铺展阶段,在这个阶段,液滴滑动得非常快,未冻结的水仍然可以流动一段距离,直到被张力阻止。

综上所述,过冷液滴的冻结形态取决于水平冰生长和液滴动力学之间的相互作用。冻结液滴的平面形状可以用其特征时间的比值来描述。虽然以上的讨论是基于 60°斜面上的实验结果和恒定的撞击速度,但在不同的表面上仍然存在两个方向的结冰和铺展回缩物理过程。所得结论可用于其他条件下过冷水滴的倾斜撞击和冻结过程。

由于本实验所采用的基底具有较高的热导率,因此通过基底的热传导对水滴的冻结起主导作用,而水滴与基底的接触面积对冻结至关重要。考虑到四种冻结形态的平面形状类似于椭圆,有效接触面积可以近似于长轴为 L_{fr}、短轴为 W_{fr} 的椭圆。接触面积满足:

$$A_{fr}=\frac{\pi L_{fr}W_{fr}}{4} \tag{2-91}$$

冻结面积比由下式定义：

$$\bar{A}_{fr} = \frac{4A_{fr}}{\pi D_0^2} = \beta_{lmax}\beta_{tmax}\beta_{lfr}\beta_{tfr} \tag{2-92}$$

图 2-51(a)显示三个表面上的冻结面积比 $\bar{A}_{fr}$ 有很大的差异。在亲水表面上，随着过冷度的增加，$\bar{A}_{fr}$ 值略有降低。在镀镍和疏水表面上，$\Delta T < 12℃$ 时 $\bar{A}_{fr}$ 随着过冷度增大而增大，但 $\Delta T \geqslant 12℃$ 时 $\bar{A}_{fr}$ 随过冷度增大而减小。当冻结形态为"椭圆状"时，三个表面上的 $\bar{A}_{fr}$ 接近。虽然从"椭圆状"到"不完整椭圆状"的过渡依赖于 $\dfrac{t_{frh}}{t_{spl}}$，但"不完整椭圆状"的接触面积与该比值无关。在图 2-51(a)中，$-14℃$ 时液滴的下半部分在冻结前不能完全铺展，与图 2-51(b)和(c)相比，下半部分的面积要小一些。因此，"不完整椭圆状"的液滴的接触面积也与回缩速度有关。综上所述，得出接触面积主要由冻结速度和回缩速度决定的结论。

通过式(2-92)可以得到不同冻结形态下的冻结面积比，如图 2-51(a)所示。"溪流状"冻结形态的冻结面积比 $\bar{A}_{fr}$ 一般小于 10。然而，其他形态不能仅用 $\bar{A}_{fr}$ 来区分。"过渡状"的冻结面积比 $\bar{A}_{fr}$ 为 $10\sim12$，并且过冷度 ΔT 保持在 6℃以下。"椭圆状"形态主要出现在过冷度 ΔT 为 $6\sim12℃$（不含）的范围内以及 $\Delta T < 6℃$ 的亲水表面上。"不完整椭圆状"只出现在 $\Delta T \geqslant 12℃$ 的条件下。冻结面积比不仅取决于冻结形态，还与表面润湿性有关。

当 $\Delta T < 12℃$ 时，$\bar{A}_{fr}$ 与 ΔT 呈正相关，而 $\Delta T \geqslant 12℃$ 时呈负相关。因此，以 $\Delta T = 12℃$ 为分界线，冻结面积比与 $\dfrac{t_{frh}}{t_{ret}}$ 的关系如图 2-51(b)所示，拟合方程为

$$\bar{A}_{fr} = \begin{cases} -3.41\left(\dfrac{t_{frh}}{t_{ret}}\right) + 13.74, & \Delta T < 12℃ \\[3mm] -7.02\left(\dfrac{t_{frh}}{t_{ret}}\right) + 13.15, & \Delta T \geqslant 12℃ \end{cases} \tag{2-93}$$

4）非稳态热耗散增强结冰特征

冻结形态的转变伴随着接触面积的变化，对传热条件有显著影响。然而，过冷-冻结速率非线性关系的唯一原因是否为接触面积尚不清楚。本节对液滴冻结过程中的传热问题进行定量分析，以加深对液滴冻结过程中的传热问题的认识。

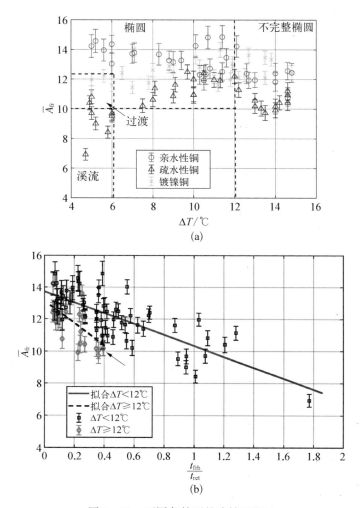

图 2-51 不同条件下的冻结面积比

（a）不同过冷度和表面的过冷水滴的冻结面积比 $\bar{A}_{\mathrm{fr}}$　（b）冻结面积比 $\bar{A}_{\mathrm{fr}}$ 与 $\dfrac{t_{\mathrm{frh}}}{t_{\mathrm{ret}}}$ 的关系

在本实验中,水滴与基底具有相同的初始温度 T_0。在此条件下,过冷水在基底上的冻结是一个多阶段过程。第一,一层薄薄的冰层水平铺展开;第二,冰层沿垂直方向生长;第三,树枝状冰从冰膜中生长出来,在这一阶段,海绵状冰形成,液滴的温度上升到接近 0℃;第四,海绵状冰中的未冻水通过向大气和基底释放潜热而完全冻结。前三个冻结阶段速度很快,释放出的潜热很小,对衬底导热影响不大。第四阶段释放潜热的主要部分,决定了液滴的冻结时间。由于基底导热系数大,液滴的冻结时间主要取决于基底内的换热情况。此外,大部分液滴在扩散成一层薄薄的水膜后发生了冻结,因此在分析中忽略了液滴的曲率。本节将液滴的完全冻结问题简化为一维 Stefan 问题:冰膜垂直生长和潜热垂直向水和基底扩散。

若冻结过程中导热稳定,则完全冻结时间应满足:

$$t_{frc} = \frac{H_f \rho_w V_d}{\Delta T A_{fr} k_c} = \frac{\overline{H}_f}{\Delta T} \frac{1}{k_c} \qquad (2-94)$$

式中,k_c 为冰和基底之间的导热系数;$\rho_w = 1\,000\ \text{kg/m}^3$ 为水的密度;V_d 为液滴的体积;$\overline{H}_f = \dfrac{H_f}{A_{fr}}$ 为单位面积内的传热量;$H_f = H_1 - \Delta T c_w$,$H_1 = 3.3 \times 10^5\ \text{J/kg}$ 为单位质量的凝固潜热;$c_w = 4\,200\ \text{J/(kg·℃)}$ 为水的比热容。

根据式(2-94),冻结时间应与平均传热除以温差 $\dfrac{\overline{H}_f}{\Delta T}$ 成正比。理论上,热传导系数只取决于冰和基底的物理性质。$\dfrac{\overline{H}_f}{\Delta T}$ 与 t_{frc} 的比值随冻结时间的增加而减小,特别是当冻结时间 $t_{frc} < 1\ \text{s}$ 时。通过比较两条基准线的斜率,可以得出热传导系数的差异。这一现象表明接触面积并不是造成冻结时间规律的唯一原因。考虑到液滴在撞击过程中的快速冻结,在分析时应考虑这种非稳态热扩散。

当传热过程不稳定时,有

$$\overline{H}_f = \int_0^{t_{frc}} v_y \, \mathrm{d}t H_1 \rho_I \qquad (2-95)$$

式中,v_y 为冰膜垂直生长的速度;$\rho_I = 918\ \text{kg/m}^3$ 为冰的密度。

过冷水的冻结潜热 H_1 随温度的增大而减小,其取值可拟合为

$$H_1 = (3.3 - 0.008\Delta T) \times 10^5 \qquad (2-96)$$

式中,H_1 的单位为 J/kg;$\Delta T < 20℃$。

在分析中,由于与冷却室接触紧密,因此没有考虑测试基底的厚度。冰的垂直生长速度为[48]

$$v_y = \frac{\lambda_I |\Omega_\perp|}{H_1 \rho_I} + \frac{\lambda_w (T_{IW} - T_0)}{H_1 \rho_I l_w} \qquad (2-97)$$

式中,右边的第一项和第二项分别为基底和水中的传热量;$\lambda_w = 0.55$ W/(m·K) 为水的热导率;$\lambda_I = 2.22$ W/(m·K) 为冰的热导率;$|\Omega_\perp|$ 为基底导热

参数，$\Omega_{\perp}=\dfrac{1}{h_{\text{ice}}}\left[\Psi_{\text{I}}h_{\text{ice}}(T_{\text{SI}}-T_0)-2(T_{\text{IW}}-T_{\text{SI}})\right]$，其中 $\Psi_{\text{I}}=\dfrac{3\lambda_{\text{S}}}{\lambda_{\text{I}}\sigma_{\text{S}}}$，$T_{\text{IW}}$ 为冰水

界面温度；T_{SI} 为基底-冰界面温度；l_{W} 为水中热扩散长度；$\sigma_{\text{S}}=\sqrt{24D_ct}$ 为铜中

的热扩散长度；D_{c} 为铜的热扩散率；t 为冰生长时间。

　　用式(2-95)和式(2-97)计算的-5℃和-15℃条件下 $\dfrac{t_{\text{frc}}-\bar{H}_{\text{f}}}{\Delta T}$ 曲线与实

验结果比较如图2-52(a)所示。很明显，初始阶段放热快，但随着冻结的进行逐

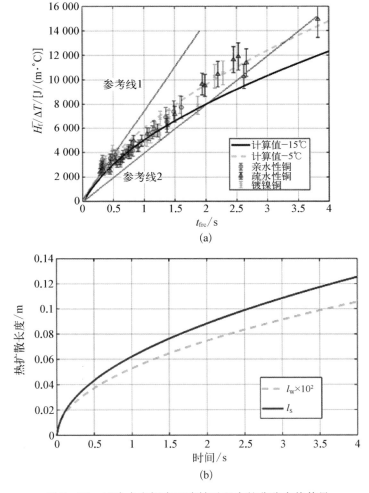

(a)

(b)

图2-52　过冷水在铜表面冻结过程中的非稳态热传导

(a) 单位面积水的潜热和温度与冻结时间的关系　(b) 热在基底和水中的扩散长度

注：(a)中参考线的斜率表示热传导效率。

渐减缓,这与实验结果有相似的趋势。值得注意的是,—15℃条件下当 $t_{frc} < 1\ s$ 时以及—5℃条件下当 $t_{frc} > 2\ s$ 时,计算结果与实验吻合较好。其他实验结果在 —5℃和—15℃曲线之间。随着冻结时间的增加,热传导系数减小。

在此过程中,热传导系数随时间减小。这说明非稳态热扩散过程对液滴的冻结影响较大,冻结初期的热流密度较大,冻结后的热流密度较小。这种作用在高过冷时提高了过冷水滴的冻结速率,而在低过冷时抑制了过冷水滴的冻结速率。

非稳态热扩散是温度场的平衡过程。热传递最终将接近稳定状态与恒定的热流,这取决于温度边界条件。在大尺度空间中,热扩散的演化可以通过热扩散长度来衡量,热扩散长度取决于时间和基底的热扩散率。基底中的热扩散长度 σ_S 和水中 l_w 为

$$\sigma_S = \sqrt{24 D_c t} \tag{2-98}$$

$$\frac{\partial l_w}{\partial t} = \frac{D_w}{l_w} - v_y \tag{2-99}$$

式中, D_w 为水的热扩散系数。

计算出的热扩散长度与温度几乎无关。因此,图 2 - 52(b)中只显示了 —5℃时在基底和水中的热扩散长度。两种热扩散长度在初始1 s时增加较快,之后变缓。相应地,基底和水中的热流密度在初始1 s内变化很快,然后以较低的速率下降。因此,非稳态热扩散效应仅在初始1 s表现明显,这与热扩散长度的增长有关。

是什么决定了非稳态热扩散效应的时间尺度?从理论上讲,由于水-冰界面的速度不同,水中的热扩散长度与基底中的热扩散长度不同。然而,从图 2 - 52(b)可以看出它们的曲线具有相似的形状。因此,移动的水-冰界面对换热的影响较小。当冰膜厚度和生长速度较小时,式(2 - 97)右侧第一项与 σ_S 成正比, l_w 与 $\sqrt{t}$ 成正比。可以发现,热扩散长度与 $\sqrt{t}$ 成正比,热流密度与 $\frac{1}{\sqrt{t}}$ 成正比,与温度和热性质无关。因此,在无限大热扩散空间的情况下,初始1 s是非稳态热扩散的典型时间尺度。当热扩散空间有限时,只要热扩散长度超过温度边界,非稳态热扩散状态就会结束。

综上所述,冻结时间越短的液滴,冻结时的平均热通量越高。不稳定的热传导和液滴的铺展共同导致了过冷水滴撞击下的非线性“ ΔT -冻结速率”规律,这

有助于预测 SLD 异常结冰。

2.3.3 过冷大水滴撞击-结冰耦合机制

过冷大水滴撞击壁面产生的异常现象包括飞溅损失、回落等纯动力学效应和快速结冰效应。其中快速结冰现象由水滴撞击动力学、传热和结冰过程耦合产生。目前主要的飞机结冰模型基于稳定的流动和温度分布假设计算结冰速率和溢流量。虽然有些模型考虑了结冰随着传热条件的演变,但无法考虑 SLD 撞击的瞬时作用。本过冷水滴撞击壁面传热模型同时考虑了非稳态的水滴撞击运动与结冰传热过程,并将其统一表现为撞击增强传热系数。其包含两部分:撞击铺展面积和非稳态传热系数。

考虑水滴撞击非稳态效应的传热系数可表示为

$$Q_{un} = Q_0 c_{sp} c_{un} \qquad (2-100)$$

式中,c_{sp} 为撞击铺展面积带来的传热增强系数;c_{un} 为非稳态传热带来的传热增强系数;Q_{un} 为过冷水滴撞击传热系数;Q_0 为传统结冰理论中定常水膜流动传热系数。

1)过冷水滴撞击铺展面积形成

由实验结果可知,过冷水滴撞击壁面结冰由碰撞回缩动力学和成核相变过程组成。水滴撞击于壁面后会出现铺展、飞溅、回弹等多种动力学行为,但主要影响积冰面积的过程是水滴铺展以及之后的回缩/弹跳过程,故这里不考虑飞溅的作用,只考虑水滴铺展和回缩/弹跳运动,如图 2-53(a)所示。在水滴接触壁面后,冰核随机产生于壁面上任意位置,接着冰开始以其为中心向周围生长。理论上过冷水的运动对冰生长也有影响,但由于水滴铺展时间很短,只有 2 ms,而之后的回缩运动速度较慢(除了超疏水表面之外),在此暂不考虑流动对冰生长速度的影响。故认为冰核产生后冰以恒定速度向外水平铺展,如图 2-53(b)所示。在表面和导热率均匀的情况下水膜和冰在各个方向上的运动相同,故水和冰的平面形状为圆形,水滴的运动和冰生长都为轴对称。虽然在冰的水平生长停止后其还会继续垂直生长和完成填充,但此时其与壁面的黏附面积已经确定,故在这里不作为重点讨论。

回缩运动和结冰过程中不同阶段的相对进展导致结冰的不同形态,对应着不同的冻结铺展率,如图 2-53 中四种情况。故通过以上过程的进展速度可以计算水滴的冻结铺展率。

如图 2-53 所示,在过冷水滴回缩时其与壁面接触面的直径 D_w 为

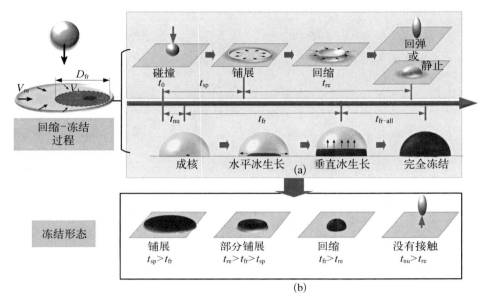

图 2-53　水滴碰撞动力学与结冰的耦合过程示意图

（a）水滴撞击壁面后的动力学过程　（b）水滴撞击壁面后的冰核形成与结冰过程

注：两个过程的相对变化使得过冷水滴撞击壁面结冰出现不同的形态。

$$D_{\mathrm{W}}=\begin{cases}\dfrac{D_{\max}t}{t_{\mathrm{sp}}}, & t<t_{\mathrm{sp}}, \\ D_{\max}-V_{\mathrm{re}}(t-t_{\mathrm{sp}}), & t>t_{\mathrm{sp}}\end{cases}\quad D_{\mathrm{W}}\leqslant D_{\max}\quad(2-101)$$

式中，t_{sp} 为水滴铺展时间，其在亲水到疏水表面上为 $t_{\mathrm{sp}}=2~\mathrm{ms}$，在超疏水表面上约为 $t_{\mathrm{sp}}=1.5~\mathrm{ms}$，而在结冰开始后冰铺展尺寸可以写为

$$D_{\mathrm{I}}=V_{\mathrm{I}}(t-t_{\mathrm{nu}})\quad(2-102)$$

式中，$D_{\max}$ 为水滴最大铺展直径；V_{re} 为水滴的回缩速度；t_{nu} 为水滴从碰撞壁面到成核的时间间隔。当水滴水平结冰完成时有

$$D_{\mathrm{I}}=D_{\mathrm{W}}=D_{\mathrm{f}}\quad(2-103)$$

式中，D_{f} 为水滴冻结铺展直径。

由式（2-101）～式（2-103）可以得到水滴冻结面积形成的时间和直径：

$$t_{\mathrm{fl}}=t_{\mathrm{sp}}+\frac{D_{\max}-V_{\mathrm{re}}(t_{\mathrm{nu}}-t_{\mathrm{sp}})}{V_{\mathrm{I}}+V_{\mathrm{re}}}\quad(2-104)$$

$$D_f = \frac{[D_{max} - V_{re}(t_{nu} - t_{sp})]V_I}{V_I + V_{re}} \tag{2-105}$$

式中，t_{fl} 为冰水平铺展的时间，若水滴回缩快于成核 $t_{fl} > t_{re}$，则有 $D_f = D_{re}$，这里 D_{re} 为水滴回缩停止的直径。

当冰核位于水滴的一侧时，这一侧的水滴回缩和冰生长都会停止，使其相对方向上回缩和冰生长都只有一半的速度：$V'_I = \dfrac{V_I}{2}$，$V'_{re} = \dfrac{V_{re}}{2}$。

可以得到自冰核生成开始水滴的回缩取决于结冰速度和回缩速度的相对比值，故在这种情况下水滴的最终冻结直径不会有所改变。

而一般情况下，冰核总是产生于水滴边缘和中心之间，其生长可以分为冰未触及边缘和碰到边缘两段。故式（2-105）可以适用于冰核位于水滴任何位置的情况。

当平均成核时间小于回缩时间时，式（2-105）还可以有效计算冻结铺展率。但当平均成核时间大于回缩时间时，计算结果都将是回缩直径，这与试验结果不相符。这是由于水滴的成核随机发生，即使平均成核时间大于水滴回缩/弹跳时间，水滴也有一定概率冻结。我们必须要考虑水滴成核时间的随机性。成核研究一般认为成核率不随时间改变，在此水滴的成核时间可以假设为平均分布。由于撞击运动中水滴成核率远高于静止状态，我们可以仅考虑撞击运动的这段时间。假设成核时间为以平均成核时间为中心的平均分布，则成核时间为任一值的概率为 $\dfrac{1}{2}$ 的平均成核时间。其概率密度可以写为

$$\rho(t_{nu}) = \begin{cases} \dfrac{1}{2t_{nu}}, & 0 < t < 2t_{nu} \\ 0, & t > 2t_{nu} \end{cases} \tag{2-106}$$

故平均的结冰铺展面积为

$$\bar{D}_f = \frac{1}{2t_{nu}} \int_{t_0}^{t_{re}} D_f(t)\mathrm{d}t = \frac{1}{2t_{nu}} \int_{t_0}^{t_{sp}} V_I(t_{sp} - t)\mathrm{d}t + \frac{1}{2t_{nu}} \int_{t_{sp}}^{t_{re}} \frac{[D_{max} - V_{re}(t - t_{sp})]V_I}{V_I + V_{re}}\mathrm{d}t \tag{2-107}$$

这里将提出的理论模型与试验结果进行了对比，如图 2-54 所示。发现其比较好地预测了不同表面上的水滴冻结铺展率。

其中，所有表面的冻结铺展率结果趋势与试验结果一致。其温度无关区域

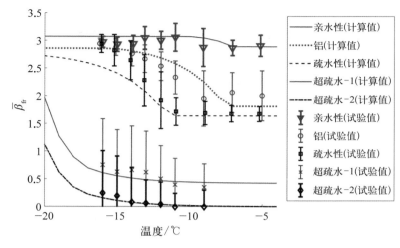

图 2-54　计算与试验结果对比

与铺展面积增加区域也对应较好。其预测误差可能来自结冰或运动数据统计的误差。在 SHS-2 表面上计算与试验结果变化的趋势相近,但是实验值更大。这是由于水滴回缩弹跳时会被冰阻止,或被冰牵引,从而有着更大的冻结铺展率。这个过程在模型中无法考虑。

从理论计算的曲线中可以清楚地看到,每种表面的冻结铺展率在高温时都为回缩最终面积率,与温度无关。这表示水滴均在回缩后才结冰。随着温度达到一个值时冻结铺展率开始随温度降低而增加。当冻结铺展率增加到最大时,其又变为与温度无关,此时水滴均在铺展时冻结。

根据以上建模,可以更新不同条件下 SLD 撞击壁面的铺展传热面积算式,以修正撞击传热模型的计算。

2) 非稳态传热建模

根据实验呈现的冻结现象,可以将过冷水滴的撞击和冻结分为水平结冰阶段和垂直结冰阶段[92],如图 2-55 所示。

在第一阶段,冰膜在基底上迅速扩散,使液滴在基底上的接触面积在时间到达 t_{frh} 前固定。假设冰膜足够薄,时间尺度足够短,可以忽略这一阶段的换热量。水平冰的生长和液滴的铺展/回缩之间的相互作用决定了在基底上的接触面积。快速铺展/回缩过程的持续时间 τ_{dr} 与表面性质和驱动力有关。在本实验中,这个时间是 t_{re}。如果液滴完成收缩,液滴与基底之间的接触面积减小到最小。当 $t_{frh} < \tau_{dy}$ 时,液滴的运动因水平冰的生长而停止,并产生较大的扩展面积。

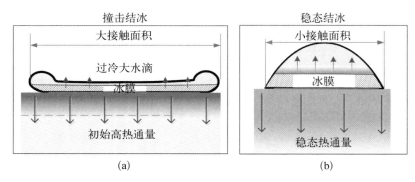

图 2-55　过冷水滴在基底上的撞击和冻结的理论建模

（a）水平结冰阶段　（b）垂直结冰阶段

在第二阶段,液滴通过释放全部潜热直至完全冻结。非稳态传热状态持续时间为 τ_{un}。由于一般基底厚度不大,这个时间不超过 1 s。当 $t_{frc} < \tau_{un}$ 时,冻结发生在非稳态热扩散期间,具有较高的热流密度和冻结速率。单位时间内产生的冰的质量定义为

$$\dot{m}_{ice} = \frac{A_{imp} H_{imp}}{H_l} = \frac{C_{dy} C_{un} \dot{H}_0}{H_l} \tag{2-108}$$

式中,A_{imp} 为液滴冻结时的传热面积;$\dot{H}_{imp}$ 为液滴冻结时的平均热流密度;$\dot{H}_0$ 为稳态结冰状态下过冷水层的平均热流密度;C_{dy} 为铺展区域的冻结强化系数;C_{un} 为非稳态传热的冻结强化系数。

在式(2-108)中,C_{dy} 系数取决于水平结冰和水滴的回缩过程的相互作用,两者具有近似恒定且独立的速度。由于结冰对最大铺展面积 A_{max} 的影响在大多数情况下都很小,因此在铺展面积的计算中可以忽略不计。通过对水平结冰速度和回缩速度的比较,可以得到冻结过程中的接触面积。C_{dy} 是液滴冻结时接触面积与平衡面积的比值。

$$C_{dy} = \begin{cases} 1, & t_{frh} > \tau_{dy} \\ 1 + \dfrac{A_{max} - A_{eq}}{A_{eq}}, & t_{frh} \leqslant \tau_{dy} \end{cases} \tag{2-109}$$

式中,A_{max} 为液滴的最大铺展面积;A_{eq} 为液滴的平衡面积;系数 C_{un} 为冻结时平均冻结速率与稳态换热阶段平均冻结速率之比,因此它与冻结时间和非稳态热扩散时间有关。

液滴结冰速率应在整个结冰过程中取平均值:

$$\dot{m}_{\text{ice}} = \frac{1}{t} \int_0^t v_y \rho_1 \mathrm{d}t \qquad (2-110)$$

式中,冰的垂直速度 v_y 随时间而变化。为了计算平均冻结速率,需要确定非稳态热扩散阶段的持续时间,即热扩散到达基底边界的时间。

$$\tau_{\text{un}} = \frac{L_{\text{S}}^2}{24 D_{\text{S}}} \qquad (2-111)$$

式中,D_{S} 为基底的热扩散率;L_{S} 为基底厚度。

当完全冻结时间 t_{frc} 小于 τ_{un} 时,可计算换热。否则,应认为 τ_{un} 后的传热是稳态的。假设沿基底和水膜厚度的温度分布是线性的,冻结时的热流密度与基底和水的温度梯度成正比。当基底厚度为 L_{S},水的厚度为 L_{W} 时,稳态阶段的热流为

$$\dot{H}_0 = H_1 v_y \rho_1, \quad \sigma_{\text{S}} = L_{\text{S}}, \quad l_{\text{W}} = L_{\text{W}} \qquad (2-112)$$

因此,过冷水滴冲击下的平均冻结率可以表示为

$$\dot{m}_{\text{ice}} = \begin{cases} \dfrac{1}{\tau_{\text{un}}} \displaystyle\int_0^{\tau_{\text{un}}} v_y \rho_1 \mathrm{d}t + \dfrac{(t_{\text{frc}} - \tau_{\text{un}}) \dot{H}_0}{H_1}, & t_{\text{frc}} > \tau_{\text{un}} \\[3mm] \dfrac{1}{t_{\text{frc}}} \displaystyle\int_0^{t_{\text{frc}}} v_y \rho_1 \mathrm{d}t, & t_{\text{frc}} \leqslant \tau_{\text{un}} \end{cases} \qquad (2-113)$$

当冰的厚度和生长速度较小时,冰膜对传热的影响可以忽略,存在 $T_{\text{IW}} = T_{\text{SI}} = T_{\text{M}}$。方程可简化为

$$v_y = \frac{\lambda_{\text{S}}(T_{\text{M}} - T_0)}{H_1 \rho_1 \sigma_{\text{S}}} + \frac{\lambda_{\text{W}}(T_{\text{M}} - T_0)}{H_1 \rho_1 l_{\text{W}}}$$

因此,式(2-113)可以转变为

$$\dot{m}_{\text{ice}} = \begin{cases} \dfrac{\dot{H}_{\text{S}} L_{\text{S}} \sqrt{\tau_{\text{un}}}}{\sqrt{6 D_{\text{S}} H_1}} + \dfrac{\dot{H}_{\text{W}} L_{\text{W}} \sqrt{\tau_{\text{un}}}}{\sqrt{6 D_{\text{W}} H_1}} + \dfrac{(t_{\text{frc}} - \tau_{\text{un}}) \dot{H}_0}{H_1}, & t_{\text{frc}} > \tau_{\text{un}} \\[4mm] \dfrac{\dot{H}_{\text{S}} L_{\text{S}} \sqrt{t_{\text{frc}}}}{\sqrt{6 D_{\text{S}}} H_1} + \dfrac{\dot{H}_{\text{W}} L_{\text{W}} \sqrt{t_{\text{frc}}}}{\sqrt{6 D_{\text{W}}} H_1}, & t_{\text{frc}} \leqslant \tau_{\text{un}} \end{cases}$$

$$(2-114)$$

式中，$\dot{H}_{\mathrm{S}} = \dfrac{\lambda_{\mathrm{S}}(T_{\mathrm{M}} - T_0)}{L_{\mathrm{S}}}$ 为基底中的稳态热流量；$\dot{H}_{\mathrm{W}} = \dfrac{\lambda_{\mathrm{W}}(T_{\mathrm{M}} - T_0)}{L_{\mathrm{W}}}$ 为水中

的稳态热流量；$\dot{H}_0 = \dot{H}_{\mathrm{S}} + \dot{H}_{\mathrm{W}}$。故有

$$C_{\mathrm{dy}} = \begin{cases} \dfrac{U\sqrt{\tau_{\mathrm{un}}}}{t_{\mathrm{frc}}} + \dfrac{t_{\mathrm{frc}} - \tau_{\mathrm{un}}}{t_{\mathrm{frc}}}, & t_{\mathrm{frh}} > \tau_{\mathrm{un}} \\[3mm] \dfrac{U}{\sqrt{t_{\mathrm{frc}}}}, & t_{\mathrm{frh}} \leqslant \tau_{\mathrm{dy}} \end{cases} \tag{2-115}$$

式中，$U = \dfrac{1}{\dot{H}_0}\dfrac{\dot{H}_{\mathrm{S}}L_{\mathrm{S}}}{\sqrt{6D_{\mathrm{S}}}} + \dfrac{\dot{H}_{\mathrm{W}}L_{\mathrm{W}}}{\sqrt{6D_{\mathrm{W}}}}$。明显地，非稳态热扩散取决于 τ_{un} 和 t_{frc} 的时间

尺度。

如图 2-56 所示，根据液滴动力学 τ_{dy} 和非稳态传热 τ_{un} 的时间尺度，撞击过冷水液滴的冻结有四种模式。

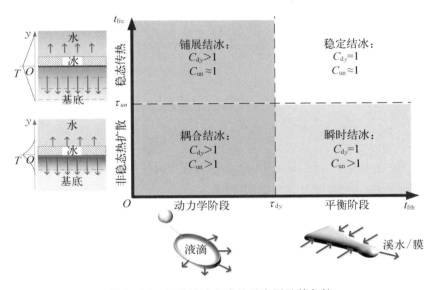

图 2-56　四种结冰方式的示意图及其条件

（1）耦合结冰模式。当 $t_{\mathrm{frh}} < \tau_{\mathrm{dy}}$ 和 $t_{\mathrm{frc}} < \tau_{\mathrm{un}}$ 时，$C_{\mathrm{un}} \approx 1$、$C_{\mathrm{dy}} > 1$。在此条件下，扩散动力学和非稳态热扩散均可提高冻结速率。该模式对应过冷水滴的快速冲击冻结。

（2）铺展结冰模式。当 $t_{\mathrm{frh}} < \tau_{\mathrm{dy}}$ 和 $t_{\mathrm{frc}} > \tau_{\mathrm{un}}$ 时，$C_{\mathrm{un}} \approx 1$、$C_{\mathrm{dy}} > 1$。在这

种情况下,液滴在基底上的冻结面积较大,但非稳态换热影响较小。该模式代表过冷程度较低时,过冷水滴在亲水表面的撞击冻结。

（3）瞬时结冰模式。当 $t_{\mathrm{frh}} > \tau_{\mathrm{dy}}$ 和 $t_{\mathrm{frc}} > \tau_{\mathrm{un}}$ 时, $C_{\mathrm{un}} > 1$、$C_{\mathrm{dy}} = 1$。在这种情况下,液滴回缩后很快冻结。该模式代表过冷程度较大时,过冷水滴在疏水表面的撞击冻结。

（4）稳定结冰模式。当 $t_{\mathrm{frh}} > \tau_{\mathrm{dy}}$ 和 $t_{\mathrm{frc}} > \tau_{\mathrm{un}}$ 时, $C_{\mathrm{un}} \approx 1$、$C_{\mathrm{dy}} = 1$。这种情况几乎是稳定冻结过程,对结冰没有影响。

2.3.4　气溶胶影响撞击结冰

为保证条件的一致性,现有结冰研究主要使用超纯水。而实际上自然环境中云雾都含有一定量的气溶胶,使过冷水滴的性质发生很大变化。气溶胶作为凝结核,促进液滴的形成和生长,从而影响过冷液滴的直径和液态水含量,而这两项是影响撞击结冰过程的重要参数。此外,一些悬浮在过冷液滴中的气溶胶作为重要的冰核,可以降低液滴冰水相变能垒,从而促进液滴冻结。从现有研究来看,非均质成核触发主要以固态冰核为主,其中存在大量矿物粉尘且有较高的成核率,是大气中重要的冰核。

Bian 等研究了典型气溶胶粒子——钾长石对过冷水滴结冰的影响[93]。图 2-57 为不同温度下几种液滴(超纯水与钾长石悬浊液)冻结概率随温度变化的曲线。其中 P 为冻结概率,定义为冻结次数与总实验次数之比。该结果显示,钾长石粒子显著提升了过冷水冻结概率,但 2.2 m/s 的撞击速度对瞬时冻结概率的影响更大。

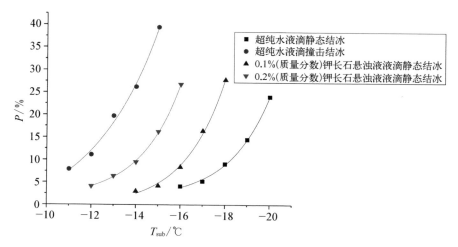

图 2-57　静态等温和撞击结冰冻结概率[93]

根据冻结现象,可以将撞击结冰过程分为瞬时冻结、非瞬时冻结和准静态冻结三类。从三类冻结现象的出现概率可知,过冷液滴撞击是一个瞬时过程,未冻结液滴在撞击壁面时刻起 100 ms 左右趋于准稳定状态,即 100 ms 之后水滴冻结概率将趋近于静态冻结状态。

图 2-57 中还包括过冷液滴撞击壁面后,不同温度下超纯水液滴冻结概率随温度变化的曲线。随着过冷度增大,其冻结概率呈指数增长。在同一温度下,撞击过程使得超纯水液滴冻结概率提高很大,即撞击因素同样对于液滴冻结影响很大,且撞击对其影响大于气溶胶。那么气溶胶对于撞击结冰过程中影响是否可忽略还有待进一步研究。

根据 2.3.3 节的叙述,过冷水滴的成核与铺展-回缩运动过程中成核时间、冰生长速度共同决定了水滴结冰过程。图 2-58 显示了在同一实验条件下(温度为 $T_{drop} = -10℃$,$T_{sub} = -16℃$),质量分数为 0.1% 的钾长石悬浊过冷液滴与超纯水过冷液滴在回缩阶段成核的撞击结冰过程。从图 2-58 可以看出,两者都经历铺展、回缩过程,且成核结冰发生在回缩阶段。然而,钾长石悬浊过冷液滴由于冰生长速度较快导致最终冻结形态有差别,分别形成盆地、荷包蛋形状,如图 2-58(e)(j)所示。

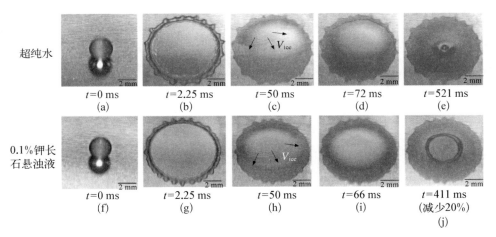

图 2-58 钾长石悬浊过冷液滴与超纯水过冷液滴在回缩阶段成核的撞击结冰过程[93]

如图 2-59 所示,在同一实验条件下(温度 $T_{drop} = -10℃$,$T_{sub} = -16℃$),0.1% 钾长石悬浊过冷液滴在铺展回缩中存在 3 个成核点,而超纯水撞击结冰过程只有一个成核点。由于多个成核点的存在,钾长石悬浊过冷液滴底层水膜的冻结速度明显加快,同时使得冻结完成时间减少。

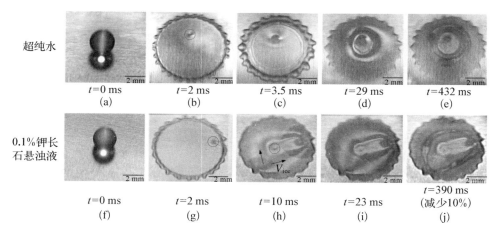

图 2-59　钾长石悬浊过冷液滴与超纯水过冷液滴在铺展阶段的撞击结冰过程[93]

注：$T_{drop}=-10℃$，$T_{sub}=-16℃$。

由此可以看出，钾长石对于过冷液滴撞击结冰铺展、回缩情况都存在影响。提前的成核可缩短冰生长时间，从而影响最终冻结形态。

定义概率密度为单位时间内的冻结概率，如式（2-116）所示：

$$\rho = \frac{n}{N} t_{interval} \tag{2-116}$$

式中，n 为某一时间段内的冻结次数；N 为撞击结冰实验总次数；$t_{interval}$ 为某一阶段的时间间隔。

不同阶段成核时间的概率密度如图 2-60 所示。其中的 $\bar{t}_{nuc}$ 是某一阶段成核时间的平均值。可以看出，两者的对数存在线性关系，且钾长石悬浮液与超纯水液滴的成核时间相差不大。即在撞击结冰过程中，钾长石对成核时间影响不大。

图 2-61 显示了不同钾长石含量水滴的碰撞铺展比，可见冻结概率带来水滴冻结铺展比的明显上升。这将有效增加水滴结冰时的传热面积，从而加速过冷水滴的冻结。在撞击结冰过程中，悬浮液中钾长石使得冰生长速度提升了 3%～10%，进而缩短冰生长时间，从而使得铺展比更大。可以认为过去研究忽视的大气气溶胶对过冷水滴结冰有不可忽略的影响，有必要进一步研究。

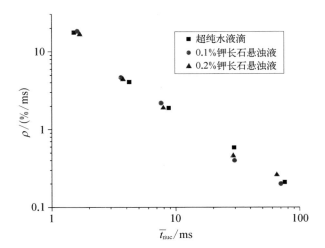

图 2-60　钾长石悬浮液撞击结冰成核时间概率密度[93]

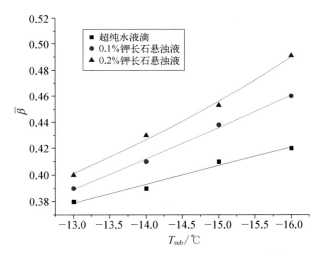

图 2-61　过冷液滴撞击结冰的碰撞铺展比[93]

2.4　本章小结

　　本章介绍了过冷水的基本性质、成核理论及从简单到复杂条件的结冰理论。结冰研究的机理研究和基础理论发展显示,过冷水在飞机壁面上结冰的机制认识长期陷在某几个经典问题的研究方面,忽视过冷水特性、结冰状态和表面物理化学作用。因此特别需要考虑结冰速率随条件的变化,解释异常结冰产生的物理机制,为模拟和防冰提供支撑。

　　未来飞机结冰理论研究需要面对新一代结冰适航取证和更高效安全防冰设计的需要,研究过冷水异常性质、自然结冰云雾和壁面性质对结冰的影响机制,提出适应最新物理、材料等学科进展的结冰理论。这不仅对于航空运输安全有重大意义,而且能有效服务于更广泛的自然结冰灾害防护等领域。

参考文献

［1］ Heymsfield A J, Thompson G, Morrison H, et al. Formation and spread of aircraft-induced holes in clouds[J]. Science, 2011, 333(6038): 77 - 81.

［2］ Heymsfield A J, Kennedy P C, Massie S, et al. Aircraft-induced hole punch and canal clouds: Inadvertent cloud seeding[J]. Bulletin of the American Meteorological Society, 2010, 91(6): 753 - 766.

［3］ Isaac G A, Cober S G, Strapp J W, et al. Recent Canadian research on aircraft in-flight icing[J]. Canadian Aeronautics and Space Journal, 2001, 47(3): 213 - 221.

［4］ Finney J L. Water? What's so special about it?[J]. Philosophical Transactions of the Royal Society B: Biological Sciences, 2004, 359(1448): 1145 - 1165.

［5］ Dill K A, Truskett T M, Vlachy V, et al. Modeling water, the hydrophobic effect, and ion solvation[J]. Annual review of Biophysics and Biomolecular Structure, 2005, 34: 173 - 199.

［6］ Meadley S L, Angell C A. Water and its relatives: The stable, supercooled and particularly the stretched regimes[J]. Proceedings of the International School of Physics "Enrico Fermi" — Water: Fundamentals as the Basis for Understanding the Environment and Promoting Technology, 2015, 187: 19 - 43.

［7］ Mandumpal J B. A Journey Through Water: A Scientific Exploration of The Most Anomalous Liquid on Earth[M]. Sharjah: Bentham Science Publishers, 2017.

［8］ Angell C A. Supercooled water[J]. Annual Review of Physical Chemistry, 1983, 34: 593 - 630.

［9］ Speedy R J, Angell C A. Isothermal compressibility of supercooled water and evidence for a thermodynamic singularity at $-45\,℃$[J]. The Journal of Chemical Physics, 1976, 65(3): 851 - 858.

［10］ Debenedetti P G, Stanley H E. Supercooled and glassy water[J]. Physics Today, 2003, 56(6): 40 - 46.

［11］ Römer F, Lervik A, Bresme F. Nonequilibrium molecular dynamics simulations of the thermal conductivity of water: A systematic investigation of the SPC/E and TIP4P/2005 models[J]. The Journal of Chemical Physics, 2012, 137(7): 074503.

［12］ Ediger M D, Angell C A, Nagel S R. Supercooled liquids and glasses[J]. The Journal of Physical Chemistry, 1996, 100(31): 13200 - 13212.

［13］ Kumar P, Buldyrev S V, Becker S R, et al. Relation between the Widom line and the breakdown of the Stokes-Einstein relation in supercooled water[J]. Proceedings of the

National Academy of Sciences，2007，104(23)：9575－9579.

[14] Stillinger F H. A topographic view of supercooled liquids and glass formation[J]. Science，1995，267(5206)：1935－1939.

[15] Franzese G，Stanley H E. The Widom line of supercooled water[J]. Journal of Physics：Condensed Matter，2007，19(20)：5126－5141.

[16] Starr F W，Sastry S，La Nave E，et al. Thermodynamic and structural aspects of the potential energy surface of simulated water[J]. Physical Review E，2001，63(4)：1201－1210.

[17] Sciortino F，Geiger A，Stanley H E. Effect of defects on molecular mobility in liquid water[J]. Nature，1991，354(6350)：218－221.

[18] Sciortino F，Poole P H，Stanley H E，et al. Lifetime of the bond network and gel-like anomalies in supercooled water[J]. Physical Review Letters，1990，64(14)：1686－1689.

[19] Giovambattista N，Buldyrev S V，Stanley H E，et al. Clusters of mobile molecules in supercooled water[J]. Physical Review E，2005，72(1)：011202.

[20] Zasetsky A Y，Remorov R，Svishchev I M. Evidence of enhanced local order and clustering in supercooled water near liquid-vapor interface：Molecular dynamic simulations[J]. Chemical Physics Letters，2007，435(1－3)：50－53.

[21] Rasmussen D H，MacKenzie A P. Clustering in supercooled water[J]. The Journal of Chemical Physics，1973，59(9)：5003－5013.

[22] Paschek D，Ludwig R. Advancing into water's "no man's land"：two liquid states? [J]. Angewandte Chemie International Edition，2014，53(44)：11699－11701.

[23] Mishima O，Stanley H E. Decompression-induced melting of ice IV and the liquid-liquid transition in water[J]. Nature，1998，392(6672)：164－168.

[24] Harrington S，Zhang R，Poole P H，et al. Liquid-liquid phase transition：Evidence from simulations[J]. Physical Review Letters，1997，78(12)：2409－2412.

[25] Hawkes L. Super-cooled water[J]. Nature，1929，124(3119)：225－226.

[26] Angell C A. Insights into phases of liquid water from study of its unusual glass-forming properties[J]. Science，2008，319(5863)：582－587.

[27] Angell C A. Formation of glasses from liquids and biopolymers[J]. Science，1995，267(5206)：1924－1935.

[28] Debenedetti P G. Supercooled and glassy water[J]. Journal of Physics：Condensed Matter，2003，15(45)：R1669－R1726.

[29] Frank F C. Molecular structure of deeply super-cooled water[J]. Nature，1946，157(3983)：267.

[30] Angell C A. Highs and lows in the density of water[J]. Nature Nanotechnology，2007，2(7)：396－398.

[31] Taschin A，Bartolini P，Eramo R，et al. Optical Kerr effect of liquid and supercooled water：The experimental and data analysis perspective[J]. The Journal of Chemical Physics，2014，141(8)：084507.

[32] 曲凯阳，江亿. 均质形核结冰随机性及形核率的研究[J]. 物理学报，2000，49(11)：

2214 - 2219.

[33]　Volmer M，Weber A. Nucleation in super-saturated products[R]. NASA，1926.

[34]　Becker R，Döring W. Kinetische behandlung der keimbildung in übersättigten dämpfen [J]. Annalen der Physik，1935，416(8)：719 - 752.

[35]　Turnbull D，Fishe C. Rate of nucleation in condensed systems[J]. The Journal of Chemical Physics，1949，17(1)：71 - 73.

[36]　Kalikmanov V I. Nucleation Theory[M]. New York：Springer，2013.

[37]　Karthika S，Radhakrishnan T K，Kalaichelvi P. A review of classical and nonclassical nucleation theories[J]. Crystal Growth and Design，2016，16(11)：6663 - 6681.

[38]　Eberle P，Tiwari M K，Maitra T，et al. Rational nanostructuring of surfaces for extraordinary icephobicity[J]. Nanoscale，2014，6(9)：4874 - 4781.

[39]　Pruppacher H R，Klett J D. Microphysics of Clouds and Precipitation[M]. 2nd ed. New York：Springer，2010.

[40]　Fletcher N H. Size effect in heterogeneous nucleation[J]. The Journal of Chemical Physics，1958，29(3)：572 - 576.

[41]　Zobrist B，Koop T，Luo B P，et al. Heterogeneous ice nucleation rate coefficient of water droplets coated by a nonadecanol monolayer[J]. The Journal of Physical Chemistry C，2007，111(5)：2149 - 2155.

[42]　Smith R S，Kay B D. The existence of supercooled liquid water at 150 K[J]. Nature，1999，398：788 - 791.

[43]　Meyer E. Curvature-and temperature-dependent interfacial tension in classical nucleation theory[J]. Journal of Non-Crystalline Solids，1991，130：287 - 292.

[44]　Schmelzer J W P，Gutzow I，Schmelzer J. Curvature-dependent surface tension and nucleation theory[J]. Journal of Colloid Interface Science，1996，178(2)：657 - 665.

[45]　Teraoka Y，Saito A，Okawa S. Study on anisotropy of growth rate of ice crystal in supercooled water[J]. International Journal of Refrigeration，2004，27(3)：242 - 247.

[46]　Galenko P K，Danilov D A. Linear morphological stability analysis of the solid-liquid interface in rapid solidification of a binary system[J]. Physical Review E，2004，69 (5)：051608.

[47]　Mullins W W，Sekerka R F. Stability of a planar interface during solidification of a dilute binary alloy[J]. Journal of Applied Physics，1964，35(2)：444 - 451.

[48]　孔维梁. 飞机异常结冰的过冷凝固机理及理论研究[D]. 上海：上海交通大学，2015.

[49]　Langer J S. Instabilities and pattern formation in crystal growth[J]. Reviews of Modern Physics，1980，52(1)：1 - 28.

[50]　徐鉴君. 凝固过程动力学与交界面稳定性理论导引[M]. 北京：科学出版社，2006.

[51]　Ivantsov G P. Temperature Field around a Spheroidal，Cylindrical and Acicular Crystal Growing in a Supercooled Melt[M]//Pelcé P. Dynamics of Curved Fronts. Cambridge：Academic Press，1988：243 - 245.

[52]　Horvay G，Cahn J W. Dendritic and spheroidal growth[J]. Acta Metallurgica，1961，9(7)：695 - 705.

[53]　Kind M，Gill W N，Ananth R. The growth of ice dendrites under mixed convection

conditions[J]. Chemical Engineering Communications, 1987, 55(1 - 6): 295 - 312.

[54] Karma A, Rappel W J. Quantitative phase-field modeling of dendritic growth in two and three dimensions[J]. Physical Review E, 1998, 57(4): 4323 - 4349.

[55] Karma A, Rappel W J. Phase-field method for computationally efficient modeling of solidification with arbitrary interface kinetics[J]. Physical Review E, 1996, 53(4): R3017-R3020.

[56] Medvedev D, Fischaleck T, Kassner K. Influence of external flows on crystal growth: numerical investigation[J]. Physical Review E, 2006, 74(3): 031606.

[57] Medvedev D, Fischaleck T, Kassner K. Influence of external flows on pattern growth [J]. Journal of Crystal Growth, 2007, 303(1): 69 - 73.

[58] Tsurugasaki T, Tatsuta K, Hagiwara Y, et al. B123 Numerical analysis on concerning ice crystal growth in supercool water flow in a two dimensional duct[C]//Proceeding of the Thermal Engineering Conference, 2011.

[59] Kallungal J P, Barduhn A J. Growth rate of an ice crystal in subcooled pure water[J]. AIChE Journal, 1977, 23(3): 294 - 303.

[60] 曲凯阳, 江亿. 圆管内流动水发生结冰的影响因素研究[J]. 太阳能学报, 2001, 22(3): 250 - 255.

[61] Russell A B, Cheney P E, Wantling S D. Influence of freezing conditions on ice crystallisation in ice cream[J]. Journal of Food Engineering, 1999, 39(2): 179 - 191.

[62] Bolliger S, Kornbrust B, Goff H D, et al. Influence of emulsifiers on ice cream produced by conventional freezing and low-temperature extrusion processing [J]. International Dairy Journal, 2000, 10(7): 497 - 504.

[63] Vaessen R J C, Himawan C, Witkamp G J. Scale formation of ice from electrolyte solutions on a scraped surface heat exchanger plate[J]. Journal of Crystal Growth, 2002, 237(1): 2172 - 2177.

[64] Lunardini V J. Heat Transfer with Freezing and Thawing[M]. Amsterdam: Elsevier Science Publication, 1991.

[65] Ratkje S K, Flesland O. Modelling the freeze concentration process by irreversible themodynamics[J]. Journal of Food Engineering, 1995, 25(4): 553 - 568.

[66] Flesland O. Freeze concentration by layer crystallization[J]. Drying Technology, 1995, 13(8 - 9): 1713 - 1739.

[67] Chen X D, Chen P, Free K W. A note on the two models of ice growth velocity in aqueous solutions derived from an irreversible thermodynamics analysis and the conventional heat and mass transfer theory[J]. Journal of Food Engineering, 1997, 31 (3): 395 - 402.

[68] Lindenmeyer C S, Orrok G T, Jackson K A, et al. Rate of growth of ice crystals in supercooled water[J]. The Journal of Chemical Physics, 1957, 27(3): 822.

[69] Camp P R, Barter C F. Rate of growth of ice at an aluminium-water interface[J]. Nature, 1965, 206(4983): 495 - 497.

[70] Qin F G F, Xiao D C, Farid M M. Growth kinetics of ice films spreading on a subcooled solid surface[J]. Separation and Purification Technology, 2004, 39(1 - 2):

109 - 121.

[71] Fletcher N H. The Chemical Physics of Ice[M]. London：Cambridge University Press，1970.

[72] Kong W L，Liu H. A theory on the icing evolution of supercooled water near solid substrate[J]. International Journal of Heat and Mass Transfer，2015，91：1217 - 1236.

[73] Schremb M，Campbell J M，Christenson H K，et al. Ice layer spreading along a solid substrate during solidification of supercooled sater：Experiments and modeling[J]. Langmuir，2017，33(19)：4870 - 4877.

[74] Anisimov M P，Petrova-Bogdanova O O. Generalisation of the Ostwald's rule[C]// Nucleation and atmospheric aerosols：19th International Conference，2013.

[75] Braslavsky I，Lipson S G. The double-pyramid structure of dendritic ice growing from supercooled water[J]. Journal of Crystal Growth，1999，198(1)：56 - 61.

[76] Kong W L，Liu H. Unified icing theory based on phase transition of supercooled water on a substrate[J]. International Journal of Heat and Mass Transfer，2018，123：896 - 910.

[77] Johari G P. Water's size-dependent freezing to cubic ice[J]. The Journal of Chemical Physics，2005，122(19)：194504.

[78] 蔡绍洪，程青. 平衡相主与非平衡相变的临界统一[J]. 贵州科学，1992，10(2)：22 - 23.

[79] Trivedi R，Kurz W. Morphological stability of a planar interface under rapid solidification conditions[J]. Acta metallurgica，1986，34(8)：1663 - 1670.

[80] Angell C A. Supercooled liquids：Clearing the water[J]. Nature Materials，2012，11(5)：362 - 364.

[81] Tan S C，Papadakis M. General effects of large droplet dynamics on ice accretion modeling[C]//41st AIAA Aerospace Sciences Meeting and Exhibit，2003.

[82] Tan S C. Effects of Large Droplet Dynamics on Airfoil Impingement Characteristics [C]//43rd AIAA Aerospace Sciences Meeting and Exhibit，2005.

[83] Yang G M，Guo K H，Li N. Freezing mechanism of supercooled water droplet impinging on metal surfaces[J]. International Journal of Refrigeration，2011，34(8)：2007 - 2017.

[84] Zhang C，Liu H. Effect of drop size on the impact thermodynamics for supercooled large droplet in aircraft icing[J]. Physics of Fluids，2016，28(6)：062107.

[85] Wang L P，Kong W L，Wang F X，et al. Effect of nucleation time on freezing morphology and type of a water droplet impacting onto cold substrate[J]. International Journal of Heat & Mass Transfer，2018，130：831 - 842.

[86] Sun M M，Kong W L，Wang F X，et al. Impact freezing modes of supercooled droplets determined by both nucleation and icing evolution[J]. International Journal of Heat and Mass Transfer，2019，142：118431.

[87] Sun M M，Kong W L，Wang F X，et al. Effect of nucleation and icing evolution on run-back freezing of supercooled water droplet[J]. Aerospace Systems，2019，2：147 - 153.

［88］ Jin Z Y, Wang Z N, Sui D Y, et al. The impact and freezing processes of a water droplet on different inclined cold surfaces[J]. International Journal of Heat and Mass Transfer, 2016, 97: 211 - 223.

［89］ Schremb M, Roisman I V, Tropea C. Transient effects in ice nucleation of a water drop impacting onto a cold substrate[J]. Physical Review E, 2017, 95 (2 - 1): 022805.

［90］ Pan Y T, Shi K W, Duan X L, et al. Experimental investigation of water droplet impact and freezing on micropatterned stainless steel surfaces with varying wettabilities [J]. International Journal of Heat and Mass Transfer, 2019, 129: 953 - 964.

［91］ Kong W L, Wang L P, Bian P X, et al. Effect of surface wettability on impact-freezing of supercooled large water droplet[J]. Experimental Thermal and Fluid Science, 2021, 130: 110508.

［92］ Kong W L, Wu H C, Bian P X, et al. A diffusion-enhancing icing theory for the freezing transition of supercooled large water droplet in impact[J]. International Journal of Heat and Mass Transfer, 2022, 187: 122471.

［93］ Bian P X, Wang L P, Wang F X, et al. The study on the impinging freezing of the supercooled droplet containing the atmosphere aerosol[J]. Journal of Crystal Growth, 2022, 581: 126475.

第3章　飞机结冰冰型模拟方法

飞机结冰数值模拟已经成为结冰评估、安全设计和适航取证的主要技术手段。一方面得益于计算流体力学技术的快速发展,另一方面机理研究和冰风洞试验数据为其提供了底层模型及校验支撑。但现有结冰数值模拟和冰风洞试验验证技术均基于原有小水滴环境的技术体系,难以彻底解决过冷大水滴(SLD)粒径分布和大水滴不过冷的问题,导致近年来发展缓慢。SLD粒径大跨度双峰分布导致了水滴空间分布的稀疏性和结冰的随机性。大水滴不过冷导致结冰过程和实际环境偏差大。本章主要围绕这两个问题开展论述,依序介绍了现有飞机SLD结冰数值模拟的主要方法、SLD结冰的主要特征、过冷度和粒径分布的影响以及自然结冰的不确定性问题。

3.1　飞机结冰数值模拟技术概况

3.1.1　飞机结冰数值模拟研究进展

飞机结冰的数值模拟研究是认识结冰规律和预测冰型的主要手段之一,是服务防冰设计的重要工具。结冰模拟软件不仅可以模拟飞机上冰型的形成过程,而且可以计算防除冰系统的功率需求[1]。近年来在国外,结冰数值模拟在飞机防冰设计和适航验证中占据了越来越重要的地位。

典型的结冰软件有NASA Glenn中心开发的LEWICE系列结冰计算软件、法国的ONERA结冰计算软件、英国的DRA结冰计算软件、意大利的CIRAMIL结冰计算软件、加拿大的CANICE-ME和FENSAP-ICE结冰计算软件。这些软件的理论基础及逻辑结构类似,只是具体实施方法有所差异。它们所依靠的计算理论一部分来自该学科的研究结论,另一部分还依赖冰风洞实验得到的数据和经验。因此几乎每种结冰计算软件都对应着一座冰风洞的研究结果。上述结冰计算软件中,NASA Glenn中心的LEWICE、法国的ONERA、加拿大的 CANICE‐ME 已通过冰风洞验证，并已应用于飞机设计工作。这是理论和实验结合的一个很好范例。

目前在发展成冰数值模拟软件时，国外研究者愈加重视成冰基本物理环节的理论研究。如 NASA Gleen 中心的 LEWICE 软件从 2.0 版本发展到 3.0 版时的主要改进就是加入了大直径水滴动力学性质研究的最新成果[2]，实现了大水滴破碎和飞溅损失的模拟。同样加拿大的 FENSAP‐ICE 软件也开始考虑水滴的这些效应，改进了 DROP3D 模块的水滴收集率模拟[3]。由于软件的基本框架已经固定，冰型模拟的网格处理等计算方法也已成熟，对于简单成冰情况的模拟都能达到较好的效果。因此软件模拟效果的进一步提高有赖于软件物理模型的准确性。

从文献结果看，这些结冰模拟软件在模拟小粒径水滴产生的霜冰（rime ice）和部分明冰（glaze ice）结果时已比较准确，但是在面临复杂情况，特别是 SLD 结冰的模拟方面还有不少待改进之处。在模拟包括 215.6 μm[见图 3‐1(b)]和 160 μm[见图 3‐1(a)][2]的水滴结冰时，LEWICE 软件预测结果仍有相当不足。目前欧美许多科研单位仍在 FAA 和 NASA 领导的计划下为此开展工作。

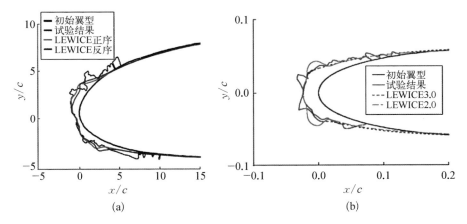

图 3‐1　LEWICE 对大直径水滴成冰的模拟结果（见附图中彩图 3）

(a) 215.6 μm　　(b) 160 μm

国内在结冰数值模拟方面起步较晚，近几年也有一定发展。西北工业大学、北京航空航天大学、南京航空航天大学、上海交通大学等一些院校以及中国空气动力研究及发展中心[4]等，在结冰数值模拟方面已取得一些成果，也结合研究了热除冰系统的工作状况。但不如国外进行得系统全面，也未形成广泛使用的商用软件。

3.1.2　飞机结冰数值模拟基本过程

目前在飞机结冰模拟中将结冰过程解耦为空气流场、水滴收集、结冰计算和外形改变四个独立的物理过程，每个环节依次向下单向传递参数，这也是飞机结冰数值计算的四个主要计算环节，如图 3-2 所示为 FENSAP-ICE 软件的计算流程[5]。基于该理论也可以将结冰过程简化为四个不同的机理问题进行研究。这四个机理问题简述如下。

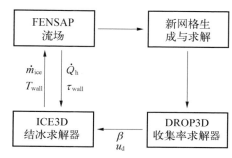

图 3-2　FENSAP-ICE 软件中的模块计算流程[5]

（1）水滴在流场中飞行。若把飞机作为运动参考系，远方来流中的每个过冷水滴在飞机绕流流场的影响下，其飞行轨迹发生改变，接着碰撞在飞机上形成过冷水膜。由于认为水滴碰撞不影响结冰和传热，这个过程只考虑水滴在结冰表面上的收集率。在粒径较大时水滴还将出现变形和破碎现象，对壁面上的收集率进行修正。

（2）水滴碰撞结冰表面。在水滴粒径较小时理论假设其碰撞对结冰过程无影响，仅仅是补充了当地的过冷水存量。而在粒径较大时水滴碰撞飞机表面时发生飞溅，飞溅出的水有小部分落回壁面，从而导致结冰表面的收集率发生一定转移。

目前研究该问题时采用了单水滴风洞实验和两相流模拟的方法进行研究[6-7]。具体方法为通过观察水滴碰撞时飞溅出的量和飞行方向确定其损失量和回落位置，此时忽略传热与结冰的作用。

（3）过冷水膜流动和传热。多个水滴落到飞机表面后形成水膜，在气流的驱动下向下游流动或分支为水流/水滴，并且将结冰潜热释放出来。该过程的研究一般不考虑结冰，而是通过风洞实验、数值计算或稳定性理论方法对水的流动和传热进行研究，得到水滴/水流/水膜流动速度和传热模型，以及分化为不同形态的条件。

（4）过冷水的结冰。过冷水膜一边流动一边从底层凝固并释放出潜热。目前针对这个物理过程的实验研究较少，一般通过理论和数值方法对水膜流动及结冰的完整过程进行研究。在这个过程中只考虑水膜结冰的质量和能量守恒。

　　以上理论在研究 FAR25 附录 C 规定的环境结冰时发挥了很大的作用,并且一直沿用到 20 世纪 90 年代。但是在异常结冰问题出现后,这些假设中的某些已经不再成立。原有结冰理论无法预测这些新的结冰问题,从而产生了异常的结冰现象。

3.1.3　过冷大水滴环境与传统结冰环境的差异

1) 认知过程

　　早在 20 世纪 80 年代已有过冷大水滴环境对飞机安全性影响的报道[8],但一直未得到重视。在 1994 年 Roselawn 空难的调查中该环境的真正威胁才得到确认。自此相关机构一方面研究相关防冰安全技术,另一方面则针对该结冰环境特性开展研究,以支持相关环境标准的修订。

　　加拿大从 1995 年开始进行了多次自然结冰环境飞行试验,即 CFDE (Canadian Freezing Drizzle Experiment)项目[8-9],累积了关于 SLD 环境的分布和发生频率等数据。试飞发现,测量的环境数据有 8% 包含有 SLD,但是 SLD 环境中 LWC 并不大,绝大部分在 0.7 g/m^3 之下。同时大部分数据中 MVD 也不大(小于 $30 \mu m$),即在大量小直径水滴中含有少量大直径水滴。同时比对了 FAR25 中的结冰环境下飞行包线,通过双波长雷达测试对液滴的尺寸和液态水含量进行估计[10]。美国方面,FAA 与美国国家大气研究中心(NCAR)合作研究了北美地区尤其是美国五大湖地区的气象条件[11-12],积累大量历史数据,并通过统计的方法给出了一些参考值来帮助空管人员在确定飞行安全的时候能够做出有效而正确的决定。这些数据给予研究工作强力的支持,同时,这一研究工作也说明了研究 SLD 结冰环境的意义。数据表明了在哪些地方会产生高冰水含量、有高海拔和混合相及冻雨环境。在试飞中还观察到了回流结冰(runback ice)现象。试飞中遇到最大水滴直径达到了 $1 000 \mu m$。试飞中采集的水滴分布数据显示 SLD 环境中水滴直径分布跨度很大[13]。不同直径水滴的组分差别大时,会对产生的冰型有明显影响[14]。

　　大量的实际飞行试验以及对气象研究的数据显示,SLD 结冰环境的发生频率不低(29 次飞行试验中,3 次遭遇 SLD 结冰问题),值得各国的飞机设计及适航规范制定者关注,它已经成为现代飞机防除冰技术中不可忽视的一个重要部分。只是该发生频率仍没有较精确的描述。

　　NCAR 的研究指出,SLD 的产生机理可能有两种:一是 1987 年由 Huffman 等提出的"暖雨"过程,即云的温度较高——云顶温度(CTT)大于 $-12℃$,水滴在一个相对温暖的环境中聚集,碰撞变大而不结冰;另一种是所谓的经典冻雨,雪在较高的冷环境中形成后落入上升的暖空气(高于 0℃)并融化成大水滴。随后这些液滴落入低于冰点的云层,在这里冷却形成 SLD。研究发现 SLD 会经常伴随着强对流和上升气流出现,常发生在山丘地区。从结冰云的形态、高度和温度分布等可以推断出是否有 SLD 产生。这些研究成果已应用于其结冰预报软件[15]。此外,通过研究所得到的数据可以推断,SLD 结冰环境常发生在高纬度的山丘地区,而我国幅员辽阔,地理环境多样,类似的山丘地区较为常见。如图 3 - 3 所示,其中最底层是 SLD 易产生位置。东亚附近特别是我国境内 SLD 的发生概率一般有 1%～2%,某些地方达到 8%。因此在国内的航空运输中,必定会遇到 SLD 结冰问题,这也要求国内的飞机设计者,尤其是民用飞机的设计者必须在充分的 SLD 结冰问题研究基础上进行设计。

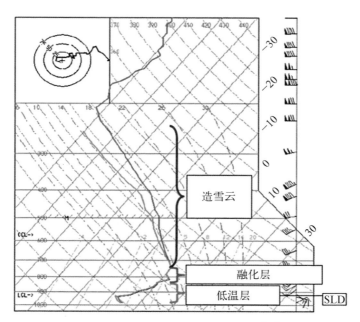

图 3 - 3 雨雪形成的几个典型位置[15]

国内也针对"运七"和"运十二"等飞机进行了结冰和环境试飞,但没有系统地对 SLD 的结冰环境产生规律和组成进行研究。

2) 分布特征

在加拿大 CFDE 项目,美国 FAA 与 NCAR 合作 AIRS 项目[9,11-12],以及美国 NASA Glenn 中心的工作[2,14]的基础上,2014 年 FAA 发布的 14CFR25.140

适航修正案正式提出了 SLD 环境的适航符合性验证要求,其中附录 O 包括了四种主要的水滴粒径分布:① 冻毛毛雨(freezing drizzle)(MVD<40 μm);② 冻毛毛雨(MVD≥40 μm);③ 冻雨(freezing rain)(MVD<40 μm);④ 冻雨(MVD≥40 μm)。其中冻雨的最大粒径可达 2 200 μm,如图 3-4 所示。

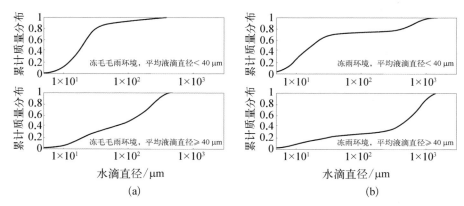

图 3-4 14CFR25.140 适航修正案附录 O 中水滴粒径分布[16]
(a)冻毛毛雨环境 (b)冻雨环境

以上结冰环境中水滴粒径具有明显的"双峰"分布特征,如图 3-5 所示。基本可认为是 50 μm 粒径为分界线的小/大两个水滴峰的组合[17]。其中小粒径水

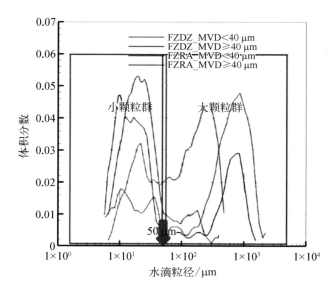

图 3-5 文献[17]给出的 SLD 水滴粒径-体积频度分布(见附图中彩图 4)

滴峰可通过传统雾化喷头技术产生。而大粒径水滴峰的跨度大，水滴数量少，不同粒径的数量密度相差也极大。根据附录 O 条件计算，大水滴与小水滴群的空间分布密度有极大差异。如 100 μm 的水滴平均间距可达到 10 cm 以上，而 20 μm 的水滴间距则小于毫米级。前者的稀疏性至今仍是 SLD 云雾试验模拟的难点。

3.1.4　过冷大水滴结冰研究概况

1）结冰机理研究

早期研究者主要针对大水滴动力学效应开展研究，如变形/破碎和飞溅引起的收集率变化，并应用于结冰数值模拟软件如 LEWICE3.0 中。近期研究主要围绕动力学模型和数值算法改进。机理研究则主要围绕上述模型开展。如 Luxford 以垂直风洞实验定量研究了水滴撞击水膜的飞溅损失，用于改进 SLD 撞击飞溅模型[18]。Purvis 等的数值研究结果显示碰撞可大幅改变撞击处的温度分布[17]，但未见其结论应用到计算模型中。

过冷大水滴的溢流结冰是其重要特性，我国华中科技大学和中国商飞上海飞机设计研究院均研究了其在探测器上的溢流行为。中国空气动力发展中心研究了过冷大水滴的重力沉降与破碎动力学过程。上海交通大学研究了过冷大水滴碰撞和传热结冰耦合过程。以上研究说明，过冷大水滴的动力学特性如撞击、飞溅和传热等与飞机表面溢流结冰状态密切相关。

现有结冰理论尚未包含 SLD 动力学特性与结冰的关系。大多数理论和数值研究延续了经典 Messinger 模型假设[19]：水-冰界面平滑，其温度保持在 0℃，冰为均匀物质，忽略水滴撞击对结冰的影响，该模型易给出温度-结冰速率的线性关系[20]。Myers 等理论分析认为水滴撞击会影响飞机表面水膜传热结冰过程[21]，而实际飞机结冰表面存在水膜、溪流和水滴等多种流动形态[22]。Karev 等理论研究提出层流/湍流状态表面水膜下的结冰特征完全不同[23-24]。杜雁霞等的研究表明了结冰条件（如粒径）会改变冰微结构的分形维数[25]。Kong 等基于实验提出相变传热的稳定性将产生枝状冰和平面冰两种结冰状态[26]。易贤等根据结冰表面相变模式变化提出了试验相似参数[27]。以上结果说明过冷水结冰速率与温度实际非线性，水滴粒径/尺度对结冰过程有很重要的影响。

2）实验室模拟方法

在 SLD 研究早期中，英国克兰菲尔德大学[28]和美国威奇托州立大学[29]都在研究中使用了压电式水滴发生方法实现连续式大水滴发生，可对水滴的粒径和频率进行有效的独立控制,用于水滴碰撞飞溅动力学研究(见图3-6、图3-7)。

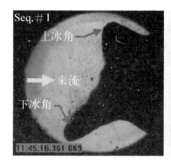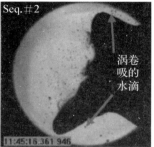

图3-6　WSU的学者和NASA联合进行的常温水滴动力学实验及结果

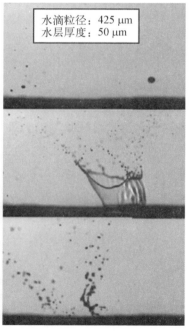

图3-7　在克兰菲尔德垂直风洞进行的低温水滴动力学实验及结果

以上两个实验研究的目的都是观察水滴的破碎和飞溅行为,没有涉及过冷水滴结冰过程。因此结冰机理研究中使用的实验装置和上述装置还有较大不同,但其实验设置方式是可借鉴的。如气流加速水滴的方式,稳定单滴的水滴发生器,以及高速摄像系统。然而关键的不同之处在于需要产生过冷水滴,并观察其结冰过程。这面临两个挑战：将实验水滴降温到过冷并且加速，测量水滴结冰前温度及结冰表面的温度分布。

在目前的过冷结冰研究中，过冷水作为一种不稳定状态存在，难以对其进行控制。过冷水的研究中其产生方式有三种：

（1）于静止的干净容器中，均匀降温得到。这种方法常见于过冷水性质研究。

（2）将常温水滴/水雾喷向低温环境中，在空中冷却至过冷。这是目前冰风洞采用的实验方式。

（3）将水蒸气通入低温环境中，使其凝结并降温到过冷。这种方法是大气物理研究常用的方式。

Microfab 公司研发了管状压电陶瓷驱动式微喷装置，通过压电陶瓷在控制信号的激励下，产生径向体积的收缩和膨胀，由于体积的变化引发玻璃管内流体产生压力脉冲使液滴喷出，最大可喷出粒径超过 500 μm 的液滴。Hammond 等[30]在研究水滴撞击飞溅实验中采用的连续式发生器可以通过调控信号控制参数，产生粒径为 100~800 μm 的均匀水滴。Harris 等使用压电原理发展了粒径范围为 0.5~1.4 mm 的按需液滴发生器，其喷口处液膜需要维持平衡状态才可正常工作，并且喷射速度有限（见图 3 - 8）[31]。虽然可以实现粒径精确控制，但其对喷口压力值要求非常高，且发生方向不易改变，因此不适用于风洞中液滴产生。气动辅助液滴发生器也得到大量关注，但在风洞中同样面临液面保持或者液滴发生方向的难题[32]。Frommhold 等应用超声控制微射流破碎产生单液滴[33]，此种发生方式有应用于风洞中产生液滴的潜力，但产生频率过高，远远超过 SLD 环境中液滴数量要求。Shigeta 等发展了基于电磁阀的液滴注射系

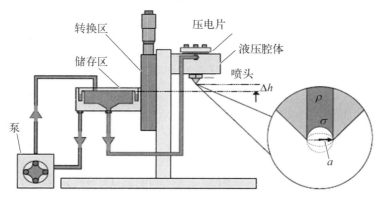

图 3 - 8　基于压电的按需液滴发生器示意图[31]

统应用于化学分析[34]。借鉴此种方式发展基于高速电磁阀液滴发生器,可通过对阀的控制实现产生频率的控制以及联合供水压力与喷口实现对液滴粒径的控制。

在过冷水滴产生方面,水滴的冷却和过冷保持是最大难点。如 Li 等使常温液滴先通过一段充满液氮的空心管,在液滴离开管道时达到过冷,可实现水滴温度降至−5～−3℃[35]。Maitra 等在制造过冷液滴时,直接将滴管放入低温氮气环境中,在稳定环境下可使液滴温度低至−16℃[36]。Zhang 等在实验中使用了专用的按需式大水滴发生器,可稳定产生粒径 300～2 000 μm、温度−14～0℃的过冷水滴,首次实现了垂直风洞中的 SLD 结冰撞击试验,通过该装置发现了SLD 碰撞瞬间冻结现象[37]。尹金鸽等设计了连续过冷水滴发生器,实现了稳定的过冷水滴产生和喷射,以此观察了过冷水滴相碰的动力学过程,发现过冷水滴的黏性导致水滴相碰后破碎概率大幅降低[38]。Wang 等设计了基于高速电磁阀的大水滴发生器,实现了 700～2 800 μm 粒径范围的水滴发生[39]。并且在低温环境中进行了过冷水产生方式的研究,具备了一定过冷水滴发生能力[40]。

3)飞机结冰验证技术

冰风洞实验是飞机结冰研究和适航符合性验证的基础。自 Roselawn 空难发生之后,欧美主要冰风洞就开始了 SLD 环境模拟的相关研究。一直以来冰风洞均使用雾化喷头技术产生结冰云雾环境,该技术的特点是产生的水滴粒径分布接近于正态分布,为"单峰"特征。而 FAR25 附录 O 环境的"双峰"分布与雾化喷头产生的水滴粒径分布差别较大。这使得冻雨环境及冻毛毛雨(MVD≥40 μm)环境难以较好地模拟。

美国 NASA Glenn 中心结冰风洞(IWT)使用标准型和 Mod 1 型两种类型的喷嘴尝试实现 SLD 粒径分布模拟。2005 年 NASA Glenn 中心曾采用两种喷头交替喷雾的方法模拟了典型的双峰分布环境[41]。结果显示喷头交替喷洒的次序对冰型没有明显影响。并且实验结果与模拟结果符合较好,显示复合型喷雾方法在实现附录 O 环境时有较好的效果。但该研究尚未看到进一步的报道。

2012 年 Van Zante 等在 Glenn 冰风洞采用减小喷嘴雾化压力的方法来减小液柱破碎产生大水滴[42-43]。但该过程抑制了小水滴的产生,虽然最大粒径能够达到冻毛毛雨(FZDZ)结冰环境要求,但粒径分布偏离附录 O 目标曲线,如图 3-9 所示。由于喷雾过程中两种类型的喷嘴只能使用同一气压进行工作[44],限制了其水滴粒径分布的模拟能力。

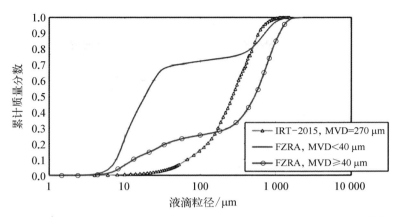

图 3-9　NASA Glenn 中心冰风洞云雾粒径分布与附录 O 标准对比[43]

加拿大国家研究委员会（National Research Council Canada，NRCC）结冰风洞（AIWT）采用两套喷雾系统同时喷雾，基本可以在试验段模拟冻毛毛雨分布环境。但由于喷雾系统产生大水滴的能力有限，以及大水滴因重力下沉无法到达试验段问题，暂时还不能实现冻雨环境的模拟[45]。为发展冻毛毛雨模拟能力，意大利航天研究中心（CIRA）结冰风洞 Esposito 等和斯普瑞喷雾系统公司（Spray Systems Co.）合作在 CIRA 冰风洞中通过多种类型喷嘴组合来模拟产生 SLD 结冰环境，但是实验结果和附录 O 规定条件有较大差异（见图 3-10）：在保证大粒径水滴浓度时云雾水含量偏大，且小粒径水滴浓度较小[46]。这是由

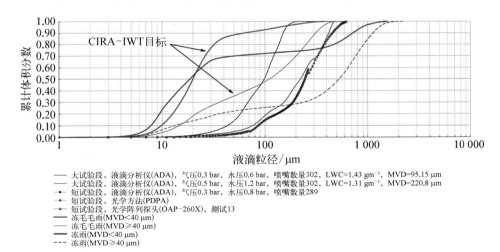

—— 大试验段，液滴分析仪(ADA)，气压0.3 bar，水压0.6 bar，喷嘴数量302，LWC=1.43 gm⁻³，MVD=95.15 μm
—— 大试验段，液滴分析仪(ADA)，气压0.5 bar，水压1.2 bar，喷嘴数量302，LWC=1.31 gm⁻³，MVD=220.8 μm
—— 短试验段，液滴分析仪(ADA)，气压0.3 bar，水压0.8 bar，喷嘴数量289
—— 短试验段，光学方法(PDPA)
—— 短试验段，光学阵列探头(OAP-260X)，测试13
—— 冻毛毛雨(MVD<40 μm)
—— 冻毛毛雨(MVD≥40 μm)
—— 冻雨(MVD<40 μm)
---- 冻雨(MVD≥40 μm)

图 3-10　斯普瑞喷雾系统公司改进喷头模拟 SLD 云雾曲线的目标和实现的结果[46]
（见附图中彩图 5）

于雾化喷头的水滴粒径和流量不能独立控制。在 SLD 环境标准中水含量并不高的情况下雾化喷头技术难以满足其产生要求。同时,大水滴与气流跟随性差、重力影响严重,常因沉降而无法到达试验段[47]。另外,结冰风洞中用热水喷雾避免喷头结冰,但使得大粒径水滴的温度无法降低至冰点[42,48-49]。这些都是当前雾化喷头模拟大水滴云雾的通病。

在国内,中国空气动力发展与研究中心结冰风洞目前已具备结冰云雾的模拟能力[50],MVD 范围为 10～300 μm,LWC 范围为 0.2～3 g/m³,可用于飞行器或者防除冰系统验证试验。航空工业气动研究院结冰风洞可实现 MVD 具备小粒径 10～50 μm 及大粒径 100～200 μm 两种范围粒水滴,LWC 范围为 0.1～3 g/m³,可用于小型部件验证试验[50]。虽然两者已具备较大 MVD 云雾发生能力,但目前还不能满足完整 SLD 结冰环境模拟需求。

因冰风洞水平喷雾技术的限制,现有国内外冰风洞技术均只能实现 14CFR25 部附录 O 中部分冻毛毛雨条件(最大粒径 500 μm)。因此现在飞机结冰数值模拟、防除冰和传感器等技术都只能在部分冻毛毛雨条件下获得实验验证。大水滴温度偏高将导致结冰试验模拟条件与实际飞行条件的偏差,这在粒径更大的冻雨条件下将更为显著。该问题的解决有赖于结冰云雾发生方法的突破。

3.2　水滴云雾与收集模拟方法

3.2.1　小水滴云雾收集定义和计算方法

飞机表面结冰首先取决于撞击在机翼表面的水量。由于飞机扰流流场的影响,水滴在接近结冰表面时会在气动力作用下改变速度和轨迹。这使得一部分水滴随着气流绕开结冰表面,即结冰表面收集到的水量总小于前方来流中的水量,如图 3-11 所示。

一般而言,撞击在机翼前缘附近的水量最多,沿着机翼表面向后水量逐渐减少,直到撞击极限位置,撞击极限位置以外部分的水量为零。飞机结冰研究中常用收集系数 β(需与第 2 章水滴撞击铺展率做区分)来表征机翼表面某处的水收集能力,其表达式为

$$\beta = \frac{W_\beta}{W_{\beta_{\max}}} \tag{3-1}$$

式中,W_β 为机翼壁面含水量;$W_{\beta_{\max}}$ 为远场的含水量,分别表示为

$$W_\beta = u_0 \times \Delta y \times \text{LWC} \tag{3-2}$$

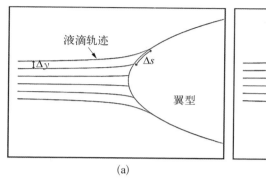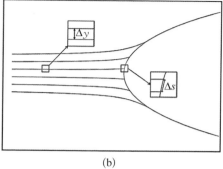

(a)　　　　　　　　　　　　　　　　(b)

图 3-11　水收集系数计算

(a) 水滴轨迹示意图　　(b) 水滴轨迹局部放大

$$W_{\beta_{\max}} = u_0 \times \Delta s \times \text{LWC} \tag{3-3}$$

式中，u_0 为无穷远处空气速度；LWC 为空气中的水含量；Δy 为初始位置上下两水滴的距离；Δs 为上下两水滴撞击点距离，如图 3-11(a) 所示，可得

$$\beta = \frac{\Delta y}{\Delta s} \tag{3-4}$$

为去掉水滴分布间距的影响，本专题采用的计算水局部收集系数的方法如图 3-11(b) 所示，把两个水滴分为一组，其初始位置距离 $\Delta y = 1 \times 10^{-8}$，计算两个水滴的运动轨迹，直到其撞击壁面，两水滴撞击位置的距离为 Δs。

3.2.2　水滴变形/破碎动力学模型

1) 水滴破碎

在早期的成冰研究中，人们假定水滴将保持球形不发生变形。对于未变形的水滴，其在流场中受到的气动力近于等直径的圆球阻力，这已在目前的成冰模拟结果中得到证实。而较大直径的水滴会产生变形和破碎，在撞击飞机表面前水滴发生的此类运动会改变水滴在飞机表面的直径、速度分布，对于结冰形状有大的影响。而是否产生变形、破碎等动力学效应是 SLD 与传统成冰研究的一大差别。变形和破碎现象改变了水滴在结冰表面的分布。

水滴变形/破碎过程广泛存在于喷雾等场景中，很早就受到关注。20 世纪 50 年代，Lane 等[51] 通过对单个水滴在稳定连续流中破碎现象的研究，给出了水滴发生袋式破碎(bag breakup)的相对速度关系式：

$$(u-v)^2 d = 0.612 \tag{3-5}$$

式中，u 为稳定连续流的标准空气流速；v 为水滴破碎时的速度；d 为水滴直径。Lane 等还归纳了剪切破碎的一个规律，认为水滴在剪切力作用下发生破碎时，母水滴速度与子水滴速度的比值约为 0.71。Lane 等的研究启发了后人利用标准韦伯数来判定水滴破碎的思路。

Hinze[52]在 Lane 等基础上发展了标准韦伯数模型来判定水滴破碎，并从力学的角度对水滴破碎过程做了一定的分析。他指出水滴的黏性会造成破碎的延迟，使得破碎发生的概率减小。通过实验研究，他还提出不同流场状态下应该选用不同的标准韦伯数，如引流喷射下的水滴破碎韦伯数取 13 时较为合适；而对于自由滴，韦伯数取 22 则更符合实验结果。Hinze 的标准韦伯数判据后来得到广泛的认可，对常规液滴尺寸的破碎模拟具有较高的准确性，但是其基于单一状态点的判据并不足以解释水滴破碎过程

20 世纪 60 年代中期，Wolfe 等[53]通过对不同水滴粒径范围和相对气流速度在冲击流中的破碎过程分析，归纳出两类力影响下的模型：一类为水滴由于压差阻力发生的剪切式(stripping)破碎，另一类为水滴由于摩擦阻力产生的袋式(bag)破碎。新模型涉及了水滴破碎后粒径和破碎所用时间，这两个参数在之前的研究中都极少考虑。Wolfe 等通过实验数据拟合了如下水滴破碎所需要的时间关系式：

$$t = \frac{D}{\sqrt{\dfrac{256\mu_{\mathrm{d}}^2}{\rho_{\mathrm{d}}^2 D^2} + \dfrac{2P}{\rho_{\mathrm{d}}}} - \dfrac{16\mu_{\mathrm{d}}}{\rho_{\mathrm{d}} D}}, \ P = \left[\frac{1}{2}\rho_{\mathrm{g}} V_{\mathrm{r}}^2 - 2\frac{\sigma}{D}\right] \tag{3-6}$$

式中，t 为破碎时间；D 为水滴直径；μ_{d} 为水滴黏性；ρ_{d} 为水滴密度；V_{r} 为空气与水滴的速度差；ρ_{g} 为空气密度；σ 为表面张力。

Wolfe 等虽然没有通过无量纲分析来解释水滴破碎，却第一次提出了两类破碎来源于两类不同性质，并且体现在空气绕流的两类作用力上。这对水滴破碎的更深层次认知是具有积极意义的。

Simpkins 等[54]研究了高速引射流下的水滴破碎。他们没有用韦伯数描述破碎特性，而改用邦德(Bo)数分析水滴破碎：

$$Bo = \frac{\rho_{\mathrm{d}} D^2}{\sigma_{\mathrm{d}}}\left(\frac{\mathrm{d}V_{\mathrm{r}}}{\mathrm{d}t}\right) \tag{3-7}$$

在 Bo 数判据中,Simpkins 等首次提到了水滴与流场相对加速度,希望通过它来解释水滴破碎随时间变化的过程。许多研究者又在此基础上,结合无量纲分析,建立了相应的经验模型。

Borisov[55] 通过结合韦伯数和瑞利数,区分了三种水滴破碎的区域(见表 3-1)。

表 3-1　按照韦伯数和瑞利数区分的三种水滴破碎形式[55]

区　域	破 碎 形 式	韦伯数范围	瑞利数范围
1	袋式破碎	8~40	0.2~1.6
2	剪切破碎	20~208	1.0~20
3	炸式破碎	206~210	20~204

Borisov 选用多个无量纲数,体现了水滴在破碎过程中的不同参数特性。随后,Pilch 等还就不同韦伯数下的破碎形式做了相应分类(见表 3-2)。

表 3-2　Pilch 等按照韦伯数划分的水滴破碎形式[56]

振动破碎	袋式破碎	蕊式破碎	剪切破碎	炸式破碎
<12	12~50	50~100	100~350	>350

Pilch 等[56] 的分类虽然全面,却仅关注了水滴韦伯数,且未讲清楚破碎与粒径之间的关系。其有意义的研究结果在于提供了最大稳定粒径的计算公式:

$$d_{\max} = We\,\frac{\sigma_d}{\rho_g V_r^2}\left(1 - \frac{V_{\text{frag}}}{V_r}\right)^{-2} \tag{3-8}$$

式中,V_{frag} 为水滴飞行速度。

随着实验技术水平的进一步提高,一些高精度测量技术的应用,水滴破碎的研究又有了新发展。1994 年,瑞士航空的 Wierzba[57] 利用高速照相机拍摄水滴破碎状况,他利用水平风洞对韦伯数小于 13.0 的水滴做了详细的分析。研究表明韦伯数在 11.0~14.0 的范围内比较敏感,相对速度、水滴粒径或流场波动的微小变化都可能导致不同的破碎方式。这种情况说明需要深入地研究水滴破碎机理。

Hirahara 等[58]认为水滴变形破碎时间不依赖于韦伯数,却与压力分布和水滴剪切力有关。他们还测量了几种破碎形式的大致破碎时间:袋式破碎时间为18.21 ms 左右,而振动破碎时间为 22.43 ms 左右。研究表明破碎的时间间隔其实差异不大。

Kennedy 和 Roberts[59]则使用了瑞利数代替韦伯数来分析水滴破碎:

$$Ra = \frac{We}{\sqrt{Re}} \qquad\qquad (3-9)$$

瑞利数作为韦伯数和雷诺数的组合,综合考虑了张力和黏性之间的关系。瑞利数在风洞速度为 $20\sim120$ m/s 的实验中具有较好的吻合度。实验表明,$Ra=0.4$ 对应袋式破碎,$Ra=0.79$ 对应剪切破碎模式。该理论对预测粒径为 $500\sim1\,000$ μm 的水滴破碎具有非常高的准确性。

克兰菲尔德大学的 Mundo 等在小型风洞中研究了水滴在流场中变形和破碎过程。研究中使用了特制的压电式水滴发生器,产生的水滴直径为 $100\sim500$ μm 之间。实验以高速摄像机配合 LED 照明捕捉水滴变形和破碎的情况[60]。他们在实验中清晰地看到了水滴变形和破裂过程,说明了大直径水滴变形对阻力变化的影响,并给出水滴阻力随直径的变化曲线。实验发现直径小于 100 μm 的水滴很少发生变形现象,而更大直径的水滴必须要考虑其变形导致的气动力改变。他们的成果为此类实验研究提供了很好的范例。Tan 等对水滴撞击前的不同阶段运动进行了理论研究,提出水滴变形和破碎过程分析应考虑的相似系数韦伯数、瑞利数范围。他们也讨论了水滴破碎将发生的范围和可能效果。之后 Tan 等以描述水滴变形的泰勒类比模型(TAB)为基础,在模拟过程中加入了大水滴变形和破碎过程的描述,模拟水滴破碎效应对飞机表面水滴粒径和轨迹的影响,提高了水收集率的模拟精度[29,61]。NASA Glenn 中心也在此方面进行研究。在 LEWICE3.0 软件中,加入这些水滴动力学特性的描述之后冰型形状的模拟效果明显改善,但还是与实际相差较大[2]。

然而以上研究更多关注了水滴破碎时的状态,较少关注水滴从经历加速到破碎的过程。这个过程恰恰是在研究 SLD 破碎时更应该考虑的。由于水滴从初始状态到发生破碎之前要经过流场的不同区域,其运动状态是时刻变化的。导致不同破碎形式发生的是加速状态,那些与破碎形式相关的判定无量纲数仅是破碎发生时的现象(见图 3-12)。因此研究 SLD 结冰有关的破碎现象应该从该方面着手,探讨破碎发生的机理问题。

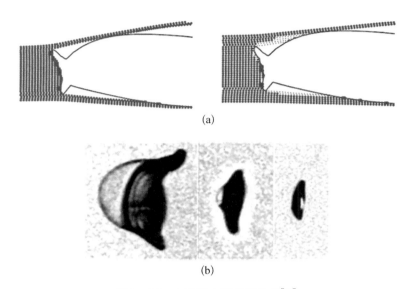

(a)

(b)

图 3 - 12　大直径水滴破碎效应[62]

（a）大直径水滴在带冰机翼前缘破碎结果，破碎明显改变了水滴撞击特性　（b）水滴袋式破碎图像

2）水滴破碎模型

水滴在绕流流场中的运动利用了离散相计算，即每一水滴以一个离散的粒子模拟，分别计算水滴在流场中受到的阻力和运动过程，包括在流场中受力和运动轨迹计算，以及变形、破碎过程。在这种算法中，通过积分拉氏坐标系下的颗粒作用力微分方程来求解离散相颗粒（液滴）的轨道。颗粒的作用力平衡方程（颗粒惯性＝作用在颗粒上的各种力）在笛卡尔坐标系下的形式（x 方向）为

$$\frac{\mathrm{d}u_{\mathrm{p}}}{\mathrm{d}t}=F_{\mathrm{d}}(u-u_{\mathrm{p}})+\frac{g_{x}(\rho_{\mathrm{p}}-\rho)}{\rho_{\mathrm{p}}}+F_{x} \qquad (3-10)$$

式中，左边为颗粒的加速度；右边第一项为粒子的单位质量曳力；u 为流体相速度；u_{p} 为颗粒速度。

$$F_{\mathrm{d}}=\frac{18\mu}{\rho_{\mathrm{p}}d_{\mathrm{p}}^{2}}\times\frac{C_{\mathrm{d}}Re}{24} \qquad (3-11)$$

式中，ρ 为流体密度；ρ_{p} 为颗粒密度；d_{p} 为颗粒直径；C_{d} 为圆球阻力；F_{d} 为惯性力；Re 为相对雷诺数（颗粒雷诺数），其定义为

$$Re\equiv\frac{\rho d_{\mathrm{p}}\mid u_{\mathrm{p}}-u\mid}{\mu} \qquad (3-12)$$

式中水滴所受阻力的规律由理论研究提供,并通过 UDF 函数对水滴破碎过程进行模拟,最终算出水滴飞行的轨迹、最终直径和撞击速度矢量。根据经典TAB 模型,液滴受迫变形,有阻尼的动力学方程为

$$F - kx - d\frac{\mathrm{d}x}{\mathrm{d}t} = m\frac{\mathrm{d}^2 x}{\mathrm{d}t} \tag{3-13}$$

式中,x 为实际液滴的赤道与当其为球形时的赤道两者之间的位移量。方程的系数来源于泰勒类比:

$$\frac{F}{m} = C_\mathrm{f}\frac{\rho_\mathrm{g} u^2}{\rho_\mathrm{l} r}, \quad \frac{k}{m} = C_\mathrm{k}\frac{\sigma}{\rho_\mathrm{l} r^3}, \quad \frac{d}{m} = C_\mathrm{d}\frac{\mu_\mathrm{l}}{\rho_\mathrm{l} r^2} \tag{3-14}$$

式中,ρ_l、ρ_g 分别为水滴与空气的密度;u 为液滴的相对速度;r 为未发生变形前的液滴的半径;无量纲常数 $C_\mathrm{k} = 8$,$C_\mathrm{d} = 5$,$C_\mathrm{f} = \dfrac{1}{3}$。 当液滴的变形达到某一阈值时,液滴将发生破碎,此时 $x = C_\mathrm{b} r$。

液滴位移公式为

$$\frac{\mathrm{d}^2 y}{\mathrm{d}t^2} = \frac{C_\mathrm{f}}{C_\mathrm{b}}\frac{\rho_\mathrm{g}}{\rho_\mathrm{l}}\frac{u^2}{r^2} - \frac{C_\mathrm{k}\rho_\mathrm{g}}{\rho_\mathrm{l} r^3}y - \frac{C_\mathrm{d}}{\rho_\mathrm{l}}\frac{\mu_\mathrm{l}}{r^2}\frac{\mathrm{d}y}{\mathrm{d}t} \tag{3-15}$$

由此可推得

$$y(t) = We_\mathrm{c} + \mathrm{e}^{\frac{t}{t_\mathrm{d}}}\left[(y_0 - We_\mathrm{c})\cos(\omega t) + \frac{1}{\omega}\left(\frac{\mathrm{d}y_0}{\mathrm{d}t} + \frac{y_0 - We_\mathrm{c}}{t_\mathrm{d}}\right)\sin(\omega t)\right] \tag{3-16}$$

式中,水滴韦伯数 $We = \dfrac{\rho_\mathrm{g} u^2 r}{\sigma}$,$\sigma$ 为张力系数;破碎临界韦伯数 $We_\mathrm{c} = \dfrac{C_\mathrm{f}}{C_\mathrm{k} C_\mathrm{b}}We$。

当 $y > 1$ 时,液滴发生破碎。对于无阻尼液滴有

$$y_0 = y(0), \quad \frac{\mathrm{d}y_0}{\mathrm{d}t} = \frac{\mathrm{d}y}{\mathrm{d}t}(0), \quad \frac{1}{t_\mathrm{d}} = \frac{C_\mathrm{d}}{2}\frac{\mu_\mathrm{l}}{\rho_\mathrm{l} r^2}, \quad \omega^2 = C_\mathrm{k}\frac{\sigma}{\rho_\mathrm{l} r^3} - \frac{1}{t_\mathrm{d}^2} \tag{3-17}$$

3.2.3 水滴飞溅模型

水滴撞击飞机表面后,会在动量的作用下散布开。如果撞击速度较大还会引起子水滴飞溅。飞溅现象发生的条件与水滴变形/破碎的相近,都对飞机表面

水分布有改变,在大多数时候不能完全分开研究。

1994 年 Mundo 等实验研究了水滴撞击固壁的展布和飞溅情况,他们研究的液滴直径为 $60 \sim 150\,\mu m$,撞击速度为 $12 \sim 18\,m/s$。研究发现液滴撞击光滑平面时溅起的水滴主要与液体黏性、张力和垂直撞击速度有关,并建立了飞溅子液滴和无量纲数(Re、Oh、We)、飞溅系数 K 的经验关系。而在粗糙表面上飞溅更多取决于表面粗糙性质。他们的研究成为后续 SLD 飞溅研究的基础。

Tan 指出 Mundo 等的模型所基于的实验中撞击速度不高,与成冰问题的条件有一定差别。Tan 通过实验建立了一个描述水滴飞溅损失的经验模型[61],在计算二维翼型上水收集率时比之前的成冰模拟软件有了很大提高。在此基础上 Tan 发展了考虑飞溅水回落效应的 WSU 模型[29],结合水滴破碎的 TAB 模型获得了不错的收集率模拟结果,如图 3-13 所示。

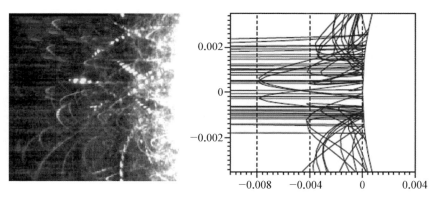

图 3-13　Tan 测量和模拟的水滴飞溅与回落[29]

注:左图中水滴直径为 $94\,\mu m$,速度为 $160.9\,km/h$;右图中长度单位为 m。

Purvis 等利用 VOF 方法数值模拟水滴撞击的二维两相流动,研究了水滴飞溅特征[7]。模拟中使用了 VOF 两相流方法。模拟结果显示飞溅起的水冠绝大部分由水膜中的水构成,表面粗糙度也对飞溅有较大影响。但是模拟中未考虑黏性,且仅模拟了二维运动。他们和克兰菲尔德的实验结合研究水滴飞溅运动。克兰菲尔德大学的研究者们从已有的冰风洞中引入冷气,在专用的垂直风洞内进行水滴实验。水滴发生器和照明观测系统则延续了 Luxford 的实验配置。落下的水滴打在一个可产生薄水膜的撞击靶标上,并由气流调整撞击位置和角度。实验重点分析了撞击溅起的水冠角度、尺寸和飞行方向等,以评估水的损失和回落量;并用图像处理技术测量溅起的冠状水花特征,以研究水滴飞溅的子水滴运动规律,如水冠尺寸和运动方向等[62]。其主要目的还是研究飞溅损失与回落量,如图 3-14 所示。

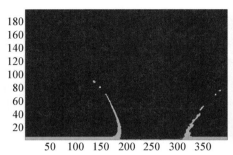

图 3-14　克兰菲尔德大学研究飞溅的模拟和实验图像

注:图中长度单位为 10 μm。

NASA Glenn 中心[63] 和英国 Luton 的冰风洞都开展了大直径水滴成冰实验,从成冰结果观察由于飞溅损失的整体水质量。这些研究得到的冰型结果对于成冰模拟的改进有一定帮助。

目前关于水滴飞溅的研究集中在水滴撞击后飞溅损失量及回落,将水滴撞击和成冰过程分别考虑,也未考虑撞击对于表面附着水的动量影响。

水滴飞溅模型主要包括以下几个方面:

(1) 水滴飞溅临界值的计算。

(2) 水滴飞溅质量损失计算。

(3) 水滴飞溅速度计算。

(4) 飞溅水滴大小计算。

在飞溅模型中涉及的无量纲参数如下:

$$We_n = \rho_d u_{d,n}^2 \frac{d}{\sigma}$$

$$Oh = \frac{\mu_d}{\sqrt{\rho_d \sigma d}}$$

$$A = 1.5\left(\frac{\text{LWC}}{\rho_d}\right)^{\frac{1}{3}}$$

$$R_n = \frac{R_s}{d}$$

(3-18)

式中，We_n 为韦伯数；Oh 为奥内佐格数；A 为水滴入射频率；R_n 为无量纲粗糙度；$u_{d,n}$ 为水滴法向的入射速度；d 为水滴直径；σ 为水滴张力系数；μ_d 为水滴动力黏度；ρ_d 为水滴密度；LWC 为空气中水含量；R_s 为撞击表面粗糙度。

引入水滴撞击参数 K 和 K_y 判断水滴飞溅临界值与质量损失大小，其表达式如下：

$$K = (Oh^{-\frac{2}{5}} We_n)^{\frac{8}{5}}$$
$$K_y = A^{-\frac{3}{8}} \sqrt{K} \tag{3-19}$$

K 的大小主要取决于水滴撞击参数 We_n，在一定程度上能反映水滴撞击能量。K_y 主要反映了水滴撞击能量和撞击频率的影响。

飞溅是否发生的判别标准如下：

$$K_{ctr} = \frac{K_y}{(\sin\theta)^{1.25}} > 200 \tag{3-20}$$

式中，θ 为水滴运动速度与壁面夹角，该值小于 200 时认为水滴不发生飞溅。飞溅质量损失率如下：

$$f = \frac{m_s}{m_0} = 0.7(1 - \sin\theta) \times \{1 - \exp[-0.009\,2(K_{ctr} - 200)]\} \tag{3-21}$$

式中，f 为质量损失率；m_s 为飞溅损失的质量；m_0 为打入控制体的总质量。

飞溅速度表达式如下：

$$\xi = \frac{u_{s,t}}{u_{d,t}} = 1.075 - 0.002\,5\theta$$
$$\zeta = \frac{u_{s,n}}{u_{d,n}} = 0.3 - 0.002\theta \tag{3-22}$$

ξ 为水滴飞溅速度切向分量与水滴入射速度切向分量比值；$u_{s,t}$ 为水滴飞溅速度切向分量；$u_{d,t}$ 为水滴入射速度切向分量；ζ 为水滴飞溅速度法向分量与水滴入射速度法向分量比值；$u_{s,n}$ 为水滴飞溅速度法向分量；$u_{d,n}$ 为水滴入射速度法向分量。飞溅水滴直径表达式如下：

$$\frac{d_s}{d_0} = 8.72 e^{-0.028K}, \quad 0.05 \leqslant \frac{d_s}{d_0} \leqslant 1 \tag{3-23}$$

式中，d_s 为水滴飞溅后的直径；d_0 为水滴的初始直径。

3.2.4 过冷大水滴环境双峰分布的模拟方法

SLD 环境模拟的另一个难点是其大跨度粒径分布。由于小水滴（小于 $50\ \mu m$）环境的粒径跨度小，且均为单峰分布特征。模拟时一般以 MVD 单一参数描述即可。但 SLD 环境无法用 MVD 进行描述。若以多个粒径组分拟合 SLD 环境，计算量将成倍提高。针对此问题，可以根据 SLD 环境的空间分布特征将其分解为密集的小粒径水滴云雾和稀疏的大粒径水滴云雾。小粒径云雾可以传统的收集率计算统计/插值的方式模拟。而大粒径水滴通过 Rosin - Rammler(R - R)分布的模拟方法抽样随机产生粒径和水量，并且加入大水滴的变形破碎/飞溅/结冰耦合模型以有效模拟其收集和结冰特性。综合大、小水滴云雾收集和结冰的结果进行完整的附录 O 云雾结冰模拟。

飞机在飞行过程中发生结冰现象受到多种参数的影响，例如空气中的液态水含量、水滴的粒径、飞行姿态、飞行速度等。在真实的飞行状态下，其结冰状态参数往往存在许多随机因素，导致冰型预测值与实际结冰情况存在一定的区别。其中对冰型预测影响最大的是水滴粒径随机性因素，特别是在 FAR25 部附录 O 规定的双峰分布条件下。这里通过 R - R 分布模型对 SLD 环境的粒径分布情况进行模拟，如图 3 - 15 所示。由图 3 - 15(a)(b)可以得到图 3 - 15(c)水滴粒径抽样概率。在数值模拟水滴发生时将通过随机数从列表中抽取粒径取值，从而产生随机的水滴分布，并且其统计结果满足规定的水滴粒径分布。

在进行粒子轨迹追踪时，需要考虑 SLD 的动力学效应。一般中小粒径会直接吸附在翼型表面，而 SLD 质量较大，必须考虑破碎、飞溅和回弹的物理现象，如图 3 - 16 所示。在解法上，中小粒径将采用随机分布模型，粒径分布将分成几十个组分，每一个组分代表一个平均粒径，计算时只需要统计其收集率和平均含水量即可，而 SLD 将单独追踪计

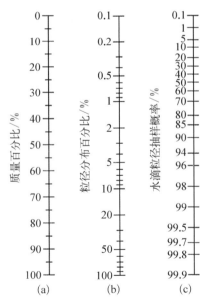

图 3 - 15 平均分布、对数分布和 Rosin - Rammler 分布的对应

(a) 质量百分比　(b) 粒径分布百分比
(c) 水滴粒径抽样概率

算,最终的结果将是中小粒径和 SLD 分别计算结果的叠加,从而使得计算更加准确。

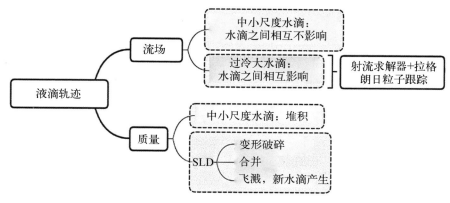

图 3 - 16　水滴轨迹计算方法示意图

　　不同的粒径分布会对最终的冰型有较大的影响。实验表明在 MVD(平均粒径)相同的情况下,不同的水滴粒径分布形式产生的收集率 β 有明显差异,且随着 MVD 增大,单一粒径及拟合粒径分布与实验结果的偏差会越来越大,如图 3 - 17 所示。

　　针对适航标准 SLD 滴谱双峰分布的特性,采用基于 R - R 分布函数去拟合这种分布特性的数值模拟方法。根据 SLD 滴谱双峰分布特性,50 μm 左右两侧的水滴具有明显的单峰特性,故以粒径 50 μm 作为分界线,对小粒径水滴群和大粒径水滴群进行分别描述。具体方法如下:

　　(1) 用最小二乘法对抽样的粒径和 LWC(含水量)进行 R - R 分布的拟合。

　　(2) 对于粒径小于 50 μm 的水滴,用抽样离散的粒径和 LWC 描述小水滴峰。

　　(3) 对于粒径大于 50 μm 的水滴,用定义域大于 50 μm 的拟合分布函数段描述大水滴峰。

　　R - R 分布函数的累计体积频度分如下:

$$\mathrm{CDF}(d) = 1 - \mathrm{e}^{-\left(\frac{d}{\bar{d}}\right)^{n}} \tag{3-24}$$

式中, $\bar{d}$ 为颗粒的平均粒径; n 为分布参数,用来描述颗粒群分布的集中度。考虑到式(3 - 24)只具有单峰特性,故用两个 R - R 分布函数叠加的方式表现双峰特性,引入颗粒群的质量分数 α,表达式为

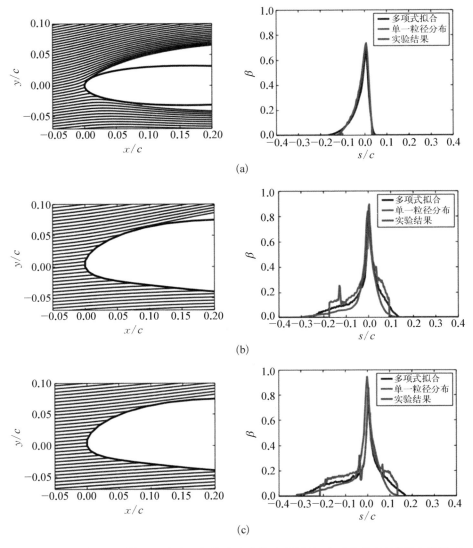

图 3-17 不同 MVD 情况下水滴飞行轨迹和收集率的计算-实验差异（见附图中彩图 6）

(a) MVD 为 20 μm (b) MVD 为 111 μm (c) MVD 为 236 μm

$$\text{CDF}'(d) = \alpha \left[1 - e^{-\left(\frac{d}{\bar{d}_1} \right)^{n_1}} \right] + (1-\alpha) \left[1 - e^{-\left(\frac{d}{\bar{d}_2} \right)^{n_2}} \right] \quad (3-25)$$

式中，$\bar{d}_1$ 和 $\bar{d}_2$ 分别为大小颗粒群的平均粒径；n_1 和 n_2 分别为大小颗粒群的分布参数。

充分考虑 SLD 环境下粒径双峰分布两个"峰"的不同特性，水滴收集的计算采取小粒径水滴欧拉法和大粒径水滴拉格朗日法相结合的方法。具体方法如下：

（1）根据设定的粒径 d_i 通过欧拉-欧拉方法求解流场中水滴的连续和动量方程，求出水滴容积 α_i 和水滴速度 $\boldsymbol{U}_{di}$，并得到在翼面上的边界值 α_{iBf} 和 $\boldsymbol{U}_{diBf}$。

（2）通过拉格朗日法求出喷射水滴的运动轨迹，得到翼面的质量源项 $M_{\text{collected}}$。

（3）对 $M_{\text{collected}}$ 进行修正：

$$M_{\text{collected}} = M_{\text{collected}} + \sum_{i=1}^{N} \alpha_{iBf} \times \frac{(\boldsymbol{U}_{diBf} \cdot \boldsymbol{S})}{|\boldsymbol{S}|} \qquad (3-26)$$

式中，$\alpha_{iBf} \times \dfrac{(\boldsymbol{U}_{diBf} \cdot \boldsymbol{S})}{|\boldsymbol{S}|}$ 为欧拉法算出的翼面质量源项；$\boldsymbol{S}$ 为翼面面元矢量。

3.3　飞机结冰理论与模型

前一节介绍了不同条件下壁面结冰的理论和数学描述，本节将进一步介绍现有的飞机结冰理论与模型。飞机结冰表面与前述理想的壁面结冰情况不同：一直处在高速气流吹拂、过冷水滴碰撞和表面溢流的影响下。随着结冰的进行，表面潜热的累积和外形改变也会逐渐改变表面流动传热。因此实际飞机结冰过程较理想表面结冰复杂得多。但是在一定条件下，飞机结冰过程可以通过理论假设处理成较为理想的传热传质问题（见图 3-18）。

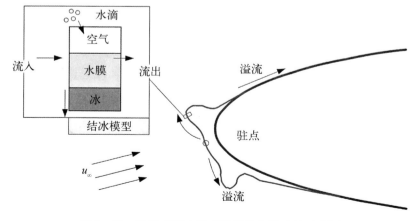

图 3-18　飞机表面水滴碰撞溢流和结冰的示意图

3.3.1　飞机结冰理论的一般假设

现在对于飞机结冰的一般描述如下：在一定高度的大气中含有过冷云雾环境，当飞机穿过这些区域时过冷水滴会受到飞机扰流的扰动，碰撞在飞机表面并凝固。过冷水滴在完全冻结之前将经历一系列复杂的物理过程，影响因素也很多。因此在飞机结冰的研究中如何合理地简化问题是取得突破的关键。

现有的飞机结冰理论将结冰过程中许多因素简化，并且将多个物理过程解耦、研究。目前通用的飞机结冰研究理论假设有如下几方面：

（1）结冰环境中的过冷水滴为纯净水，不考虑其他大气中的物质成分。

（2）飞机结冰时飞行状态和结冰环境为定常或准定常。

（3）过冷水滴在碰撞到飞机之前不会相互影响，并且保持液态。

（4）在水滴的粒径较小时（小于 $50~\mu\mathrm{m}$）碰撞不会影响飞机表面的水流动和传热。

（5）冰表面始终保持结冰温度——273 K，飞机表面水流动和冰潜热释放过程为准定常，冰为均匀物质。

一般情况下，当到达壁面的水滴粒径较小时（小于 $50~\mu\mathrm{m}$），水滴的惯性小，与流场的跟随性较好，使得水滴在壁面上的碰撞速度会非常低。加之水滴的粒径小，在碰撞水膜时对流动和传热影响很小，此时可以假设水滴落到壁面上时没有动量传递，并且均匀地补充当地存留水量。在水滴粒径大时，必须考虑其碰撞壁面的影响，包括碰撞产生的飞溅损失、水滴铺展和流动以及改变当地温度场和结冰状态。

但在大粒径水滴结冰的情况下，水滴碰撞、飞溅和传热、结冰过程已经高度耦合，此时不再将这些物理过程独立描述（如传统理论），而是根据不同条件下结冰主要物理过程分别进行讨论。

3.3.2　传统平滑界面结冰理论模型

目前飞机结防冰工程分析常用的是两类传统平滑界面结冰理论模型：1953年提出的 Messinger 理论模型[19]和 2000 年左右提出的 Myers 模型[21]。

经典的 Messinger 模型以 Stefan 结冰问题为基础，沿结冰表面划分计算单元，每个单元依次分为空气、水膜、冰层和固壁几个部分，建立水流入、流出和相变的质量守恒方程，潜热产生和传热的能量守恒方程，计算得到每个单元的结冰系数，以此判定冰生成量。该模型经过多年的发展，现在仍为许多成冰研究使用。

Messinger 模型未考虑水膜的传热，也未考虑到壁面-冰内部的热传递[19]。Myers 等针对这两点给出了新的结冰模型，并推广到粗糙表面的结冰计算，应用于成冰模拟软件 ICECREMO[21,64]。

现有成冰模型研究大多基于这两个模型的思想，在描述水膜流动和传热方面进行改进，并且逐渐将成冰的数学模型改进为非稳态。其中对于气流驱动下的水流动的描述大多使用黏性流体边界层理论。Tsao 等利用基于 Prandtl 边界层理论的 triple deck 理论描述气流边界层和水膜流动，将流动分为不同性质的三层，每层的运动都基于来流雷诺数，以此分析了流动中成冰过程的稳定性。结果认为用表面的不规则将对成冰过程产生扰动导致结冰的非稳态[65]。之后 Otta 等用高雷诺数边界层理论模拟流场对水膜的驱动作用，用润滑理论模拟水膜的运动，并考虑了壁面的粗糙度影响，将驻点和后缘水流分开讨论，认为在流动过程中张力的作用不重要[66]。Otta 等对水流结冰情况进行了多尺度分析，认为在气流驻点处结冰过程是非稳态的，并分析了结冰粗糙度的形成，随着马赫数的增长稳定性会增加[67]。而 Fortin 等在 Messinger 模型的基础上将结冰表面水膜、水流、水滴的情况分开讨论，并提出一个水滴凝结形成粗糙度的模型。他们的结果都应用于 CIRAMIL 软件[68]。

成冰模型的另外一个发展趋势就是发展二维水膜流动的模拟。如考虑冰的表面粗糙对流动的作用，以及水膜在张力作用下分流为几股，甚至变为分离的水滴，这个现象可能对成冰造成影响。Silva 等对于翼面上水膜分流的判定采用了最小能量(MTE)判据，对于表面上水膜和水流覆盖面积的差别，他们用湿度系数 F_s 表示，并利用 ONERA 进行了机翼上加热防冰系统的传热分析[69]。Wang 等对水膜在粗糙表面的流动及分流进行了模拟，主要分析水膜前锋的稳定性和水分布结果[22]。近期的结冰模型研究则不断针对水膜对流传热及结冰过程进行细化建模。

1) Messinger 模型

根据 Karev[23-24] 的总结，目前根据热交换计算结冰量的模型最早来自 Messinger 模型。这种模型的思想基于经典 Stefan 相界面移动问题[19]。该模型采用控制体思想，将机翼表面划分为若干的控制体，以水膜为控制体建立质量和能量守恒控制方程，如图 3 - 19 所示。

进入控制体的质量包括上一个控制体流进的质量 m_{in}，空气中撞击在控制体内部的水滴质量 m_d。流出控制体的质量有 m_{out}，蒸发和升华质量 m_e，结冰质量 m_{ice}。

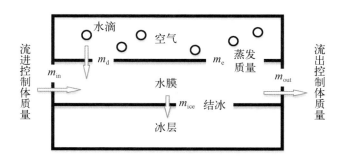

图 3-19　模型质量流动示意图

在每个控制体中以微分形式建立质量守恒,则有

$$\rho_{w}\left[\frac{\partial h_f}{\partial t}+\text{div}(\bar{u}h_f)\right]=m_d-m_e-m_{ice} \tag{3-27}$$

式中, h_f 为水膜高度; ρ_w 为水的密度; $\bar{u}$ 为水膜流动速度。

同理,由于质量流动导致能量变化项主要有上一个控制体流进质量带入的能量 E_{in} ,空气中撞击在控制体内部水滴质量带来的能量 E_d ,从控制体中流出质量带走的能量 E_{out} ,控制体中水结冰放出的潜热 E_{ice} ,蒸发和升华释放的能量 E_e 。除了质量变化导致的能量变化项以外,还有气动加热带来的能量 Q_{air} ,壁面与空气对流换热带走的能量 Q_h 。可以得到如下的能量方程:

$$\rho_{w}\left[\frac{\partial h_f c_w T}{\partial t}+\text{div}(\bar{u}h_f c_w T)\right]=E_d-E_e+E_{ice}+Q_{air}-Q_h \tag{3-28}$$

式中, c_w 为水的比热容; T 为水膜温度。

将机翼表面流动的水膜简化处理,由于飞行过程中空气流速快,未冻结的水全部流向下游,假设已经形成的冰层对积冰过程没有影响,水膜流动通量为定常的。在一个时间步长内,可以得到

$$\frac{\partial h_f}{\partial t}=0 \tag{3-29}$$

$$\frac{\partial h_f c_w T}{\partial t}=0 \tag{3-30}$$

$$\rho_w \text{div}(\bar{u}h_f)=m_{out}-m_{in} \tag{3-31}$$

$$\rho_w \text{div}(\bar{u}h_f c_w T)=E_{out}-E_{in} \tag{3-32}$$

把式(3-29)~式(3-32)代入式(3-27)和式(3-28)中,得到

$$m_{in} - m_{out} + m_d - m_{ice} - m_e = 0 \qquad (3-33)$$

$$E_{in} + E_{out} + E_d + E_{ice} - E_e + Q_{air} - Q_h = 0 \qquad (3-34)$$

求解上述两式,就可以得到结冰高度。

对于水膜流动导致的质量变化项 m_{in}、m_{out},在求解过程中应考虑如下因素。

(1) 对翼型驻点位置的控制体,只有空气中的水滴撞击进入控制体,相邻控制体中未冻结的水滴不能进入驻点位置的控制体。将驻点位置的控制体内未冻结的水平均分为两份,分别流入两侧相邻的控制体内。

(2) 在结冰过程中,控制体内未冻结的水膜会在流场的作用下,逐渐向后流动到下一个控制体中。

(3) 翼型下表面未冻结的水流出下表面的水滴撞击极限以后,由于重力作用离开机翼。即上一个控制体的流出量等于下一个控制体的流入量:

$$m_{in,\,i+1} = m_{out,\,i} \qquad (3-35)$$

驻点单元的流出量由上述第一点来确定,其他单元的流出量由质量守恒方程与能量守恒方程确定。

在质量守恒方程中, m_d 为空气中撞击进入控制体的水滴质量,其表达式如下:

$$m_d = LWC \times V_\infty \times \beta \qquad (3-36)$$

式中,LWC 为空气中液态水的含水量; V_∞ 为来流速度; β 为该控制体的水收集系数。

将蒸发过程与换热过程类比:

$$m_e = h_m (C_S - C_a) \qquad (3-37)$$

式中, m_e 为蒸发和升华的质量; h_m 为对流过程的传质系数; C_S 为机翼表面的水蒸气浓度; C_a 为控制体边界层边缘的水蒸气浓度,通过 Chilton-Colburn 类比可得

$$h_m = \frac{h_c}{\rho c_{p,\,air} L^{\frac{2}{3}}} \qquad (3-38)$$

式中，ρ 为空气的密度；L 为 LEWIS 数，可以取为 1；$c_{p,\mathrm{air}}$ 为空气的比定压热容；h_c 为对流换热系数，该项由 CFD 流场求解的结果来计算。水蒸气的浓度计算如下：

$$C = \frac{P_v M_r}{RT} \tag{3-39}$$

式中，P_v 为蒸气压；M_r 为相对分子质量；R 为气体常数；T 为温度。计算 C_a 和 C_s，并将之代入式(3-25)可以得到蒸发质量：

$$m_e = h_c \frac{M_{r_{\mathrm{water}}}}{(\rho_e c_{p,\mathrm{air}} RL^{\frac{2}{3}})}\left(\frac{P_{v,s}}{T_f} - \frac{P_{v,a}}{T_a}\right) \tag{3-40}$$

水滴在流场中运动的蒸发量忽略不计，采用无穷远处的相对湿度代替边界层处的相对湿度得到

$$m_e = \frac{h_c}{(\rho_e c_{p,\mathrm{air}} RL^{\frac{2}{3}})}\left[\frac{P_{\mathrm{sat}}(T_f)}{T_f} - \phi \frac{P_{\mathrm{sat}}(T_\infty)}{T_\infty}\right] \tag{3-41}$$

式中，$P_{\mathrm{sat}}(T_f)$ 为水膜表面温度对应的饱和水蒸气压；$P_{\mathrm{sat}}(T_\infty)$ 为来流温度 T_∞ 对应的饱和水蒸气压，记 $T = 72 + 1.8(T_s - 273.15)$，则有

$$P_{\mathrm{sat}} = 3\,386(0.009 + 6.809\,6^{-6}T^2 + 3.557\,9^{-7}T^3) \tag{3-42}$$

能量守恒式中 E_{in} 为上一控制体流出水带来的能量；取结冰温度 $T_0 = 273.15$ K 为参考温度；c_W 为水的比热容；$T_{f,n-1}$ 为前一控制体的表面温度，则 E_{in} 表达式如下：

$$E_{\mathrm{in}} = m_{\mathrm{in}}[c_{p,W}(T_{f,n-1} - T_0)] \tag{3-43}$$

E_d 为水滴撞击进入控制体所带入的能量，分为两个部分，一部分是过冷水滴温度所带入的内能，另一部分是水滴运动所带有的动能，其表达式如下：

$$E_d = m_d[c_{p,W}(T_\infty - T_0) + 0.5V_\infty^2] \tag{3-44}$$

E_{ice} 为水结冰释放的潜热，其表达式如下：

$$E_{\mathrm{ice}} = m_{\mathrm{ice}}[L_f - c_W(T_f - T_0)] \tag{3-45}$$

式中，L_f 为水的结冰潜热；T_f 为该控制体内的平衡温度。

E_e 为蒸发和升华吸收的热量，当冻结系数 $f = 1$ 时，控制体内水全部冻结，

仅有升华作用；当冻结系数 $f=0$ 时，控制体内水全部未冻结，仅有蒸发作用当冻结系数 $0 < f < 1$ 时，蒸发和升华同时进行。根据冻结系数，得到其表达式如下：

$$E_e = \begin{cases} m_e[L_s + c_I(T_f - T_0)], & f=1 \\ m_e[L_e + c_W(T_f - T_0)], & f=0 \end{cases} \tag{3-46}$$

式中，L_s 为升华潜热；L_e 为蒸发潜热；c_I 为冰的比热容；c_W 为水的比热容。

Q_{air} 为空气与壁面摩擦产生的热量，其表达式如下：

$$Q_{air} = h_c A r \frac{V_e^2}{2} \tag{3-47}$$

式中，A 为控制体地面的面积；r 为动力学加热过程的回复系数，表达式为

$$r = 1 - \left(\frac{V}{V_\infty}\right)^2 (1 - Pr^n) \tag{3-48}$$

式中，V 为对应的空气速度；V_∞ 为远处的空气速度；Pr 为普朗特数：

$$Pr = \frac{\mu c_p}{k_a} \tag{3-49}$$

式中，μ 为空气黏性系数；k_a 为空气的导热系数；c_p 为空气比定压热容。

Q_h 为对流换热量，其表达式如下：

$$Q_h = h_c A (T_f - T_\infty) \tag{3-50}$$

为了判断结冰量的上下限，需要引入冻结系数 f，表示控制体内结冰质量与进入控制体质量的比值，其定义式如下：

$$f = \frac{m_{ice}}{m_{in} + m_d} \tag{3-51}$$

根据 f 计算的范围，可以把控制体的求解情况分为以下三种：

（1）$0 < f < 1$，表明机翼表面水部分结冰，有一部分水残留，结冰表面为湿表面。

（2）$f \leqslant 0$，表明机翼表面水没有结冰，机翼表面全部为水膜，在求解过程中如出现这种情况，说明没有水冻结，初始假设不合理，实际壁面温度 $T_s > T_0$，令 $f=0$，求出壁面温度 T_s。

（3）$f \geqslant 1$，表明机翼表面水全部结冰，没有水膜残留，结冰表面为干表面。在求解过程中如出现这种情况，说明水完全结冰，初始假设不合理，实际壁面温度 $T_s < T_0$，令 $f = 1$，求出壁面温度 T_s。

在确定上述项的基础上，通过质量、能量守恒方程可求解得到未知数结冰质量。

对于结冰模拟来说，需要考虑冰表面粗糙度的影响。目前用等效粗糙度来考虑冰表面粗糙度的影响。等效沙粒粗糙度经验公式如下：

$$k_s = \left[\frac{\dfrac{k_s}{c}}{\left(\dfrac{k_s}{c}\right)_{baSe}}\right]_{LWC} \times \left[\frac{\dfrac{k_s}{c}}{\left(\dfrac{k_s}{c}\right)_{base}}\right]_{Temp} \times \left[\frac{\dfrac{k_s}{c}}{\left(\dfrac{k_s}{c}\right)_{base}}\right]_{V_\infty} \times \left(\frac{k_s}{c}\right)_{base} \times c \tag{3-52}$$

式中，k_s 为结冰壁面等效沙粒粗糙高度；c 为弦长；LWC 为空气中的含水量。Temp 为来流温度；V_∞ 为来流速度；下标 base 为基准值。等式右边的项与飞行条件和气象条件相关，可以表示为

$$\left[\frac{\dfrac{k_s}{c}}{\left(\dfrac{k_s}{c}\right)_{base}}\right]_{LWC} = 0.571\,4 + 0.245\,7LWC + 1.257\,1LWC^2 \tag{3-53}$$

$$\left[\frac{\dfrac{k_s}{c}}{\left(\dfrac{k_s}{c}\right)_{base}}\right]_{Temp} = 0.047Temp - 11.27 \tag{3-54}$$

$$\left[\frac{\dfrac{k_s}{c}}{\left(\dfrac{k_s}{c}\right)_{base}}\right]_{V_\infty} = 0.428\,6 + 0.004\,413\,9V_\infty \tag{3-55}$$

$$\frac{k_s}{c} = 0.001\,177 \tag{3-56}$$

经过试验和数值模拟研究，发现等效粗糙度受到水滴平均粒径影响较大，受

到来流速度影响较小。当粒径较大时,可以修正为

$$
k_\mathrm{S} = \left[\frac{\dfrac{k_\mathrm{S}}{c}}{\left(\dfrac{k_\mathrm{S}}{c}\right)_\mathrm{base}} \right]_\mathrm{LWC} \times \left[\frac{\dfrac{k_\mathrm{S}}{c}}{\left(\dfrac{k_\mathrm{S}}{c}\right)_\mathrm{base}} \right]_\mathrm{Temp} \times \left[\frac{\dfrac{k_\mathrm{S}}{c}}{\left(\dfrac{k_\mathrm{S}}{c}\right)_\mathrm{base}} \right]_\mathrm{MVD} \times \left(\frac{k_\mathrm{S}}{c}\right)_\mathrm{base} \times c
$$

$$(3-57)$$

式中,

$$
\left[\frac{\dfrac{k_\mathrm{S}}{c}}{\left(\dfrac{k_\mathrm{S}}{c}\right)_\mathrm{base}} \right]_\mathrm{MVD} = \begin{cases} 1, & \mathrm{MVD} \leqslant 20 \\ 1.667 - 0.033\,3\mathrm{MVD}, & \mathrm{MVD} > 20 \end{cases} \tag{3-58}
$$

考虑表面粗糙度的 S-A 模型需要在原有的模型上进行一定修改。首先壁面最短距离参数 d 变为

$$d = d_\mathrm{min} + 0.03 k_\mathrm{S} \tag{3-59}$$

式中,d_min 为与壁面的最短距离;k_S 为等效沙粒粗糙高度,由式(3-52)给出。另外,壁面上的边界条件修改为如下形式:

$$\frac{\partial \tilde{v}}{\partial n} = \frac{\tilde{v}}{d} \tag{3-60}$$

为了增加在粗糙度较小情况下模拟的准确度,调整 χ,使得阻尼函数 f_v1 改变,那么 χ 为

$$\chi = \frac{\tilde{v}}{v} + C_\mathrm{r1} \frac{k_\mathrm{S}}{d} \tag{3-61}$$

式中,常数 C_r1 取 0.5。

f_v2 函数通用需要做如下改变:

$$f_\mathrm{v2} = 1 - \frac{\tilde{v}}{v + \tilde{v} f_\mathrm{v1}} \tag{3-62}$$

由 CFD 求解流场后,在壁面边界附近采用傅里叶导热定律,有

$$q = \kappa \left(\frac{\partial T}{\partial n}\right)_\mathrm{wall} \tag{3-63}$$

可得到壁面对流换热量,根据对流换热系数定义,有

$$h_c = \frac{q}{T_{\text{wall}} - T_\infty} \tag{3-64}$$

式中,h_c 为对流换热系数;T_{wall} 为壁面温度;T_∞ 为远场温度。

2)Myers 模型

Myers 模型在 Messinger 模型基础上进一步建立了水膜溢流和质量守恒模型。溢流模型包括水膜的连续方程和加入源项的动量方程。其中水膜动量源项主要来自气流的切应力。在每一个时间步内,通过控制方程计算空气向水膜传入的热量和切应力,以及水膜传给空气的温度和速度,反复迭代计算以获得稳态的传热和结冰解,如图 3-20 所示。

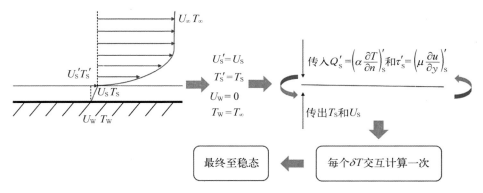

图 3-20 Myers 模型中的水膜溢流示意图

水膜的连续性方程为

$$\frac{\partial \rho \delta}{\partial t} + \mathbf{V}_\text{S} \times [\rho \delta \boldsymbol{U}] = S_{\rho \delta, \text{imp}} + S_{\rho \delta, \text{spl}} \tag{3-65}$$

式中,δ 为水膜厚度;$S_{\rho \delta, \text{imp}}$ 为撞击的水滴源项;$S_{\rho \delta, \text{spl}}$ 为飞溅的水滴源项;$\mathbf{V}$ 为哈密顿算子;$\boldsymbol{U}$ 为速度矢量。

水膜的动量方程如下:

$$\frac{\partial \rho \delta \boldsymbol{U}}{\partial t} + \mathbf{V}_\text{S} \times [\rho \delta \boldsymbol{U} \boldsymbol{U}] = -\delta \, \mathbf{V}_\text{S}(p_{\text{imp}} + p_{\text{spl}}) + S_{\rho \delta \boldsymbol{U}, \text{imp}} + S_{\rho \delta \boldsymbol{U}, \text{spl}}$$

$$\tag{3-66}$$

式中,p_{imp} 和 p_{spl} 分别为水滴撞击和飞溅的压力源项;$S_{\rho \delta \boldsymbol{U}, \text{imp}}$ 和 $S_{\rho \delta \boldsymbol{U}, \text{spl}}$ 分别为水滴撞击和飞溅的动量源项。

水膜的能量方程：

$$\frac{\partial \rho \delta h}{\partial t} + \mathbf{V}_S \times [\rho \delta \mathbf{U} h] = S_{\rho \delta h, \text{imp}} + S_{\rho \delta h, \text{spl}} \qquad (3-67)$$

式中，h 为水膜的焓。$S_{\rho \delta h, \text{imp}}$ 和 $S_{\rho \delta h, \text{spl}}$ 为水滴撞击和飞溅的能量交互的源项。

关于水膜的处理，该模型采用虚拟网格进行处理。原因如下：以水膜厚度、水膜速度、水的黏性计算得到的雷诺数很低，所以表面水的流动是层流，在层流情况下，水膜上下表面速度差的存在使得水膜内部速度呈线性变化。而且，由于水的导热系数和密度在温差变化不大的情况下认为是定值，所以水膜内部的温度分布也认为是线性的。用离散值去表示线性的分布只需要一层网格就足够了，并且这样可以省去移动所有网格所带来的麻烦，如图 3-21 所示，实线为原来的内部网格，虚线为计算水膜的虚拟网格。

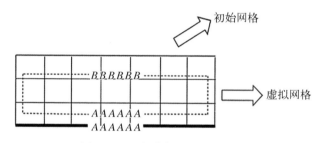

图 3-21　水膜虚拟网格示意图

水膜在曲面上的流动会受到空气压力梯度、重力分量、空气剪切力等影响，为了简化水膜流动模型，需要进行以下假设：水的黏度、密度在不发生相变的情况下，随温度变化很小，在计算水膜流动时将其视为常数；忽略机翼表面粗糙度对水膜流动的影响。

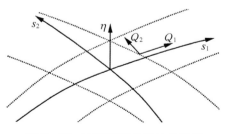

图 3-22　三维表面的贴体坐标系

图 3-22 为任意三维曲面上的贴体坐标系示意图，贴体坐标系用 (s_1, s_2, η) 表示，其中 s_1、s_2 和 η 的方向不同。

以润滑理论简化水膜在平板上流动的纳维-斯托克斯控制方程，得到

$$\mu_w \frac{\partial^2 u}{\partial^2 \eta} = \frac{\partial p}{\partial s_1} - \rho_w g_{s_1} + O(\varepsilon, \varepsilon^2 Re) \qquad (3-68)$$

$$\mu_{\mathrm{w}}\frac{\partial^2 v}{\partial^2 \eta}=\frac{\partial p}{\partial s_2}-\rho_{\mathrm{w}}g_{s_2}+O(\varepsilon,\ \varepsilon^2 Re) \qquad (3-69)$$

$$\mu_{\mathrm{w}}\frac{\partial p}{\partial \eta}=\varepsilon g_\eta+O(\varepsilon,\ \varepsilon^2 Re) \qquad (3-70)$$

式中，u 为 s_1 方向的速度；v 为 s_2 方向的速度；μ_{w} 为水的黏度；p 为空气压力；ρ_{w} 为水的密度；ε 为水膜高度与长度的比值；Re 为雷诺数；g_{s_1}、g_{s_2}、g_η 分别为重力在 s_1、s_2 和 η 方向的分量。$O(\varepsilon,\ \varepsilon^2 Re)$ 的数值大小可以忽略。

水膜在三维表面上 s_1 和 s_2 方向单位长度的体积流量为水的流动速度在高度上的积分，即

$$Q_1=\int_b^{b+h}u\,\mathrm{d}\eta=-\frac{h^3}{3\mu_{\mathrm{w}}}\left(\frac{\partial p}{\partial s_1}-g_{s_1}\right)+\frac{h^2}{2\mu_{\mathrm{w}}}A_{s_1} \qquad (3-71)$$

$$Q_2=\int_b^{b+h}v\,\mathrm{d}\eta=-\frac{h^3}{3\mu_{\mathrm{w}}}\left(\frac{\partial p}{\partial s_2}-g_{s_2}\right)+\frac{h^2}{2\mu_{\mathrm{w}}}A_{s_2} \qquad (3-72)$$

式中，h 为水膜厚度；b 为冰层厚度；A_{s_1}、A_{s_2} 为空气剪切力在 s_1、s_2 方向上的分量。水膜流动的质量守恒方程为

$$\frac{\partial h}{\partial t}+\mathbf{\nabla}_s\times Q=-\frac{\rho_1}{\rho_{\mathrm{w}}}\times\frac{\partial b}{\partial t}+\frac{\mathrm{LWC}\times V_\infty\times\beta}{\rho_{\mathrm{w}}}-\frac{m_{\mathrm{e}}}{\rho_{\mathrm{w}}} \qquad (3-73)$$

$$\mathbf{\nabla}_s\times Q=\frac{\partial Q_1}{\partial s_1}+\frac{\partial Q_2}{\partial s_2} \qquad (3-74)$$

式中：LWC 为液态水含量；V_∞ 为空气远场的速度；β 为水滴收集系数；m_{e} 为水膜的蒸发质量；ρ_1 为冰的密度。

3.3.3　过冷结冰理论模型

Messinger 模型和 Myers 模型都认为水和冰界面处温度恒为 0℃（一个大气压下），同时水-冰界面平滑。这样可以按照当地的温度梯度来计算结冰潜热释放量，而冰界面的推移距离正比于冻结的冰质量。然而目前结冰模拟的计算结果仍不能令人满意，同时冰的表面粗糙和密度问题也难以得到解决。其中一个重要原因是在以往研究中，结冰被假设为由传热决定的界面移动问题，即 Stefan 问题，该假设很可能在飞机结冰上不成立。Stefan 问题的提出基于北极冰盖变化的研究[20]，其尺度和界面条件与飞机结冰过程差距巨大。近年一系列研究都

暴露出该问题。如 Tsao 等理论分析认为如结冰表面不规则,将会对结冰过程产生扰动,并最终导致结冰的非稳态[65]。Otta 等的研究认为张力的作用在水的流动过程中不明显,且气流驻点处的结冰过程是非稳态的,但在气流马赫数增加后,结冰过程的稳定性也会逐步增强[67]。

若从 Stefan 问题的假设出发,可以发现它用在大尺度的结冰和熔化问题上是合适的,这是因为该过程为近平衡状态,是缓慢而可逆的,此时界面过冷度起的作用很小。而大气中过冷水滴结冰则是完全不同的过程,是过冷水的稳定状态被破坏后不可逆的结冰过程占了主导。而且问题的典型尺度在微米级别,与过冷晶体生长的尺度接近,使得界面的效应无法忽视。因此在大气结冰问题中(包括飞机和冰雹等),结冰时可能需要考虑更多因素。

过冷结冰与 Stefan 问题描述的结冰过程不同,其中最典型的现象是冰呈枝状生长,过冷度是其生长的驱动[70]。在大气物理领域,晶体物理方面有很多研究讨论过冷水中冰晶生长,研究晶体生长的形态、密度等,但是飞机结冰研究更加关心冰在飞机上形成的量和形状。在前人大量研究的基础上,Blackmore 等提出了过冷水结冰的预测模型,它与传统结冰模型的不同点是过冷条件下水结冰过程的描述:冰在结冰界面处以冰枝的形式向过冷水中生长,生长速度和尖端半径由过冷度决定,冰枝覆盖的区域即为结冰区域。冰枝生长时潜热的释放速度反过来又影响冰枝尖端半径和速度。结冰总量则由散出的潜热决定,形成的冰中含有体积不等的未结冰水。这样过冷水结冰,冰的密度和粗糙度问题都得到了解释。但是此时还不能解释从霜冰(rime)到明冰(glaze)的转变过程[71]。他们之后简化了该模型,并考虑结冰界面对于水膜流动的影响[72],尝试将其推广应用于飞机结冰模拟[73-74]。

值得一提的是在以上结冰预测模型中,参数受实验条件的影响很大,如冰枝生长速度和界面过冷度的关系在 List 等的结果中就有不同的表述。如 Avila 发现结冰时的换热系数 X 受到气流速度、水滴粒径等因素的显著影响[75]。这说明研究过冷结冰还必须要把这些因素考虑进来,所以要研究结冰中的粒径作用是无法回避过冷问题的,反之亦然。

过冷水中冰枝稳定生长的建模如图 3-23 所示,结冰壁面从下到上可分为5 层:结冰壁面、海绵冰层、冰生长层、过冷水膜层和空气层。各层的高度分别用 $z_0 \sim z_3$ 标识。冰为海绵状冰(spongy ice),其中的水完全结冰前可以认为温度 T_0 恒为 0 ℃。冰和水的交界面并不平滑,而是有一定的厚度。在该区域中冰以树枝的形态伸入过冷水中,冰生长的过程都在该薄层中完成,因此称其为冰生长层。冰枝尖端的温度 T_1 低于 $0\,℃$，T_1 决定了冰枝生长的速度。冰生长层上方为过冷水膜层和空气层，高速气流驱动过冷水膜沿着壁面流动，结冰的潜热通过过冷水膜释放到空气中。在这里我们不考虑冰枝对过冷水膜流动的影响。

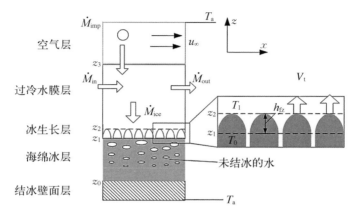

图 3 - 23　流动过冷水膜中枝状冰生长的建模

注：$\dot{M}_{\text{imp}}$ 为撞击水层的水的质量；$\dot{M}_{\text{in}}$ 和 $\dot{M}_{\text{out}}$ 分别为单位时间内流进和流出控制体的水的质量。

　　海绵冰的质量等于被冰枝覆盖的区域内水的总质量。研究中冰枝生长速度一般表示为过冷度的指数形式，因此单位面积上冰的产生率可表示为

$$\dot{M}_{\text{ice}} = \rho_{\text{w}} V_{\text{t}} = \rho_{\text{w}} a \Delta T^b \tag{3-75}$$

式中，a、b 为与过冷度无关的系数，我们将在下一节讨论其取值；$\rho_{\text{w}} = 1\,000\ \text{kg/m}^3$ 为水的密度；$\dot{M}_{\text{ice}}$ 为过冷模型中的冰质量生成率；V_{t} 为冰枝生长速度；$\Delta T = T_0 - T_1$ 为界面过冷度。

　　由于冰生长层很薄，我们假设其中温度为线性分布。由于 z_1 平面上海绵冰温度为 $0\,℃$，则冰枝尖端的过冷度由冰生长层的热平衡决定，可以得到热平衡式：

$$k\,\frac{\text{d}T(z)}{\text{d}z} = \dot{Q}_{\text{film}} = \dot{Q} \tag{3-76}$$

式中，$\dot{Q}$ 为冰的潜热释放率；k 为冰生长层的导热率；$\dot{Q}_{\text{film}}$ 为单位时间热流密度。为方便讨论，我们定义 T 为环境过冷度：$T = T_{\text{M}} - T_{\text{a}}$，$T_{\text{a}}$ 为环境温度。在稳定的结冰条件下，结冰的潜热只能通过过冷水膜释放出去。由于过冷水膜的厚度很小（一般为 $100\ \mu\text{m}$ 级别），其沿着厚度方向的速度和温度分布假设为线性分布。则 $\dot{Q}_{\text{film}}$ 可以通过过冷水膜的热平衡方程得到：

$$\dot{Q}_{\text{film}} = k_f(T - \Delta T) = \frac{\lambda_W(T - \Delta T)}{h_f} \tag{3-77}$$

式中，k_f 为过冷水膜的导热率；h_f 为水膜的厚度。

结冰表面的过冷度是由冰生长层中的热平衡决定，而冰生长层的导热系数受冰的结构影响。冰枝尖端的过冷度由热流量和冰生长层的导热率决定。假定冰生长层中温度为线性分布，可以得到热平衡式：

$$\Delta T = \frac{\dot{Q}_{\text{film}} h_{\text{fz}}}{(1-F)\lambda_W + F\lambda_I} \tag{3-78}$$

$\lambda_D = (1-F)\lambda_W + F\lambda_I$，为冰生长层的导热率，冰的质量分数 $F = \dfrac{\dot{Q}}{\dot{M}_{\text{ice}} L_f}$，$c_W$ 为水的比热容。迭代求解式（3-76）～式（3-78），我们可以求得表面过冷度 ΔT 和结冰量。

冰生长层的高度为

$$h_{\text{fz}} = z_2 - z_1 = c_r r_c \tag{3-79}$$

$$r_c = c + \frac{d}{\Delta T} \tag{3-80}$$

式中，常数 $c = 6.16 \times 10^{-5}$；$d = 2.024 \times 10^{-5}$；$c_r = 1.33$。

由于飞机结冰问题中温度较低，且冰积累量较大。针对该条件我们可以做如下处理：

（1）在稳态结冰条件下，界面过冷度 ΔT 与环境过冷度 T 相比较小，可以认为：$T - \Delta T \approx T$，由此可得到 $\dot{Q}_{\text{film}} = k_f(T - \Delta T) \approx k_f T$。

（2）虽然冰生长层的导热率随冰质量分数 F 变化，但实际结冰问题中 F 一般不会低于 0.6，且其影响有限。我们可假设冰生长层的导热系数为常数，类似文献的简化处理。这里把冰生长层的导热率取在 $F = 0.8$，即 $\lambda_D = 0.2\lambda_W + 0.8\lambda_I$。

（3）大多数时候冰的表面过冷度 $\Delta T > 1$。则式（3-78）可变为 $\Delta T = \dfrac{3}{2} \dfrac{c_r c \dot{Q}_{\text{film}}}{\lambda_D}$，单位面积冰生成量为

$$\dot{M}_{\text{ice}} = \rho_W a \Delta T^b = a\left(\frac{3}{2} \frac{c_r c \lambda_W T}{\lambda_D h_f}\right)^b \tag{3-81}$$

可以得出海绵冰的质量分数为（当 $F<1$ 时）

$$F=\frac{Q}{\dot{M}_{\text{ice}}L_{\text{f}}}=\frac{1}{aL_{\text{f}}\rho_{\text{w}}}\left(\frac{2}{3}\frac{\lambda_{\text{D}}}{c_{\text{r}}c}\right)^{b}\left(\frac{h_{\text{f}}}{\lambda_{\text{w}}T}\right)^{b-1}=\frac{1.644}{a}\left(\frac{h_{\text{f}}}{T}\right)^{b-1} \quad (3-82)$$

当 $\dfrac{1.644}{a}\left(\dfrac{h_{\text{f}}}{T}\right)^{b-1}>1$ 时，有 $F=1$。

式（3-81）和式（3-82）中的参数 a、b 来自冰枝尖端速度 $V_{\text{t}}=a(\Delta T)^{b}$（m/s）的表达式，它们与飞机表面过冷水膜的条件有关。在稳定的冰枝生长状态下，主要影响参数是过冷水膜的流速。

当过冷水膜流速为 0 时，即在冰枝自由生长条件下实验测得的数据如下：$a=1.72\times10^{-4}$，$b=1.988$，$0.4<\Delta T<4$。

图 3-24 所示是典型的过冷水结冰模型计算流程。相比传统结冰模型，过冷水结冰模型需要考虑冰生长界面的状态，模型变量增加了生长界面的过冷度。冰型结果方面过冷水模型可以得到冰的密度、粗糙度（冰枝尖端半径和高度）。而在水膜模型方面两种结冰模型没有本质差别。由于结冰物理过程的复杂化，过冷水结冰模型的计算需要加入迭代循环。

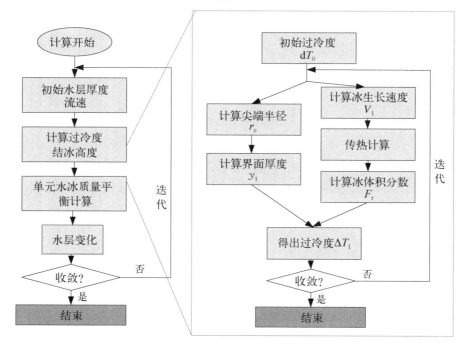

图 3-24　过冷水结冰模型计算流程

如图 3-24 所示,过冷水结冰的计算流程如下:

(1) 外部条件计算。基于水滴收集和流入的水量预估水膜厚度,通过流场数据计算得到水膜流速等结冰计算的外部条件,这一步与传统结冰计算是相同的。

(2) 过冷结冰计算。首先给一个初始界面过冷度 ΔT_0,根据这个初始过冷度可以得到冰枝尖端半径 dT_0、枝状冰界面厚度 $h_{fz}=z_2-z_1=c_r r_c$ 以及冰枝生长速度 $V_t=a(\Delta T)^b$。

(3) 传热量计算。此时需要计算宏观的传热量以确定结冰量。这部分的计算与其他结冰模型相同,只是过冷界面上温度不再是结冰温度,而是为过冷度 ΔT_0。根据传热量可以得到结冰质量,结合冰枝延伸的体积可以得到冰的体积分数及冰的生长速度。

(4) 冰界面传热平衡。通过式(3-78)可得到传热平衡的界面过冷度,将其替代界面过冷度 ΔT_0,再回到步骤(2)。

如此循环直到过冷度收敛,再进行质量守恒式的迭代,完成该单元的结冰计算。

该模型由于引入了过冷度和结冰界面,较传统模型增加了过冷度和冰体积分数的计算,其结冰过程的预测与这些变量密切相关,预测结果也与传统模型有很大不同。下面首先通过相关理论与实验结果对比以验证该模型。

对比的校验算例选自文献[76],其为一个直径为 0.038 m 的圆柱在冰风洞中结冰,结冰条件如表 3-3 所示,计算中认为过冷水温度与环境温度一致。

表 3-3　过冷水结冰模型校验算例的结冰条件

变量名	$u/(\text{m/s})$	LWC(g/m^3)	水流量/$[\text{g/(m}^2 \cdot \text{s})]$
数　值	30	0.004 4	0.132

在图 3-25 和图 3-26 中实线为文献理论结果,空心圈为实验结果。从图中可以看到本节的模拟结果与文献结果差别不大。图 3-25 中结冰速度结果在温度降低时会达到一个最大值,这是由于结冰圆柱的水雾收集率所致,说明在这个温度下其收集到的水雾都能结冰。图 3-25 和图 3-26 中空心圈为风速 10 m/s 时的实验结果。

首先在验证了该模型的有效性后,有必要将该模型与传统模型理论进行比

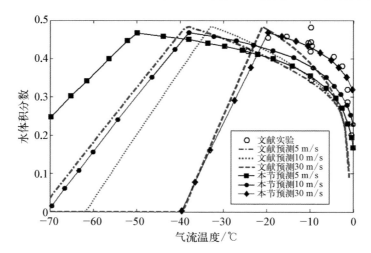

图 3 - 25　过冷水结冰模型预测的水体积分数和文献中理论及实验结果的对比
（见附图中彩图 7）

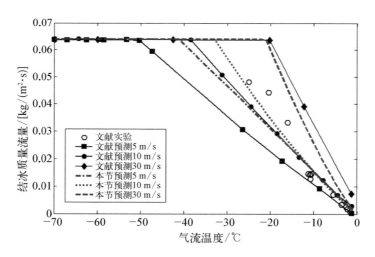

图 3 - 26　过冷水结冰模型结冰速度和文献中理论及实验结果的对比
（见附图中彩图 8）

较，以说明过冷结冰理论的加入对于结冰模型的影响，其中最为重要的是结冰速度的比较。其次是该模型预测的冰体积分数以及表面过冷度结果。对比的计算条件仍如表 3 - 3 所示。

　　过冷结冰理论和传统模型在结果上的最大差别就是冰中含有未结冰水，因此结冰量和潜热的释放是不一致的，它们的关系体现为冰的体积分数。图 3 - 27 显示的是冰的体积分数随着环境温度降低的变化曲线，可以看到随着温度不断降低冰的体积分数逐渐降低,在达到一个最低点(约 0.5)之后又逐渐升高至 1,即是说冰中的含水量随着温度降低经历了一个增加又减小的过程。而这在图 3 - 28 中可以得到解释,图中显示的分别是过冷模型预测的冰生长速度和以潜热释放换算的结冰速度。可以看到过冷水结冰的速度和潜热释放的速度实际是不一致的,它们的差别随着环境温度降低而升高。根据理论,过冷条件下冰的生长速度和过冷度成近二次方关系,而冰中潜热的释放按照传热规律将和温度差呈线性关系。而从图 3 - 29 中可以看到,界面的过冷度与环境温度基本是线性关系,因此随着温度的不断降低冰生长速度和潜热释放速度的差距将

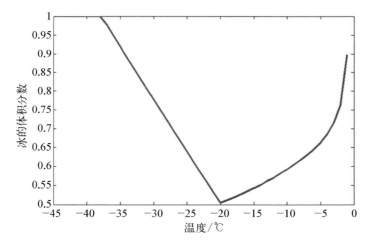

图 3 - 27　冰的体积分数与环境温度的关系

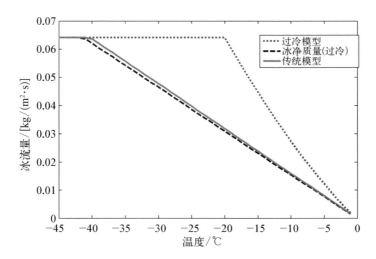

图 3 - 28　冰生长速度随环境温度的变化

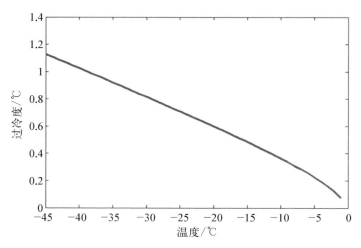

图 3 - 29　环境温度与界面过冷度的关系

增加,这直接体现为冰体积分数的降低。但是由于过冷水的流量是受限制的,因此结冰量在达到流量上限后停止增加,此时冰的体积分数最小。随着环境温度的进一步降低,结冰量无法再增加但潜热的释放速度还在继续增长,因此冰的体积分数逐渐增大至 1。

从以上分析可以看到,过冷结冰模型和传统模型所预言的结冰速度和随温度的变化趋势都是不同的,在二维翼型结冰模拟问题上对两种模型进行的比较如图 3 - 30 所示。由于两个模型的理论和预测的结冰速度不同,这里以 −10℃ 条件下的冰型为基准将两个结冰模型的结果调节到一致,再比较其余温度下的冰型结果。

从模拟结果可以看到,过冷结冰模型在较宽的温度范围内都能较好地模拟冰型结果,而传统模型仅能在较小的温度范围内模拟冰型。这是过冷水结冰模型的优势,也说明传统模型的问题所在。但现在对结冰模型讨论还是基于宏观分析,基于均匀的结冰表面假设和稳定的结冰过程。更多的理论问题只有通过微观分析才能得到解答。

3.3.4　壁面多阶段结冰理论模型

实际上,不论是平滑界面还是枝状结冰状态都只是结冰过程中的一个阶段现象。如 2.2 节所讨论的,只要壁面上的水膜保持稳定,冰在壁面上形成后将经历从瞬态到稳态冰生长的演化过程。这个过程包括所有粒径的水滴落在干净壁面上的结冰和水膜中冰的稳定生长。

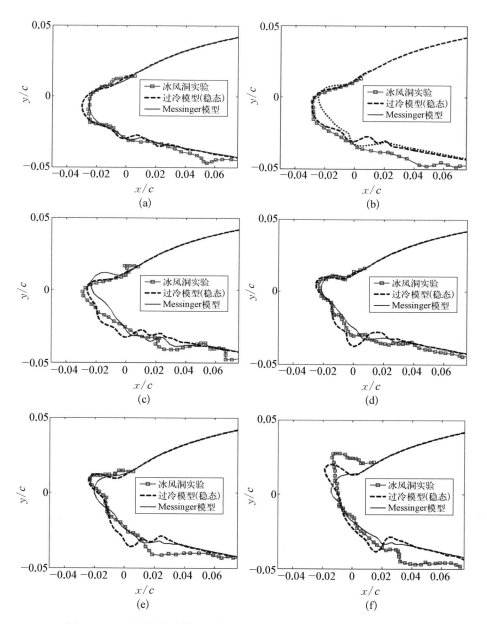

图 3 - 30　过冷水结冰模型和传统模型(Messinger 模型)在不同环境
温度下对冰型的模拟结果(见附图中彩图 9)

(a) −28.3℃　(b) −19.4℃　(c) −13.3℃　(d) −10℃　(e) −7.8℃　(f) −6.1℃

过冷水在壁面上的结冰可以分为三个典型生长阶段,如图 3 - 31 所示。这三个阶段中有不同的冰生长规律,但是本质上它们都是由水相变的潜热释放所决定的。因此这三个阶段中冰生长的核心控制方程是相同的,但随着冰的生长和温度场的扩散,冰生长的具体条件将发生变化。因此这里将主要针对这些不同条件给出统一的理论描述。

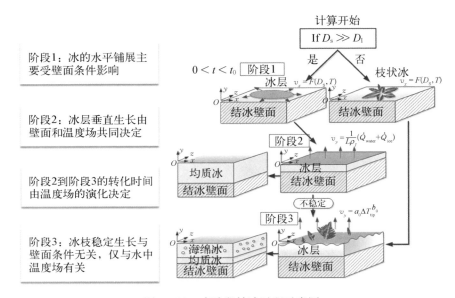

图 3 - 31　多阶段结冰过程示意图

(1) 阶段 1:$0 < t < t_0$,冰的水平铺展。

t_0 很小,为冰层覆盖当前表面的时间。当壁面为金属等导热良好的材质时,冰在壁面上铺展,形成平滑的薄冰层。当壁面为导热不佳的材质时,冰在壁面上的生长为枝状。如 2.2.3 节中的理论分析,在本阶段冰层的厚度可以忽略,这里主要关注冰层水平生长速度 v_x。 本阶段发生时间短,冰生长速度快,其作用是产生冰在壁面上的初期分布。当壁面的导热率较大时,可以认为冰同时产生于壁面的各处。而当壁面的导热率较小时,冰将从成核位置缓慢覆盖整个结冰表面,使得不同位置的起始结冰时间不同。现有飞机表面材料条件下初始冰层都会迅速铺展到整个结冰区域,故该阶段差别不明显。

(2) 阶段 2:$t_0 < t < t_1$,平滑冰层的垂直生长。

在冰层覆盖壁面后冰将以平滑的界面垂直于壁面生长。在本阶段中,冰的生长方式类似 Messinger 模型的理论:冰表面光滑,生长速度由界面的热平衡

决定,产生均匀的冰层。本阶段中冰生长与传热的关系类似于 2.2.3 节中的分析。冰界面生长速度的表达式可以写为

$$v_y = \frac{\dot{Q}_{film} + \dot{Q}_{ice}}{\rho_I L_f} \tag{3-83}$$

式中, $\dot{Q}_{film}$ 和 $\dot{Q}_{ice}$ 分别为通过水膜和冰的热流量; $\dot{Q}_{film}$ 可根据水膜和气流流场的条件和水膜传热模型计算得到; $\dot{Q}_{ice}$ 则根据壁面和冰的热传导计算得到。

阶段 2 中结冰可按照 Myers 模型计算,该阶段的持续时间 t_1 由冰表面的稳定性决定。如 2.2.3 节中的界面稳定性理论分析,首先通过式(2-62)求得冰表面上各个波数下的扰动单位时间增幅 ω ,计算 $e^{\int_0^t \omega dt}$ 以得到每个波数对应的扰动量。当某个波数上的扰动量超过初始值一个量级时,可以认为冰的表面即将发生失稳。该时间就是本阶段的持续时间 t_1 。

在考虑本阶段的冰生长时,需要计算温度场在水膜和冰/壁面中的非定常传播以利用式(2-62)计算该阶段的持续时间。

(3) 阶段 3: $t > t_1$,冰枝和海绵冰的稳定生长。

当平滑的结冰表面失稳时,其进入枝状结冰状态。此时冰的生长与壁面条件无关,且将保持稳定的枝状冰生长。在结冰的水膜厚度很薄时(如飞机结冰),水膜中的温度分布和冰枝生长都将很快稳定,冰枝将以阵列的形式向水中生长并形成海绵冰。此时冰的生长应以 3.3.3 节的过冷结冰模型计算。

3.3.5　现有结冰计算模型的固有问题

现有结冰模型均基于准定常物理假设和传热传质守恒的思想建立。其不同之处主要在水膜流动和传热建模计算方面。虽然经历了数十年的发展,但其中若干争议问题一直难以得到解决。

1) 溢流水膜的建模

在机翼绕流流场中,对结冰表面溢流水膜的研究大多基于线性稳定性理论,如 Tsao 等[65]利用基于 Prandtl 边界层理论的 triple deck 理论描述气流边界层和水膜流动,分析了流动中成冰过程的稳定性。结果认为表面不规则将对成冰过程产生扰动,导致非定常的结冰。Ueno 等分析了气流速度对冰表面及温度分布的扰动,认为气流速度对结冰表面稳定性有很大的影响[77]。Wang 等[22]对三维水膜在粗糙表面的流动及分流进行了模拟,主要分析水膜前锋的稳定性和分流后水的覆盖面积,以预测防冰需要的加热量。这些研究中一般

只考虑水的流动和传热,但是却很少考虑冰生长的耦合作用。基于前人的研究,不少研究者从理论、微观机理实验和数值计算等角度,针对流动影响冰或者类冰枝晶的生长机理进行了研究,给出了流动条件下冰或者类冰枝晶的生长规律。

实际结冰条件下存在多个因素的耦合,如水膜流动、壁面传热等。飞机结冰问题中复杂的非定常流场对结冰水膜的流动和传热有一定的影响,最终影响冰生长的形态以及结冰速度。理论研究方面,Karev 等[23-24]针对层流和湍流两种典型条件,对冰表面过冷水膜的结冰动力学进行了研究,考虑了微观条件下的热力学平衡。其研究结果发现在距离流动起始点很近的位置,水膜的对流换热强于热传导,结冰速度与水膜厚度有直接关系;在距离起始点稍远的位置,决定结冰速度的是对流换热的平均参数;在更远的位置,结冰速度将进入非稳定状态。Kind 等[78]基于 Kallungal 等[79]的数据,对不同的对流换热区域进行了划分,并研究了对流换热、混合对流、强制对流条件下的冰枝生长速率,发现差异很大。这说明水膜流动状态对结冰有决定性作用。同时流动和传热也会影响冰界面的稳定性。下面主要针对两种典型水膜流动理论进行探讨。

(1)水膜层流假定和线性速度分布。Karev 等分别对水膜模型为层流和湍流时的结冰模型进行了研究[23-24]。水膜在层流状态下速度沿垂直方向为接近线性分布,这导致水膜流动速度和厚度的平方成正比,另外传热与水膜厚度成反比。这使得水膜流量越大时结冰速率越小,反之则结冰速率越大。其结果是造成水膜始终无法稳定:当水膜厚度较大时结冰速率将低于输入水流量,水膜厚度将持续增加;而当水膜厚度较小时则结冰量大于输入水量,水膜厚度将持续减小。因此在这种模型下无法获得稳定的水膜溢流和传热解。这一问题广泛存在于结冰理论和数值研究中,如图 3-32 所示。

(2)水膜湍流假定。目前只有 Karev 等[24]使用了 turblent couette flow 水膜湍流模型进行分析。但是在雷诺数很低的水膜中,这种湍流存在与否还有待商榷。湍流可能更多的是由于温度分布差异、流动扰动和水滴撞击等导致的流动不均匀。分析中使用了 Van Driest 的涡耗散模型。由于湍流的混合作用,水膜中除了气液、气固两个边界附近速度和温度梯度较大之外,其他部分速度和温度分布都比较均匀。在水膜模型中应用湍流模型使得结冰的传热传质过程成为可自稳定的体系,结冰速度和水膜厚度都能随时间推进而收敛,如图 3-33 所示。

图 3-34 为湍流水膜模型的温度分布,可以看到在水膜中部的热交换很快,

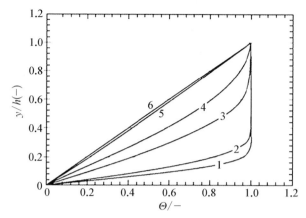

图 3-32　Karev 等分析的水膜层流假定[23]导致的垂直速度分布

注：图中横坐标 Θ 为无量纲温度；纵坐标为在水膜厚度 h 中的垂直位置；曲线 1～6 分别为不同的流动距离 x 处的速度分布，曲线 1 的 $x = h$，曲线 2 的 $x = 2h$，曲线 3 的 $x = 10h$，曲线 4 的 $x = 20h$，曲线 5 的 $x = 100h$，曲线 6 的 $x = 200h$。

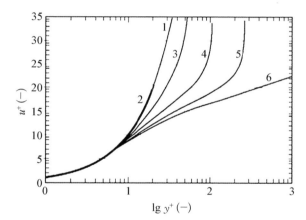

图 3-33　Karev 等分析的水膜湍流假定[24]导致的垂直速度分布

注：图中曲线 1～6 为不同湍流状态下水膜的速度分布，曲线 1 为层流（$u^+ = y^+$），曲线 2 的 $h^+ = 20.5$；曲线 3 的 $h^+ = 53.4$；曲线 4 的 $h^+ = 106.8$；曲线 5 的 $h^+ = 267$；曲线 6 的 $u^+ = \dfrac{1}{c} + \left(\dfrac{1}{k}\right) \ln y^+$。

温度梯度较小，这与层流的水膜模型得到的结果是完全不同的。

2）冰物理性质

尽管冰的物理性质千差万别，但在大多数研究中都假定冰为均匀介质，温度为线性分布。这里只重点讨论两方面问题：冰表面粗糙度和冰自身性质。

（1）冰表面粗糙度。在 Tsao 等的研究中以结冰数学模型的稳定性来分析

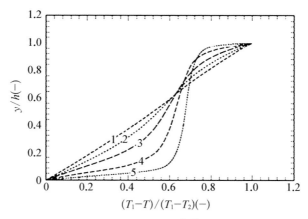

图 3-34　湍流水膜模型[24]的温度分布

注：图中横坐标为无量纲温度；纵坐标为在水膜厚度 h 中的垂直位置；曲线 1～6 分别为不同的流动雷诺数，曲线 1 的 $Re = 837.7 (h = 500\ \mu m、V_a = 20\ m/s)$，曲线 2 的 $Re = 1.99 \times 10^3 (h = 600\ \mu m、V_a = 20\ m/s)$，曲线 3 的 $Re = 2.53 \times 10^3 (h = 700\ \mu m、V_a = 20\ m/s)$，曲线 4 的 $Re = 3.9 \times 10^3 (h = 1\ mm、V_a = 20\ m/s)$，曲线 5 的 $Re = 8.04 \times 10^3 (h = 2\ mm、V_a = 20\ m/s)$。

冰表面的凹凸分布粗糙度[65]。2005 年和 2006 年 Fortin 等（AMIL 和 CIRA 软件）[68]将水膜、水流和水滴的结冰情况分开讨论，认为不同水膜高度会产生不同的冰粗糙度。另外 2007 年和 2009 年 Otta 等也进行了水膜稳定性的分析[66-67]，继承了 Tsao 等的传统。

（2）冰性质。许多结冰风洞试验显示，飞机表面积冰的密度范围为 0.6～1.0 g/m³。该密度直接影响了冰的强度等性质。但现有结冰数值模拟方法无法模拟此现象。宏观成冰模型中只有 Szilder 等[74]在计算霜冰（rime ice）的时候参照了 Macklin 的结果：$\rho_1 = 280 \left(-\dfrac{rv}{T_s} \right)^{0.6}$，即冰密度和撞击直径，密度即与温度有关。计算明冰（glaze ice）的时候也以随机的形式结冰，可模拟冰的密度。

3）气动加热和水滴撞击作用

目前没有文献特别关心气流传热过程计算，一般假定水-气流的换热比水中传热快，如假定水膜上表面温度为气流温度。或者通过假设过程为稳态，令水膜和空气边界层传热速度相等，以计算热量平衡。

Otta 等在 2007 年发表的文章中提到了气动加热项和水滴动能加热项。就是将气流和水滴的动量加入能量守恒方程，这会对驻点成冰造成一定影响，可能也会对驻点附近的结冰数学模型稳定性造成影响。由此他们分析了驻点附近结冰过程的稳定性,认为驻点附近结冰过程不稳定[66]。也就是说水滴碰撞会对结冰过程有影响。

4) 结冰的演化过程和稳定性

Myers 等的研究认为结冰初始由于壁面(金属)导热强,热流大,故结冰时均在本地冻结从而形成霜冰。而当冰积聚了一定厚度,结冰向壁面传热的热阻增加,结冰速度放慢而开始出现未冻结水膜。此时结冰由霜冰状态转变为明冰状态。整个过程由向冰和水膜中的传热速度控制[21]。

Tsao 等分别分析了前缘和后部结冰模型的稳定性,并认为结冰过程的数学稳定性是造成冰表面粗糙的原因[65]。之后的 Wang 等、Otta 等都进行了这项分析[22,66]。Karev 等指出水膜层流假定导致的不稳定性问题[23],这实际上说明结冰时层流水膜假设是不合理的。同时驻点和冰角处的状况应进行专门分析,此处的结冰以及过程稳定性都与其他地方不同[67]。气动加热和水滴撞击能量可能都需要考虑。

3.4　过冷大水滴结冰模型

现有结冰模型基于准定常假设[3],即一定时间内水膜流动和结冰速率恒定,故无法模拟过冷大水滴撞击的影响。模拟过冷大水滴撞击对传热结冰的作用必须考虑非稳态过程。

水滴碰撞对水层流动的影响:处在该范围内的原有水层将被排开,代之以碰撞到壁面上的过冷水[7]。这使得当前位置的原有水层被转移到附近壁面,并且使得碰撞区域中水层的温度瞬间变为环境温度,引起非定常的传热。

当大粒径水滴碰撞到结冰表面后,水滴在动量的作用下瞬间铺展为很薄的水膜,接着在张力和气流的作用下缓慢回缩和流动。此时水滴的运动和结冰过程如图 3-35 所示。

当水滴碰撞在干净壁面上时,水滴和壁面的温度都是环境温度。其碰撞壁面时的传热为非定常过程,可以通过传热理论结合实验数据进行分析。

定义 $\theta(x,\tau)=T(x,\tau)-T_{\infty}$,则水中热扩散方程为

$$\frac{\partial \theta_{w}}{\partial t}=\frac{\lambda_{w}}{\rho_{w}c_{w}}\times\frac{\partial^{2}\theta_{w}}{\partial y^{2}} \tag{3-84}$$

结冰的初始温度条件为

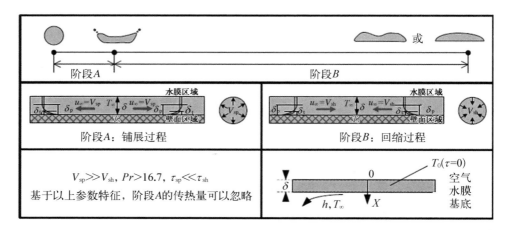

图 3 - 35　水滴碰撞与结冰耦合过程建模[37]

$$\theta_W = 0 \ (0 < y < \delta), \quad \theta_I = 0 \ (y \leqslant 0)$$

边界条件为

$$\theta(x, 0) = \theta_0, \quad \frac{\partial \theta(x, \tau)}{\partial x}\Big|_{x=0} = 0, \quad h_S \theta(\delta, \tau) = -\lambda \frac{\partial \theta(x, \tau)}{\partial x}\Big|_{x=\delta}$$

在这里由于结冰时间短,忽略空气的换热。壁面和水的对流热扩散系数为 h_S,其满足下式:

$$\frac{h_S\left(\dfrac{d_{max}}{2}\right)}{\lambda} = Nu = 0.664 Re_n^{\frac{1}{2}} Pr^{\frac{1}{3}} \tag{3-85}$$

温度场的求解通过分离变量法,将温度场的表达式假设为如下形式:

$$\frac{\theta(x, \tau)}{\theta_0} = \sum_{n=1}^{\infty} C_n \exp(-\mu_n^2 Fo) \cos(\mu_n \eta) \tag{3-86}$$

式中, $C_n = \dfrac{2\sin\mu_n}{\mu_n + \cos\mu_n \sin\mu_n}$; $\eta = \dfrac{x}{\delta}$; $Fo = \dfrac{\lambda\tau}{\rho c \delta^2}$。

为了满足热扩散方程, μ_n 必须为 π 的整数倍。而为了满足温度场随着时间稳定的要求 $\exp(-\mu_n^2 Fo)$ 需要随着时间增长而趋于 0。非定常换热与稳态换热之比可以由下式得到:

$$c_{un} = \frac{Q}{Q_0} = \frac{\rho_w c_w \int_V [T_0 - T(x, \tau)] dV}{\rho_w c_w V (T_0 - T_\infty)}$$

$$= 1 - \frac{2\sin\mu_1}{\mu_1 + \cos\mu_1\sin\mu_1} \exp(-\mu_1^2 Fo) \frac{\sin\mu_1}{\mu_1} \tag{3-87}$$

同时式(3-87)中的系数满足:

$$\mu_1^2 = \left(0.4022 + \frac{0.9188}{Bi}\right)^{-1} \tag{3-88}$$

式中, $Bi = \dfrac{h_s \delta}{\lambda}$。

方程表示的是水滴碰撞壁面瞬间的非定常传热情况。其中无量纲数 Bi 代表了传热的热阻,而 Fo 代表的是热扩散的进程。随着时间的推进,水和壁面中的温度场将逐渐趋于稳定,令传热和冰生长由非定常逐渐趋于稳态。

这里水滴碰撞导致的传热量为

$$Q_{imp} = \rho c \int_V \theta(x, r) dV = \left[1 - \frac{2\sin\mu_1}{\mu_1 + \cos\mu_1\sin\mu_1} \exp(-\mu_1^2 Fo) \frac{\sin\mu_1}{\mu_1}\right] \rho c V \theta_0$$

$$\tag{3-89}$$

根据该式可知,水滴碰撞的传热量主要与 Bi 和 Fo 有关,如图 3-36 所示。随着粒径的增加,水滴碰撞传热增强比例迅速上升。

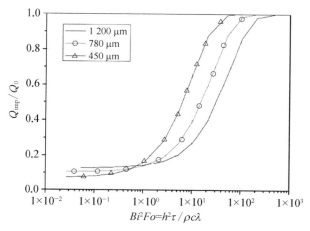

图 3-36 水滴碰撞传热量与碰撞参数的关系[37]

3.5 结冰不确定性数值模拟

3.5.1 结冰冰型的不确定性

飞机在云层中飞行时,云雾中的来流参数会随时间随机变化。伊利诺伊大学与美国宇航局格伦中心联合开展了一项飞行测试计划以调查飞机结冰效应[80]。于 2001 年和 2002 年进行了该项飞行测试,并搜集了在干爽空气和自然结冰条件下的云雾数据,数据显示,云雾参数随着时间发生随机变化,且不同地区、不同季节和不同海拔高度的云层状况都不相同,云层的种类和飞机穿云的路径都会引起云雾参数随时间发生不同的变化。

面对飞机结冰中的不确定性,现有的飞机结冰研究方法(数值和计算)均将其平均化处理,在处理计算冰型和试验冰型的误差上,规定了 20% 的误差范围,而事实上根据 NACA 冰风洞实验结果可知,冰型误差往往会超过规定的标准。在飞机结冰的过程中,由 Miller 等的研究可知,冰型受 LWC、MVD 和温度的影响较大,Miller 等还评估了 LWC、MVD 和温度对冰型特征变化的敏感度,并确定了引起冰型发生明显变化的参数阈值[81],LWC 的变化阈值不超过 $0.1\,\mathrm{g/m^3}$,MVD 的变化阈值不超过 $10\,\mu\mathrm{m}$,温度的变化阈值不超过 $1.0\,\mathrm{°F}$,如图 3-37 所示。

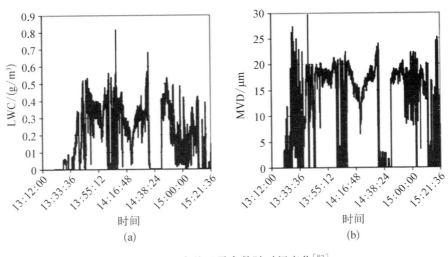

图 3-37 自然云雾参数随时间变化[83]

(a) LWC 随时间变化 (b) MVD 随时间变化

在现有的不确定性研究中,DeGennaro 等引入了一种快速、准确和高效的方法来量化冰型参数种的不确定性[82];Zhang 等考虑到各参数的不确定性,建立了飞机结冰概率预测模型[83]，并提出了相应的结冰概率计算方法，用蒙特卡洛方法预测结冰概率，用隶属度函数来描述飞机结冰严重程度的主观不确定性；Anthony 使用混沌多项式展开技术来量化结冰不确定性，但至今无人提出来流参数不确定性与冰型不确定性之间的关系。

3.5.2　不确定来流条件的结冰模拟

1）不确定来流结冰模拟方法

结冰过程开始前，来流参数（此处主要指 LWC 和 MVD）并非定值，而是设定的一个分布，结冰过程中每一个时间步开始计算前，根据拉丁超立方取样构建一组符合分布的数据，随机选取一组参数值代入计算，在所有时间步计算完成以后，将得到一个在来流参数随时间随机变化情况下的冰型。重复此过程多次，便可得到在同一个来流参数分布下的多组冰型，将冰型进行统计分析，得到其冰高的方差与均值等统计量，如图 3-38 所示。

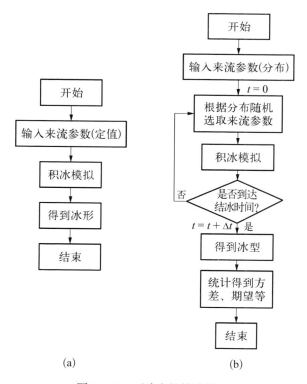

(a)　　　　　　　　(b)

图 3-38　不确定性结冰算法

（a）传统结冰算法　（b）不确定性条件结冰算法

不确定性结冰模拟考虑了无论冰风洞试验还是自然结冰试飞过程中，来流参数无法保持恒定的情况，使来流参数随时间随机变化，最终统计出来流参数与冰型误差间的关系。

NASA 的重复性结果表明即使在相同的试验模型和相同的实验条件下，重复进行试验得到的冰型存在较大差异。本节将来流条件中的不确定性进行量化，得到冰型的分布及其统计下的上、下限范围，并与 NASA 冰风洞多次结冰重复性结果对比研究。

我们通过假设参数在其参考标称值为中心的区间内均匀分布来表征输入不确定性。在同一个参数区间内进行 n 次抽样，将每次抽样的参数输入算法中，得到的结冰外形表示为

$$S_i = S + \Delta r_i, \quad \Delta r_1 = \begin{bmatrix} \Delta h_{i1} \\ \Delta h_{i2} \\ \vdots \\ \Delta h_{im} \end{bmatrix} \tag{3-90}$$

式中，S_i 为第 i 个样本结冰外形；S 为初始翼型；Δr_i 为第 i 个样本的冰高；m 为翼型上坐标点的数量。

$$\Delta r = \begin{bmatrix} \Delta r_1 \Delta r_2 \cdots \Delta r_n \end{bmatrix} = \begin{bmatrix} \Delta h_1 \\ \Delta h_2 \\ \vdots \\ \Delta h_m \end{bmatrix} \tag{3-91}$$

$$\Delta h_j = \begin{bmatrix} \Delta r_{1j} \Delta r_{2j} \cdots \Delta r_{nj} \end{bmatrix} \tag{3-92}$$

$$\Delta r = \begin{bmatrix} \Delta r_1 \Delta r_2 \cdots \Delta r_n \end{bmatrix} = \begin{bmatrix} \Delta h_1 \\ \Delta h_2 \\ \vdots \\ \Delta h_m \end{bmatrix} \tag{3-93}$$

$$\Delta h_j = \begin{bmatrix} \Delta r_{1j} \Delta r_{2j} \cdots \Delta r_{nj} \end{bmatrix} \tag{3-94}$$

如此可统计出 Δh_j 的均值、方差以及冰高的概率分布。

从图 3-39 可以看出，在相同的来流误差分布下，霜冰分布范围明显比明冰

窄,且冰型在分布较宽处均呈现出中间概率较高,边缘概率较低的特点。明冰在冰角处的冰型误差较大,误差随冰型也呈现中间高、两端低的特点。

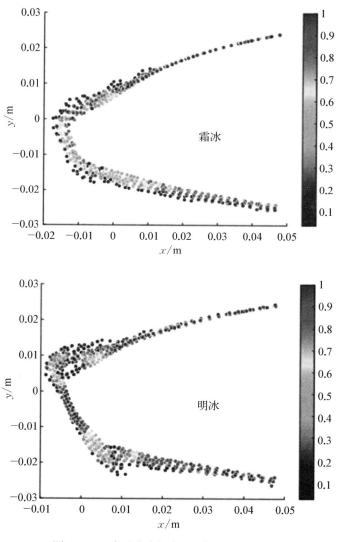

图 3-39　冰型分布概率(见附图中彩图 10)

2) 结冰冰型不确定性规律

由上一节内容可知,在同样的来流参数分布下,最终冰型呈现的分布范围并不相同,本节将来探讨冰型方差与来流参数间的关系。

(1) 攻角对冰型增长过程误差的影响。观察在不同攻角情况下冰型最大冰高方差随着结冰时长的变化,攻角会影响最终冰角的角度,故而会影响结冰过程中冰型随时间的演化,影响冰型由霜冰转化为明冰的时间点,结果如图 3 - 40 所示:

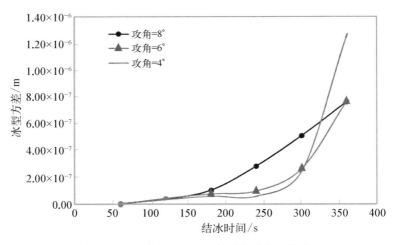

图 3 - 40　攻角对冰型增长过程误差的影响

　　通过图 3 - 40 可以看出,冰型最大冰高方差(以下简称方差)随着时间会有一个明显的转折点,该转折点为冰型从霜冰向明冰转化的时间节点。在霜冰状态时,方差随时间变化较为缓慢,且呈线性关系;明冰状态时,方差随时间的变化明显变快。且不同攻角情况下霜冰转化为明冰的时间节点不同,可以看出,在一定范围内,攻角越大,霜冰转化为明冰的时间越快。

　　(2) LWC 对冰型增长过程误差的影响。观察在冰型增长过程中,不同 LWC 对冰型方差的影响,分别设置了 LWC 为 $0.4\ \text{g/m}^3$、$0.6\ \text{g/m}^3$、$0.8\ \text{g/m}^3$、$1.0\ \text{g/m}^3$、$1.2\ \text{g/m}^3$ 五组值,其中当 LWC 为 $1.2\ \text{g/m}^3$ 时,冰型明显发生了从霜冰到明冰的转变,冰型演化示意图如图 3 - 41 所示。

　　从冰型的演变过程来看,LWC 为 $0.4\ \text{g/m}^3$、$0.6\ \text{g/m}^3$、$0.8\ \text{g/m}^3$ 时,冰型在整个演化过程中都是霜冰,在来流参数变化的情况下,冰型分布也较为均匀,分布范围较窄,在这个过程中,随着 LWC 的增大,冰型分布范围也逐渐变宽,可见,在霜冰演化过程中,LWC 越大,冰型分布范围越宽,冰型误差越大。当 LWC 为 $1.0\ \text{g/m}^3$ 时,处于一个过渡期,既无明显冰角生成,也不如霜冰分布规则。当 LWC 为 $1.2\ \text{g/m}^3$ 时,冰型发展后期明显有冰角生成,且随着冰角的出现,冰型分布也逐渐变得较为杂乱,分布范围逐渐变宽,相同时间间隔内的冰型间距逐渐

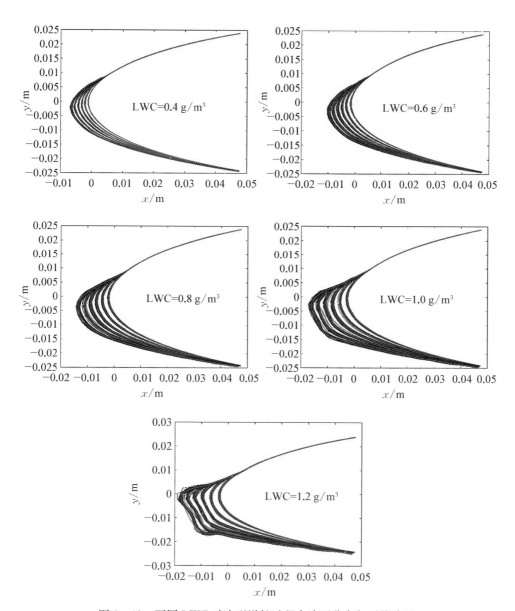

图 3 - 41　不同 LWC 时冰型增长过程中冰型分布与平均冰型

拉宽。

　　下面再定量观测 LWC 对冰型分布方差的影响。从图 3 - 42 可以看出，当 LWC 为 1.2 g/m³ 时的冰型方差生长曲线明显异于其他，主要是因为 LWC 为 1.2 g/m³ 时的冰型发展后期有明显的冰角生成，冰型生长前期以霜冰为主，故

图 3-42 中 LWC 为 1.2 g/m³ 的方差生长曲线前一阶段与其他曲线变化趋势无异，当 $t=180$ s 时，曲线出现一个明显的转折，使得方差增长速度增大 13 倍左右。

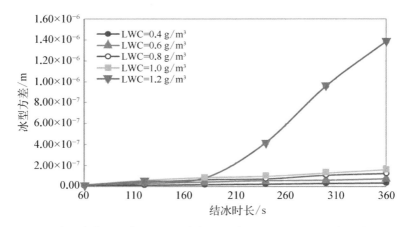

图 3-42　冰型演化过程中 LWC 不确定性对冰型方差的影响（见附图中彩图 11）

下面再来看一下 LWC 为 0.4 g/m³、0.6 g/m³、0.8 g/m³、1.0 g/m³ 时的冰型方差增长曲线（见图 3-43）。

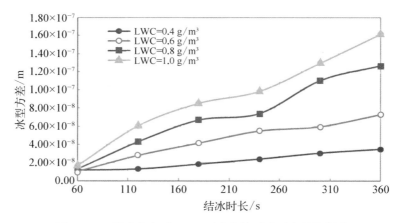

图 3-43　霜冰状态下 LWC 不确定性对冰型方差的影响

在霜冰状态下，冰型生长的速度相对均匀，且在冰生长过程中方差随时间整体上呈线性增长，且 LWC 越大，方差增长速率越快，方差增长速度随 LWC 增长速度线性增加。

接下来再来探讨明冰情况下，LWC 对冰型方差的影响。其结果如图 3-44 所示。

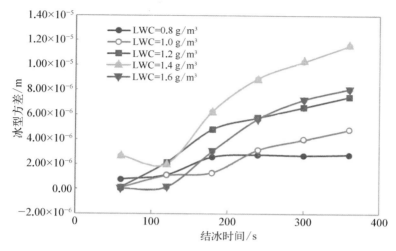

图 3-44　明冰状态下 LWC 不确定性对冰型方差的影响

可以看出,在明冰状态下,方差随时间的变化较为杂乱,但从不同 LWC 情况下的冰型方差增长曲线中可以看出,各条曲线的生长过程均存在一个明显的转折点,这个转折点对应了冰型从霜冰到明冰的转变阶段。在霜冰状态下,方差随时间变化较为平缓,过渡到明冰状态以后,方差随时间变化的速度明显增大,速度约是霜冰时的 2～4 倍,但增长加速度逐渐降低,呈非线性关系。当 LWC 为 0.8 g/m³ 时,冰型方差在 180 s 以后便不再变化,达到收敛,据此推断,当时间足够长时,冰型方差将处于一个稳定状态。随着水含量的增大,冰型整体方差会有所增大,但当水含量达到一定值时,方差不再随之增大而增大,反而会有所降低,也就是说,冰型方差随 LWC 的变化存在一个峰值。

(3) MVD 对冰型增长过程误差的影响。MVD 也是影响飞机结冰冰型的一个关键参数,故需讨论来流参数中 MVD 的不确定性引起的冰型误差变化。在此,在其他条件相同的基础上,分别使用 MVD 为 20 μm、40 μm、60 μm、80 μm、100 μm、120 μm 六组值,统计出冰型发展过程中冰型分布于方差的冰花,其结果如图 3-45 所示。

由以上不同 MVD 均值下的冰型演化过程图可以看出,横向来看,随结冰时间的增长,冰型分布范围逐渐变宽;纵向来看,MVD 的大小会影响冰角的生成,当 MVD=20 μm 时,冰型在发展过程中无明显冰角生成,故冰型分布范围较窄,生长速度较为均匀,当 MVD≥40 μm 时,冰生长过程中由明显冰角生成,且随着冰角生成,冰型分布逐渐变得杂乱,分布范围逐渐变宽,以至于出现了不同时间

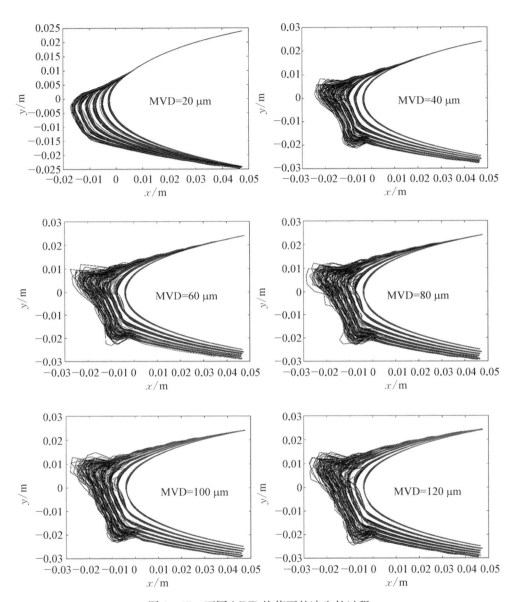

图 3 - 45　不同 MVD 均值下的冰生长过程

点处冰型的部分重叠,可见,MVD 的不确定性对冰型的分布不确定性影响较大。

接下来再来定量分析一下 MVD 的不确定性对冰型方差的影响。根据图 3 - 46,从整体上看,当 MVD=20 μm 时,冰型方差大大小于其他情况下的冰型方差,且呈线性增长;当 MVD=40 μm 和 MVD=60 μm 时,0~120 s 间冰型的方差增长速度还较为缓慢,随后由于冰角的出现,方差增长速度迅速增大,约为霜冰时的 9 倍;当 MVD≥80 μm 时,冰角出现得较早,60 s 以后便直接进入明冰发展阶段,冰型方差增长速度较快。观察当 MVD≥40 μm 时的几条曲线,可以发现每条曲线发展后期都一定程度地达到收敛,且收敛值随着 MVD 均值增大。

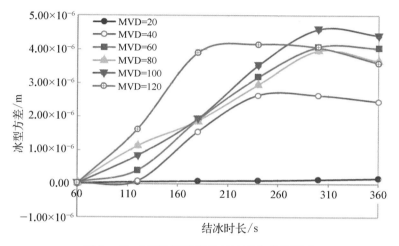

图 3-46　MVD 不确定性对冰型方差的影响

（4）冰型误差规律分析。由上一节的分析可知,来流参数的不确定性会影响冰型分布范围以及冰型方差,且在霜冰阶段和明冰阶段冰型的不确定性差异较大,本节主要针对冰型误差的工程标准（20%）,研究来流参数误差与冰型误差间的关系。

由图 3-47 可以看出,在霜冰算例中,冰高误差几乎随着 LWC 增长而线性增长,当 LWC=1.0 g/m³ 时,冰高误差将超过 20%,在此之前 10% 的来流误差带来的冰高误差均小于 20%,即小于工程标准,在可接受范围内;当冰型处于明冰状态时,10% 的来流误差带来的冰型误差均大于 20%,这在工程上是不可接受的。明冰之所以误差较大,主要是因为来流在翼型上发生溢流,有冰角生成,来流的不确定性对溢流量影响较大,故而会使冰高误差变大。

因此,在冰风洞试验中应更严格控制明冰条件下的来流参数不确定性,这对冰风洞云雾标定提出了新的要求,同时在自然结冰试验中,对于冰角越明显的冰型,我们越要注意其来流参数不确定性带来的影响,对冰型做适当的修正,如果

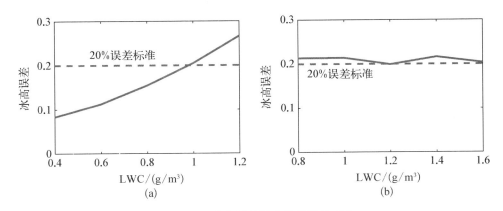

图 3-47　冰高误差随来流参数的变化

（a）霜冰状态下冰高误差与 LWC 的关系　（b）明冰状态下冰高误差与 LWC 的关系

是霜冰，则可按传统方法做平均化处理。

3.6　本章小结

　　飞机结冰数值模拟作为评估临界冰型的主要技术手段之一，一直是飞机结冰安全性评估最重要的设计工具。过冷大水滴结冰带来了结冰异常的机理认知层面上的问题，相关技术手段和模拟需求都在不断地发展和更新。

　　本章围绕过冷大水滴结冰的核心问题开展论述，依次介绍了飞机结冰模拟技术的研究进展，以及 SLD 环境与传统附录 C 环境的差异；介绍了与 SLD 结冰模拟相关的水滴云雾和收集率模拟方法、结冰理论和结冰模型，以及相关的不确定性量化数值模拟方法，分析了 SLD 结冰的主要特征、过冷度和粒径分布的影响以及自然结冰的不确定性问题等。

参考文献

［1］　Silva G，Silvares O，Zerbini E. Simulation of an airfoil electro-thermal anti-ice system operating in running wet regime［C］//43rd AIAA Aerospace Sciences Meeting and Exhibit，2005.

［2］　William W B，Potapczuk M G. Semi-empirical modelling of SLD physics［C］//42nd AIAA Aerospace Sciences Meeting and Exhibit，2004.

［3］　Honsek R，Habashi W G. FENSAP-ICE：Eulerian modeling of droplet impingement in the SLD regime of aircraft icing［C］//44th AIAA Aerospace Sciences Meeting and Exhibit，2006.

[4]　易贤,朱国林.考虑传质传热效应的翼型积冰计算[J].空气动力学学报,2004,22(4)：490-493.

[5]　Beaugendre H, Morency F, Habashi W G. FENSAP-ice's three-dimensional in-flight ice accretion module：ICE3D[J]. Journal of Aircraft, 2003, 40(2)：239-247.

[6]　Quero M, Hammond D, Purvis R, et al. Analysis of super-cooled water droplet impact on a thin water layer and ice growth[C]//44th AIAA Aerospace Sciences Meeting and Exhibit, 2006.

[7]　Purvis R, Smith F T. Large droplet impact on water layers[C]//42nd AIAA Aerospace Sciences Meeting and Exhibit, 2004.

[8]　Politovich M K. Aircraft icing caused by large supercooled droplets[J]. Journal of Applied Meteorology and Climatology, 1989, 28(9)：856-868.

[9]　Isaac G A, Cober S, Korolev A V, et al. Canada freezing drizzle experiment[C]//37th AIAA Aerospace Sciences Meeting and Exhibit, 1999.

[10]　Cober S G, Isaac G A, Strapp J W. Characterizations of aircraft icing environments that include supercooled large drops[J]. Journal of Applied Meteorology and Climatology, 2001, 40(11)：1984-2002.

[11]　Isaac G A, Cober S G, Strapp J W, et al. Preliminary results from the alliance icing research study (AIRS)[C]//39th AIAA Aerospace Sciences Meeting and Exhibit, 2001.

[12]　Isaac G A, Ayers J K, Bailey M, et al, First results from the alliance icing research study Ⅱ[C]//43rd AIAA Aerospace Sciences Meeting and Exhibit, 2005.

[13]　Cober S G, Isaac G A. Estimating maximμm aircraft icing environments using a large data base of in-situ observations[C]//44th AIAA Aerospace Sciences Meeting and Exhibit, 2006.

[14]　Shah A D, Patnoe M W, Berg E. Droplet size distribution and ice shapes[C]//36th AIAA Aerospace Sciences Meeting and Exhibit, 1998.

[15]　Wolff C, McDonough F, Politovich M, et al. Forecast icing product：Recent upgrades and improvements[C]//1st AIAA Atmospheric and Space Environments Conference, 2009.

[16]　Federal Aviation Administration. Airplane and engine certification requirements in supercooled large crop, mixed phase, and ice Crystal icing conditions[S]. Office of the Federal Register, 2014.

[17]　符澄,徐兵兵,彭强,等.结冰风洞中 SLD 模拟方法及其实验验证研究[C]//中国力学大- 2019,2019.

[18]　Luxford G. Experimental and modelling investigation of the deformation, drag and break-up of drizzle droplets subjected to strong aerodynamics forces in relation to SLD aircraft icing[D]. Cranfield：Cranfield University, 2005.

[19]　Messinger B L. Equilibrium temperature of an unheated icing surface as a function of air speed[J]. Journal of Aeronautical Sciences, 1953, 20(1)：29-42.

[20]　Evans J D, King J R. Asymptotic results for the Stefan problems with kinetic under cooling[J]. The Quarterly Journal of Mechanics and Applied Mathematics, 2000, 53

(3)：449 - 473.

[21] Myers T G，Hammond D W. Ice and water film growth from incoming supercooled droplets[J]. International Journal of Heat and Mass Transfer，1999，42（12）：2233 - 2242.

[22] Wang G，Rothmayer A P. Thin water films driven by air shear stress through roughness[J]. Computers & Fluids，2009，38(2)：235 - 246.

[23] Karev A R，Farzaneh M，Lozowski E P. Character and stability of a wind-driven supercooled water film on an icing surface—Ⅰ. Laminar heat transfer [J]. International Journal of Thermal Sciences，2003，42(5)：481 - 498.

[24] Karev A R，Farzaneh M，Lozowski E P. Character and stability of a wind-driven supercooled water film on an icing surface—Ⅱ. Transition and turbulent heat transfer [J]. International Journal of Thermal Sciences，2003，42(5)：499 - 511.

[25] 杜雁霞，桂业伟，柯鹏，等. 飞机结冰冰型微结构特征的分形研究[J]. 航空动力学报，2011,26(5)：997 - 1002.

[26] Kong W L，Liu H. A Theory on the icing evolution about supercooled water near solid substrate[J]. International Journal of Heat and Mass Transfer，2015，91：1217 - 1236.

[27] 易贤，周志宏，杜雁霞，等. 考虑相变时间效应的结冰试验相似参数[J]. 实验流体力学，2016,30(2)：14 - 19.

[28] Luxford G，Hammond D，Ivey P. Modelling，imaging and measurement of distortion，drag and break-up of aircraft-icing droplets [C]//43rd AIAA Aerospace Sciences Meeting and Exhibit，2005.

[29] Tan S C，Papadakis M. Droplet breakup，splashing and Re-impingement on an iced airfoil[C]//4th AIAA Theoretical Fluid Mechanics Meeting，2005.

[30] Hammond D，Quero M，Ivey P，et al. Analysis and experimental aspects of the Impact of Supercooled Water Droplets into Thin Water Films [C]//43rd AIAA Aerospace Sciences Meeting and Exhibit，2005.

[31] Harris D M，Liu T，Bush J W M. A low-cost，precise piezoelectric droplet-on-demand generator[J]. Experiments in Fluids，2015，56(4)：83.

[32] Cheng S，Chandra S. A pneumatic droplet-on-demand generator[J]. Experiments in Fluids，2003，34(6)：755 - 762.

[33] Frommhold P E，Lippert A，Holsteyns F L，et al. High-speed monodisperse droplet generation by ultrasonically controlled micro-jet breakup[J]. Experiments in Fluids，2014，55(4)：1716.

[34] Shigeta K，Kaburaki Y，Iwai T，et al. Evaluation of the analytical performances of a valve-based droplet direct injection system by inductively coupled plasma-atomic emission spectrometry[J]. Journal of Analytical Atomic Spectrometry，2015，30(7)：1609 - 1616.

[35] Li H，Roisman I V，Tropea C. Influence of solidification on the impact of supercooled water drops onto cold surfaces[J]. Experiments in Fluids，2015，56(6)：1 - 13.

[36] Maitra T，Antonini C，Tiwari M K，et al. Supercooled water drops impacting

superhydrophobic textures[J]. Langmuir, 2014, 30(36): 10855 - 10861.

[37] Zhang C, Liu H. Effect of drop size on the impact thermodynamics for supercooled large droplet in aircraft icing[J]. Physics of Fluids, 2016, 28(6): 062107.

[38] 尹金鸽,孔维梁,王福新,等. 过冷水滴碰撞过程的实验研究[J]. 上海交通大学学报, 2017,51(8): 939 - 945.

[39] Wang L P, Kong W L, Liu H, et al. Experimental study on a solenoid valve-based generator for droplet generation[J]. Journal of Physics Conference Series, 2019, 1300 (1): 012044.

[40] 王利平. 面向飞机结冰环境模拟的过冷大水滴可控发生原理研究[D]. 上海:上海交通 大学,2021.

[41] Potapczuk M, Miller D, Ide R, et al. Simulation of a bi-modal large droplet icing cloud in the NASA icing research tunnel[C]//43rd AIAA Aerospace Sciences Meeting and Exhibit, 2005.

[42] van Zante J F, Ide R F, Steen L E. NASA Glenn icing research tunnel: 2012 cloud calibration procedure and results[C]//4th AIAA Atmospheric and Space Environments Conference, 2012.

[43] van Zante J F, Ide R F, Steen L E, et al. NASA Glenn icing research tunnel: 2014 cloud calibration procedure and results[R]. NASA, 2014.

[44] King-Steen L E, Timko E N, Ide R F, et al. NASA Glenn icing research tunnel: 2018 change in drop-sizing equations due to change in cloud droplet probe sample area[R]. NASA, 2019.

[45] Orchard D M, Clark C, Oleskiw M. Development of a supercooled large droplet environment within the NRC altitude-icing wind tunnel[C]//SAE 2015 International Conference on Icing of Aircraft, Engines, and Structures, 2015.

[46] Esposito B M, Brown K J, Bachalo W D. Application of Optical Methods for Icing Wind Tunnel Cloud Simulation Extension to Supercooled Large Droplets[C]//23rd Annual Conference on Liquid Atomization and Spray Systems, 2011.

[47] Rocco E T, Han Y Q, Kreeger R, et al. Super-cooled large droplet experimental reproduction, ice shape modeling, and scaling method assessment[J]. AIAA Journal, 2021, 59(4): 1277 - 1295.

[48] 郭向东,王梓旭,李明,等. 结冰风洞中液滴过冷特性数值研究[J]. 航空学报,2017,38 (10): 76 - 84.

[49] 郭向东,柳庆林,刘森云,等. 结冰风洞中过冷大水滴云雾演化特性数值研究[J]. 航空 学报,2020,41(8): 202 - 219.

[50] 符澄,宋文萍,彭强,等. 结冰风洞过冷大水滴结冰条件模拟能力综述[J]. 实验流体力 学,2017,31(4): 1 - 7.

[51] Ranger A A, Nicholls J A. Aerodynamics shattering of liquid drops[C]//6th AIAA Aerospace Sciences Meeting, 1968.

[52] Hinze J O. Fundamentals of the hydrodynamic mechanism of splitting in dispersion processes[J]. AIChE Journal. 1955, 1(3): 289 - 295.

[53] Wolfe H E, Andersen W H. Kinetics, mechanism, and resultant droplet sizes of the

aerodynamic breakup of liquid drops[R]. Aerojet-General Corporation, 1964.

[54] Simpkins P G, Bales E L. Water-drop response to sudden accerlerations[J]. Journal of Fluid Mechanics, 1972, 55(4): 629 - 639.

[55] Borisov A A, Gelfand B E, Natanzon M S, et al. Droplet breakup regimes and criteria for their existence[J]. Journal of Engineering Physics, 1981, 40: 44 - 49.

[56] Pilch M, Erdman C A. Use of breakup time data and velocity history data to predict the maximum size of stable fragments for acceleration-induced breakup of a liquid drop [J]. International Journal of Multiphase Flow, 1987, 13(6): 741 - 757.

[57] Wierzba A. Deformation and breakup of liquid drops in a gas stream at nearly critical Weber numbers[J]. Experiments in Fluids, 1990, 9: 59 - 64.

[58] Hirahara H, Kawahashi M. Experimental Investigation of Viscous Effects Upon a Breakup of Droplets in High Speed Airflow[J]. Experiment in Fluids, 1992, 13: 423 - 428.

[59] Roumeliotis A, Aretakis N, Sieros G, et al. Development and integration of rain ingestion effects in engine performance simulations[J]. Engineering for Gas Turbines and Power, 2015, 137(4): 041202.

[60] Mundo C, Sommerfeld M, Tropea C. Droplet-wall collisions: Experimental studies of the deformation and breakup process[J]. International Journal of Multiphase Flow, 1995, 21(2): 151 - 173.

[61] Tan S C. A tentative mass loss model for simulating water droplet splash[C]//42nd AIAA Aerospace Sciences Meeting and Exhibit, 2004.

[62] Tan S C. Effects of Large Droplet Dynamics on Airfoil Impingement Characteristics [C]//43rd AIAA Aerospace Sciences Meeting and Exhibit, 2005.

[63] Mark G P. Ice mass measurements: Implications for the ice accretion process[C]// 41st AIAA Aerospace Sciences Meeting and Exhibit, 2003.

[64] Myers T G, Charpin J P F. A mathematical model for atmospheric ice accretion and water flow on a cold surface[J]. International Journal of Heat and Mass Transfer, 2004, 47(25): 5483 - 5500.

[65] Tsao J C, Rothmayer A P. A mechanism for ice roughness formation on an airfoil leading edge[C]//36th AIAA Aerospace Sciences Meeting and Exhibit, 1998.

[66] Otta S P, Rothmayer A P. A simple boundary-layer water film model for aircraft icing [C]//45th AIAA Aerospace Sciences Meeting and Exhibit, 2007.

[67] Otta S P, Rothmayer A P. Instability of stagnation line icing, Computers & Fluids, 2009, 38(2): 273 - 283.

[68] Fortin G, Laforte J L, Ilinca A. Heat and mass transfer during ice accretion on aircraft wings with an improved roughness model [J]. International Journal of Thermal Sciences, 2006, 45(6): 595 - 606.

[69] Silva G, Silvares O, Zerbini E. Water film breakdown and rivulets formation effects on thermal anti-ice operation simulation[C]//9th AIAA/ASME Joint Thermophysics and Heat Transfer Conference, 2006.

[70] Akyurt M, Zaki G, Habeebullah B. Freezing phenomena in ice-water systems[J].

Energy Conversion and Management, 2002, 43(14): 1773 - 1789.

[71] Blackmore R Z, Lozowski E P. A theoretical spongy spray icing model with surficial structure[J]. Atmospheric Research, 1998, 49(4): 267 - 288.

[72] Blackmore R Z, Lozowski E P. Spongy icing modelling: Progress and prospects[C]// The Thirteenth International Offshore and Polar Engineering Conference, 2003.

[73] Lozowski E P, Oleskiw M M, Blackmore R, et al. Spongy icing revisited: Measurements of ice accretion liquid fraction in two icing wind tunnels[C]//43rd AIAA Aerospace Sciences Meeting and Exhibit, 2005.

[74] Szilder K, Lozowski E P. Three-dimensional modelling of ice accretion density[J]. Quarterly Journal of the Royal Meteorological Society, 2000, 126 (568): 2395 - 2404.

[75] Avila E E, Castellano N E, Saunders C P R. Effects of cloud-droplet spectra on the average surface-temperature of ice accreted on fixed cylindrical collectors[J]. Quarterly Journal of the Royal Meteorological Society, 1999, 125(555): 1059 - 1074.

[76] Karev A R, Farzaneh M, Kollár L E. Measuring temperature of the ice surface during its formation by using infrared instrumentation[J]. International Journal of Heat and Mass Transfer, 2007, 50(3 - 4): 566 - 579.

[77] Ueno K, Farzaneh M. Linear stability analysis of ice growth under supercooled water film driven by a laminar airflow[J]. Physics of Fluid, 2011, 23(4): 042103.

[78] Kind M, Gill W N, Ananth R. The growth of ice dendrites under mixed convection conditions[J]. Chemical Engineering Communications, 1987, 55(1 - 6): 295 - 312.

[79] Kallungal J P, Barduhn A J. Growth rate of an ice crystal in subcooled pure water[J]. AIChE Journal, 1977, 23(3): 294 - 303.

[80] Whalen E A, Bragg M B. Aircraft characterization in icing using flight test data[J]. Journal of Aircraft, 2005, 42(3): 792 - 794.

[81] Miller D, Potapczuk M, Langhals T. Preliminary investigation of ice shape sensitivity to parameter variations[C]//43rd AIAA Aerospace Sciences Meeting and Exhibit, 2005.

[82] de Gennaro A, Rowley C W, Martinelli L. Data-driven low-dimensional modeling and uncertainty quantification for airfoil icing[C]//33rd AIAA Applied Aerodynamics Conference, 2015.

[83] Zhang F, Huang Z, Yao H J, et al. Icing severity forecast algorithm under both subjective and objective parameters uncertainties [J]. Atmospheric Environment, 2016, 128: 263 - 267.

第4章 防除冰技术的应用与挑战

　　鉴于飞机结冰问题对飞机性能的恶劣影响和飞行安全的严重威胁,必须采取相应的防护措施,以减少甚至防止飞机结冰。现有的飞机防除冰技术可以根据所应用的原理分为以下三类:机械除冰技术,即利用飞机表面的形变,使积冰发生碎裂和脱落,再利用气动力或惯性力使残余的冰脱落,从而实现积冰的去除,例如气动除冰带和电脉冲除冰;液体防除冰技术,即对部件表面喷涂冰点抑制剂,使其与过冷水滴形成冰点温度低于环境温度的混合物,从而防止结冰或使积冰融化,例如向飞机喷洒防冰液;热防除冰技术,即利用适宜的热源对部件表面进行加热,从而实现延迟结冰或去除积冰,例如热气防除冰技术和电热防除冰技术。

　　与传统的飞机防除冰技术相比,新兴的飞机防冰材料不仅具有耗能小、制造成本低、易于实现、应用范围广等优点,并且能够与现有的飞机防除冰技术相结合、提升现有飞机结冰防护技术的效率,从而降低飞机结冰防护所需的能耗、减少对环境造成的污染。飞机防冰材料的设计与构筑是立足于对飞机结冰问题的深入理解,特别是对过冷水本身的异常特性、过冷水滴撞击结冰问题的理论研究成果与实验验证结果的深刻理解。其基于材料本身的特性,从过冷水的结构和特性出发,结合飞机结冰的原因与过程,设计和构筑功能性表面。一方面通过表界面润湿性的有效调控,促进过冷水滴的脱离、减少过冷水滴的停留时间,进而减少冰的积聚、减小积冰粗糙程度,同时利用重力、气流、振动等外部影响因素,减少和延迟飞机结冰;另一方面,利用材料的结构设计与功能复合,实现表界面微纳结构与表面能的调节,降低冰黏附强度,同时结合现有的飞机防除冰技术,最终有效解决飞机在飞行过程中结冰的问题。

　　本章首先对现有的防除冰技术及其优缺点进行总结,然后详细论述新型防冰材料技术的理论基础与研究现状,最后探讨未来飞机防除冰系统高效利用技术,并对该领域的发展方向和应用前景进行展望。

4.1 传统防除冰技术

随着现代飞机技术的高速发展和飞行安全需求的不断提高,飞机防除冰技术越来越受重视。当飞机在结冰条件下飞行时,为了防止飞机某些部位结冰或结冰时能间断地除去冰层,保证飞机结冰时能安全飞行,需要采取适当的防除冰技术。飞机的防冰技术主要指对飞机上那些绝对不允许有结冰发生的部位,设置有某种装置(通常是电加热或热气加热装置),保证这些部位在任何气象条件下,在飞行的任何时刻都不会发生结冰。飞机的除冰技术主要指飞行时,飞机上有些部位允许在一定时间内发生一定严重程度之内的结冰,并采用一定手段消除积冰。常见的需要采取防除冰技术的飞机部位主要有机翼、尾翼、直升机旋翼、螺旋桨、空速管、风挡、发动机进气道前缘及风扇、增压级和压气机等部件。

目前飞机的防除冰方法主要包括如下几方面:第一,发动机压气机引气的热气防冰系统。热气防冰系统是最先使用的传统防冰技术,发动机引气带来的热量有效抑制了机翼、尾翼前缘和发动机的结冰问题。然而热气防冰系统需要较高的能耗,对发动机也有更高的运转负荷要求。第二,机械除冰系统,利用发动机引气使得气囊周期性膨胀收缩,破坏冰层和表面的结合力,主要用于机翼、尾翼前缘的除冰,所需引气量远小于热气防冰系统,是热气防冰系统的进一步发展和有效替代。第三,电热防除冰系统,持续加热起防冰作用的同时,也可周期性加热做除冰系统,主要用于螺旋桨,整流帽和风挡的防除冰。电热防冰技术能达到热气防冰技术的相同效果,电控系统也比引气系统更加稳定。第四,喷洒防冰液技术,主要在飞机起飞前使用,也是现在常用的防冰手段,优点是不需要额外的防冰装置,但面临防冰液一次性消耗品,成本高,带来环境污染等问题。各种防除冰技术之间复合使用,互相弥补,能达到更好的防冰效果,保证航班的安全飞行。本节将重点介绍飞机常用防除冰技术的基本原理,实验装置,以及其发展历程。

飞机防除冰技术 {
热气防冰技术
机械防冰技术
电热防冰技术
防冰液技术
}

图 4 - 1 飞机防除冰技术分类

4.1.1 热气防除冰技术

1) 热气防除冰原理

目前为止,热防冰一直是飞机结冰防护的主要方法,包括热气防冰和电热防除冰两类。其中,热气防冰是目前应用最为广泛的一种防冰方式,最常见的是传热效率较高的笛形管冲击射流防冰,也是本章重点介绍的一种热气防冰方式。其从发动机压气机或辅助动力装置(APU)引气,经过调温调压后,通过分配管通入防冰部件前缘的笛形管。笛形管热气防冰系统从发动机压气机引气,经调温调压后,通过分配管通入防冰部件前缘的笛形管。笛形管以小孔冲击射流的方式加热蒙皮前缘以达到防冰的目的[1]。飞机前缘缝翼防冰系统的工作原理便是如此。飞机热气防冰法需要从发动机压气段引入大量高温热气,占到总气量的10%左右[2]。

热气防冰通过高温气体对结构壁面的加热达到防冰目的。现代大型飞机的机翼前缘和发动机进气道都利用发动机引气防冰。一方面,发动机进口支板距离热气源很近,引气比较方便;另一方面,热气防冰可靠且效果好。防冰热气主要来自发动机压气机的低压段或高压段。国内外研究和实践方面采用比较多的是空腔式热冲击导热防冰。图4-2所示为机翼的热气防冰示意图。从发动机压气机引气,经过温度和压力的调节后,通过管路引入机翼前缘的多孔管道内,由喷气管上的孔将热气喷射到内表面,使得热气紧贴内表面并均匀加热,通过对流换热,飞机缝翼和大翼前缘的内表面温度升高,在内外壁面的温差驱使下,热量从内表面传递到外表面,使外表面升温从而达到防冰目的。最终换热后的较冷气体从缝翼底部的孔排出机外[3-4]。

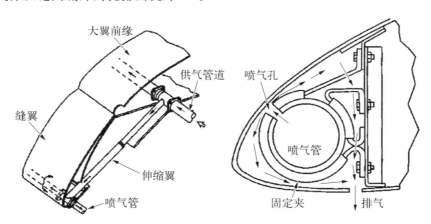

图4-2 机翼的热气防冰示意图[3]

2) 热气防除冰系统性能验证

冰风洞实验是开展飞机热气防冰系统性能研究的最基本手段之一,在研究飞机结冰问题中得到了较为广泛的应用。相比真实飞行实验,冰风洞实验具有实验条件不受外界气候条件限制、实验成本相对较低、结冰气象参数易于控制等优点。早在 1953 年，Gray 等[4]对装有防冰系统的 NACA 翼型实验件进行了溢流冰的冰风洞实验，结果发现在靠近防护范围尾端边界处产生的溢流冰会极大增加飞行阻力。为了进一步评估或验证热气防冰系统的工作性能，Papadakis等[5]使用了全尺寸的机翼进行热气防冰系统的实验，得到了包括机翼蒙皮前缘表面温度和溢流冰在内的大量数据，并将实验结果制成缩比的金属几何模型实验件在常规风洞中进行空气动力学升阻特性分析。国内受实验条件的限制，直到 20 世纪 90 年代初才在中国航空工业集团公司武汉航空仪表有限责任公司建立了第一座冰风洞，但对溢流冰的实验研究则相对较少。随着对结冰/防除冰技术的重视，我国防除冰技术得到一定的发展。其中，中国空气动力研究与发展中心的肖春华等在大型冰风洞实验平台的支持下对溢流冰形成及其对气动性能的影响进行了一些实验研究。冰风洞防冰系统实验不同于普通的结冰实验，将同时涉及内部防冰腔结构参数、供热流体参数和外部飞行参数、结冰参数的确定与控制。由于实验条件往往无法全部满足真实飞机防冰系统的工作参数，如果参数设定不够准确，将无法得到真实可靠的规律。基于相似理论的参数缩比方法为这一难点提供了一种有效途径，得到广泛关注。

图 4-3 所示为一种用于冰风洞实验验证的新型进口叶片防结冰结构。该结构由前缘射流撞击、保护区涂层下方微通道组成，排出的空气在保护区后方排出，以扫去回流水和水滴撞击[6]。

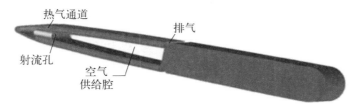

图 4-3　进口叶片防结冰结构[6]

3）热气防除冰发展历程

飞机防冰技术起步于 20 世纪第二次世界大战前后，美国等最先在 20 世纪40 年代开始制定飞机防冰系统设计的气象标准。之后，热气防冰技术在计算和实验两个方面得到不断发展。发展路线为热气防冰系统冰风洞实验，一维结冰/溢流冰模型，一维防冰系统计算，二维结冰/溢流冰模型，二维防冰内外耦合计算，三维结冰/溢流冰模型，准三维防冰内外耦合计算，防冰腔结构参数优化研究，三维防冰内外耦合计算。20 世纪 50 年代 NASA 在 Glenn 中心的冰风洞进行了一系列飞机结冰实验,得到大量的冰型和气动性能数据。而防冰系统外部结冰/溢流冰模型以及相应的内外耦合计算平台,则逐渐从一维发展到三维。与此同时,冰风洞热气防冰系统实验作为一种可靠的手段来验证计算模型的准确性,处于持续研究中。国外的研究涉及多种冰风洞的防除冰实验,而国内的研究主要集中在液滴撞击数值模拟、结冰过程、防结冰热负荷等方面,仅在小型冰风洞[7-8]进行了部分实验。国内早期对飞机结冰危害及防除冰技术缺乏必要的重视,也缺少必要的实验设备,风洞实验数据匮乏,热气防冰系统相关技术的研究起步较晚,研究基础较为薄弱。

飞机热气防冰过程涉及气-液两相流动、气-液-固三相以及流固耦合等复杂传热传质过程。热气防冰系统数值研究主要包括水滴撞击特性研究、蒙皮外部结冰/溢流水模型研究、防冰腔内部结构参数研究以及蒙皮内外多物理场耦合计算四大部分。水滴撞击特性是结冰及防冰计算的基础,为后续结冰及防冰仿真以及系统防护范围的确定提供必要的输入参数;蒙皮外部结冰/溢流冰模型是防冰系统研究的关键和难点,涉及表面水流动形态及相态的变化规律;防冰腔内部结构参数的研究,则是提高热气防冰系统效率的关键问题之一,为系统设计提供理论依据;而蒙皮内外多物理场耦合计算则为防冰系统的有效性评估提供了平台,为实现防冰系统工作状态下蒙皮表面温度及溢流冰等结果预测提供基础。

4.1.2　机械除冰技术

热气防冰技术原理简单,起步较早,是有效的防除冰手段。然而随着防冰需求的不断提高,高能耗的热气防冰已经逐渐无法满足需求,一些节能且有效的防冰手段比如机械防除冰成为其替代品。机械除冰广泛应用于输电线路除冰,原本用于特殊地形环境下小范围除冰和低压输电线路除冰,现在也逐渐在飞机除冰领域有所发展。现有机械除冰研究主要包括气囊除冰、微波除冰、振动除冰、超声波除冰,具有很广的应用潜力[9]。

1) 机械防除冰原理

(1) 气囊除冰。传统的机械防除冰技术以气囊除冰为主。气囊除冰系统是在飞机防护外表面安装气囊式除冰套,通过周期性向气囊充放气,使气囊产生物理变形,从而去除防护表面冰的一种除冰系统。其具有用气量小、工作可靠的优点,但同时也有对防护外表面,如机翼、尾翼气动外形具有一定的破坏,从而影响飞机的气动性能等缺点。在现代高速飞机上已很少采用气囊式除冰系统。但是气囊除冰系统特别适合于飞机发动机产气量较小，飞行速度较低的螺旋桨飞机，如某些运输类飞机。

（2）微波除冰。除了气囊除冰之外，微波除冰也是常用的机械防除冰方法。高频微波除冰系统是由安装在前缘的微波发生器和介电复合材料板以及表面金属薄层组成，原理是利用高频率（30 GHz）的微波来加热尚未接触机翼的水滴，使其无法以凝结状态粘接在机翼上，进而起到防冰的作用。此方法仅需要 10 W/m 的能量即可。同时，也可以起到除冰的效果。相比较其他除冰系统，这种方法主要适用于玻璃纤维或碳纤维增强的机翼前缘。玻璃纤维的导电率很低，微波能够很容易地穿过结构，与外面的冰层耦合，产生热量；而碳纤维具有很高的导电性，通过碳纤维吸收微波而产生热量，由于复合材料有较低的导热率，热量保存在结构内，用于防除冰有可能会使复合材料产生过热分层和回流结冰的现象，对于后者，一般采用电加热和微波并用的方式来解决[10]。

（3）振动除冰。Bell 直升机公司率先尝试使用电机共振方法来使结冰层与基体脱开。这个系统使用电机马达产生的重力来振动螺旋桨叶片，并与主自然震动频率相匹配。此系统安装在叶片根部，产生的重量负荷为 30.39 kg，在工作频率 0～47 Hz 下需要的功率为 1.3 kW。但低频震动产生的应力可能会损伤叶片，除冰涵盖范围非常有限[11]。

（4）超声波除冰。近年来超声波除冰法的研究越来越多，超声波除冰法消耗能量少，整体装置对飞机增加的重量也少，因此相对而言在提高能源效率方面有更好的发展前景。超声波可以激发飞机外壳的高频振动，以达到除冰的目的。该方法涉及超声波除冰理论、压电材料和换能器、除冰系统设计和能源效率等多个方面。其机理如下：压电材料受高频电信号驱动，由于其逆压电效应，可产生超声波振动。在超声波（UGW）除冰方法中，除冰是通过超声波换能器产生的超声波激发的高频（高于 20 kHz）振动来完成的。而由压电材料构成的压电片是超声换能器的核心部件。压电材料大致可分为压电晶体、压电陶瓷、压电聚合物、压电复合材料和其他压电材料。锆钛酸铅（PZT）是一种压电陶瓷，由于其压电效应显著、制造成本低、环境适应性强等特点，已成为广泛应用于超声致动器的主导压电材料。然而，铅基压电陶瓷如 PZT 或 PT 含有有毒的重金属元素 Pb。因此，该材料对环境有一定的负面影响，甚至在整个过程中对人体健康构成危害；因此，它的制造和应用最终被放弃。无铅压电材料已成为近年来的研究热点。铌酸锂（$LiNbO_3$）是一种无铅压电单晶材料，具有优良的材料性能，有利于在超声换能器领域的应用。这种材料的机械质量因数相当高，约为 105，甚至比现有的硬质 PZT 高 50～100 倍。LiNbO₃ 的居里温度约为 1 210℃,高于 PZT(300℃),具有高机电耦合系数(0. 49)、高夹持介电常数(39)和高纵向速度(7 340 m/s)的特点。上述优点引起了一些学者的极大关注,研究 LiNbO₃ 作为超声换能器材料[12-13]的可行性。

2)机械防冰技术装置

(1)气囊除冰装置。飞机上气囊除冰装置原理如图 4 - 4 所示。气囊除冰技术采用的除冰装置表面本身是一种薄的材料,做成膨胀管、气囊等形式覆盖在一个柔软的热固体塑料基体上,通过膨胀、弹射作用使其表面冰层破碎脱落的除冰技术,因其一般以"气动罩""气动带"的形式布置在部件表面,所以有时也叫气动罩/气动带除冰。其发生膨胀的部件是气管、气囊,为了降低气管、气囊等的老化速率,可在表面布置金属蒙皮。

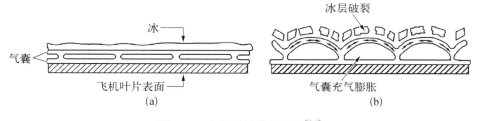

图 4 - 4　气囊除冰装置原理[14]
(a)气囊充气前　(b)气囊充气后

当空气快速加压时,会传输振动波让薄膜膨胀,使得表面的冰位移脱落。现代气动除冰器采用可拉伸的织物增强弹性体表面,特别为耐风化和耐侵蚀而设计的。当受到压力时,冰的表面会发生很大的变形,在剪切和剥落的共同作用下,使冰剥落,并将冰帽打碎成碎片[14]。

(2)微波除冰装置。国内将微波加热技术应用于除冰的研究起步比较晚,且多用于道路除冰。2003 年徐宇工等[15]发明了一款微波除冰车,并用家用微波炉做了一系列微波给混凝土表面除冰的实验,试验观察到冰层与混凝土表面结合处先融化,可见微波加热时会穿透冰层,直接加热混凝土。然后依次研究了道路的铺筑材料类型及材料中含水量高低对材料的微波吸收效率和微波在材料中的穿透深度的影响,并于 2004 年设计了国内第一款微波除冰车的雏形,如图 4 - 5(a)所示[15]。

(3)振动除冰装置。图 4 - 5(b)所示为一种用于高压电网的振动除冰无人机[16]。通过主控制板对除冰装置进行控制和数据传递,控制电机及其振动频率;通过蓝牙模块进行无线通信;采用 SW‒18015P 型振动传感器测量并控制振动频率,从而达到振动除冰的效果。

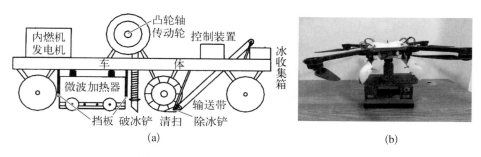

图 4‒5　微波除冰车和振动除冰无人机
(a) 微波除冰车基本结构[15]　　(b) 振动除冰无人机[16]

(4) 超声波防除冰装置。超声波防除冰对装置的要求较高,本节着重介绍超声波防除冰实验装置研究进展。超声波除冰防冰系统主要由电信号发生器、功率放大器、超声波换能器、连接线、安装结构等组成。其中,超声波换能器是除冰系统的核心部件。应用于飞机或风力发电机组的超声波除冰系统应能适应原有结构。因此,系统应该小型化并具有轻量级。此外,还需要仔细考虑换能器阵列的布置和安装问题。

图 4‒6 所示为直升机上适用的一种超声波除冰装置。Zhu 等[17]引入了定制波导(TWG),在平板和积冰之间的界面处局部集中超声横向剪切应力。TWG 通过在板结构上引入不连续结构,有效地最大化了脱层应力。这些不连续结构在铝板背面的冰聚集处进行处理,使冰/基底界面的剪应力集中在特定区域,从而使局部的剪应力集中。研究表明含 TWG 的结构可以产生超过 300%的界面应力。

Palacios 等引入了一种低功率、非热超声波除冰系统,作为直升机旋翼桨叶除冰的潜在系统。他们的研究成果清楚地表明超声波致动器盘激发了直升机前缘保护

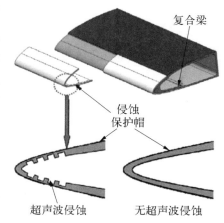

图 4‒6　直升机 D‒spar 示意图和侵蚀帽上的 TWG 示意图[17]

帽。该体系在主体结构上形成后,在结冰界面处产生了脱层超声横向剪切应力。Zhang 等[18]设计并仿真了 UGW 除冰系统。该系统由压电换能器、变压器和除冰工具组成。然而,这个系统是一个独立的系统,很难安装在飞机或风力涡轮机结构上。Overmeyer 等[19]设计了一种具有新型键合线的超声波除冰系统,该键合线设计用于转子叶片。该除冰系能够促进 1.4～7.1 mm 厚度冰层在不同结冰条件下脱落。

　　Habibi 等[20]针对风力涡轮机复合叶片提出了一种创新的双除冰系统。该系统结合了 UGW 系统和低频振动的使用。前者对内提供材料颗粒振动,后者同时对外提供整个涡轮叶片结构振动。

　　超声波换能器是超声波除冰装置的重要组成部分,一般由 LiNbO₃ 等压电材料组成。Wang 等[21]设计了一种轻型 LiNbO₃ 超声波换能器(见图 4 - 7),用于飞机机翼除冰。根据他们的设计,LiNbO₃ 晶片用作换能器的压电振荡器,因为它是市面上可用的 LiNbO₃ 类型,最接近于厚度位移的最佳切割(38.9°)。LiNbO₃ 的主要缺点是脆性高、抗机械和抗热震性差、成本高。此外,由于其压电常数比 PZT 小,所制备的驱动器通常使用几片 LiNbO₃ 板来制备。例如,一篇文献报道[21]提供了 14 片的 LiNbO₃ 换能器

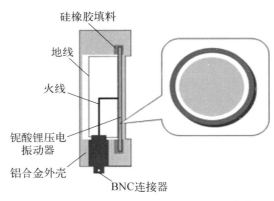

图 4 - 7　LiNbO₃ 超声波换能器示意图[21]

设计,而另一篇文献研究[22]提出了 10 片的设计。除了 LiNbO₃ 外,在无铅材料中,(K₀.₅Na₀.₅)NbO₃(KNN)基和钛酸铋(Bi₀.₅Na₀.₅)TiO₃(BNT)基材料是很有前途的超声波换能器材料。KNN 基陶瓷表现出较高的压电系数和机电耦合系数,而 BNT 基陶瓷表现出较强的铁电性[23]。Lam 等介绍了用 KNN/BNT 复合膜[24]制备的单元素超高频(UHF)超声换能器的设计、制备和表征。该超高频换能器(频率范围为 170～320 MHz)采用更薄的 KNN/BNT 薄膜。

　　除无铅压电材料外,松弛型铁电单晶如 PMN - PT 和 PZN - PT 也被报道具有优异的性能,如高压电常数、高机电耦合系数和高介电常数。这些特性使它们成为超声波换能器材料最有前景的候选者。Sun 等[25]使用 0.23PIN -

0.5PMN－0.27PT 单晶成功制备了高频 PIN－PMN－PT 单晶超声换能器。这种新型 PIN－PMN－PT 单晶具有较高的矫顽力(6.0 kV/cm)和较高的居里温度(160℃)。实验结果表明与 PMN－PT 传感器相比,PIN－PMN－PT 传感器具有相似的性能,但具有更好的热稳定性。Zhou 等[26] 使用铌酸铅镁-钛酸铅(PMN－33％PT)制备孔径为 0.4 mm 的高频针式超声波换能器。据报道,PMN－PT 针式换能器的中心频率和 6 db 分数带宽分别为 44 MHz 和 45％。此外,双向插入损耗约为 15 dB。

　　聚偏二氟乙烯(PVDF)是一种典型的压电聚合物,对温度、湿度和化学品都不敏感。用 PVDF 制备的超声换能器有望具有结构简单、重量轻、稳定性高等优点。然而,PVDF 的缺点是机电耦合系数较低(k_t<0.3),能量传输效率低下。Gottlieb 等设计并构建了一个高频(大于 50 MHz)环形阵列超声换能器,采用 P(VDF－TrFE)薄膜。该阵列是通过将 9 m P(VDF－TrFE)薄膜粘接到双面聚酰亚胺柔性电路上而构建的,顶部是环形电极。Jadidian 等研究了单元素超声换能器的制备和表征,其主动振动元件由无铅压电陶瓷、1－3PZT/聚合物复合材料和 PVDF 膜制成。该传感器的结构如图 4－8 所示。压电复合材料是压电陶瓷相与聚合物以一定比例和空间几何分布形式结合而成的复合材料。这些材料具有传统压电材料所不具有的特殊性能。Badu 等设计了一种盘型增强串联压电复合材料双晶片,并对其性能进行了研究。采用压铸和固溶铸造技术制备

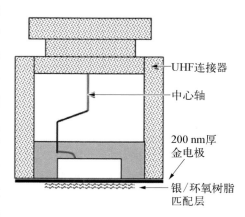

图 4－8　1－3 PZT/聚合物复合材料和 PVDF 薄膜传感器[27]

了体积分数为 40/60％的 PZT/PA 和 PZT/PDMS 复合双晶。据报道,根据对类似复合材料的热重分析,这些材料在氮气和空气中达到 300℃的热稳定性。此外,Liu 等设计了 $LiNbO_3$ 和环氧树脂的 1－3 复合结构。测量结果表明中心频率为 10.5 MHz,分数带宽大于 60％。用针式水听器测量[28] 的 6 dB 横向和轴向波束宽度分别为 160 m 和 98 m。Sun 等[29] 提出了用于高频超声换能器的 PMN－PT 单晶/环氧树脂 1－3 复合材料结构。该复合材料采用 DRIE 干蚀刻工艺,PMN－PT 的体积分数为 45％。它的有效机电耦合系数为 0.81,插入损耗为 18 db,－6 db 带宽高达 100％。

3）机械防除冰技术优势

机械防除冰技术最大的优势是能耗较低。能源效率是航空工程领域关注的焦点问题，因此，超声波除冰方法由于能耗低而受到越来越多的关注。Strobl 等[30]研究了一种混合除冰系统的能源效率，该系统结合了表面加热系统和基于压电多层驱动器的机电除冰系统。在实验室大小的冰风洞中进行的小规模混合系统的实验表明，与类似翼型配置的全热电系统的冰保护相比，该系统降低了高达 91％的功耗。当然，该除冰系统工作在低频，不属于超声波。Habibi 等[20]研究了一种结合大功率超声波系统和低频强迫振动的风力涡轮机叶片双除冰系统。他们声称为了给 4 m 长的刀片提供除冰控制，需要 8 个传感器。每个换能器的计算功率为 100 W，因此每个叶片的总功率为 800 W。考虑到风力涡轮机中存在三个叶片，2 400 W 将是一台 75 kW 风力涡轮机的总必要功率，这是该涡轮机额定输出功率的 3.2％。这个数值对应于冰保护系统所需功率的大幅降低。与现有热除冰方法的能耗相比，该系统节能近 1 215％。Zhu 等[17]指出，对于具有 TWG 的结构（见图 4 - 6），超声波除冰显著提高了能源效率。对于理想的 TWG 配置，瞬时冰分层所需的输入功率降低了 40％。在不同的测试条件下，高密度 TWG 结构比低密度 TWG 结构的输入功率降低了 35％。前文中 Overmeyer 等[19]设计并测试的用于超声除冰的新型键合线方法，整个测试的平均负载功率消耗，需要促进主要冰型从不锈钢前缘结构完全脱落，被量化为平均 0.63 W/cm²。与目前使用的电热除冰（4.18 W/cm²）工艺相比，这种新型的非热、低功率除冰方法显示出了将所需除冰功率降低 85％以上的潜力。

超声波除冰方法是一种能耗低、重量轻、成本低、易于更换和维护的新型除冰方法。本节总结了超声波除冰技术的一些研究进展，包括超声波除冰理论、压电材料和传感器、除冰系统的设计和能效。然而，超声波除冰技术的基础知识仍然有限。基础研究的不足制约了其在航空工程和风能领域的应用。不可否认，与超声波除冰技术相关的一些有趣的、有吸引力的课题需要在未来做进一步的探索。

4.1.3　电热防除冰技术

1）电热防除冰原理

电热防冰技术是通过电阻升温[31]，将电能转变为热能，加热部件表面的热力防冰技术。该技术系统一般由电源、选择开关、过热保护装置及电加热元件等组成。电加热元件将电源所提供的电能转变为热能，对部件表面进行加热、防除冰。例如在驾驶舱有风挡加温电门,来控制风挡加热计算机(WHC)对风挡玻璃进行加热。而某些型号飞机的皮托管加热则采用逻辑控制的方法,当一台发动机正常启动后,皮托管就开始被加热。电加热防冰有连续加热和间断加热两种方式。对表面不允许结冰或耗电功率较小的部件(如风挡、空速管等),常用连续加热方式;对表面允许少量结冰或加热耗电功率较大的部件(如机翼、尾翼等),常用间断加热方式。电加热防冰法的优点是成本低,加热均匀,得到现代民航客机的广泛采用;但是在现实维护中,需要注意的是,在飞机停场过夜或航后长时间停场时,维护人员需等空速管完全冷却后再安装空速管套;在地面对发动机试车时也要断开相应的空速管加热跳开关,以免产生不安全事件。

2) 电热防除冰装置

一套完整的电热防除冰系统[32-33]包含以下三个部分:电源系统、控制系统以及电热转换系统。电源系统是控制热源把电能转换为热能的控制系统,是能量的来源。控制系统用于监测、控制电加热防除冰系统的工作情况,包括监测目标温度、控制加热能量及加热时间等。电热转换系统是将电能转化为热能的装置,为防除冰工作直接提供能量。

电源系统有两种:一是从飞机自身的供电系统中分流,二是独立的机载发电机。假如整个飞机采用电热防冰的话,电源必须一直开启,通常目前的电源功率是无法承受的。所以,目前防冰表面需热量大的机翼部位通常采用热气防冰,而电热防冰一般应用在防冰表面需热量不大的部位,比如尾翼、风挡玻璃、发动机进气道前缘、测量传感器以及远离热气源的部件。周期性除冰可以大大节省能量,所以,电热除冰往往用在除冰表面需热量较大的部位。

热源系统最主要的是电阻加热单元,一般采用金属箔、薄膜涂层、电阻丝、金属网等材料。受飞机能量消耗限制,加热单元呈间隔分布,分布范围需要根据水滴撞击极限和表面结冰范围来考虑。

为保护加热单元,防止雨水和冰雹等环境的侵蚀,通常在加热单元外面增加一层外蒙皮,一般采用不锈钢。加热单元和内、外蒙皮间需要进行绝缘处理,因此又增加了内、外绝缘层。为了减少热量向内的损失,增大热量往外蒙皮表面的传递,通常内绝缘层都比较厚,主要起绝热作用。

电热除冰装置周期性地将电能转化成热能,热量通过固壁材料传递到固壁表面,加热、融化表面冰,在气动力或离心力作用下将冰移除[34]。实际上,这是一个电加热器,现今一般采用周期性加热方式,可大幅节省能量。加热时,表面温度升高,将冰融化并除去;不加热时,过冷水滴继续冻结,待其结成一定厚度后对其再加热,进入下一除冰周期。保持加热和不加热时间之比为某常数,可减少表面溢流水的存在,减少冰堆积的产生。对于无后掠角或小后掠角机翼,电热除冰采用周期性加热结合局部连续加热策略,如在周期性加热的机翼前缘,有时会装大功率连续加热的长条(热刀或分割带)沿弦向和展向分布,对冰防护表面进行分区,分区越多周期性加热所需的电功率越小,结冰前开启热刀可用于防冰,将结冰限制在热刀分割的区内;结冰后开启可将冰"切割"成多块,由于热刀的大功率持续加热,该位置的表面冰沿法向快速融化,从而将整个结冰切割成多块,防止前缘冰壳的形成,有利于冰块被气流吹除。对于大后掠角机翼、旋翼和螺旋桨等部件,由于气动力或离心力的作用,容易将融化的冰块吹走或甩走,一般不需要热刀装置,或只装弦向热刀[35]。周期性加热除冰的特点是只需将冰层底部和固壁表面间的冰融化,破坏冰层和固壁表面间的黏附应力,不需要将整个冰块全部融化,表面温度大于冻结点(一般为 0℃)即可。该装置通常用于飞机的机翼、尾翼、直升机旋翼等部件,加热元件可采用金属箔(如不锈钢箔)、金属丝及导电金属膜等[36]。

图 4 - 9 是典型电热除冰装置的二维剖面图,安装于 NACA0012 翼型前缘[37],表面覆有不规则冰层,内部由多层固体材料构成:金属底层、内绝缘层、加热单元、外绝缘层、磨损层和冰层。加热单元的热传导率最大,厚度最小;磨损层的热传导率稍小,主要是增强热量传递到除冰区表面的能力;金属底层的热传导率最小,厚度最大,主要是防止加热单元产生的热量扩散到内部。该装置包括 7 个带状加热单元,每侧 3 个,加热单元 H4 位于前缘中间靠上侧位置,功率密度最大,该位置结冰情况一般最为严重。

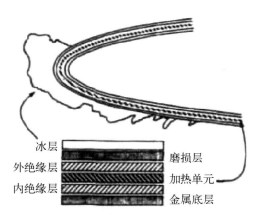

图 4 - 9 电热除冰装置二维剖面图[38]

电热除冰系统将电能转化为热能,利用热能融化冰层,破坏冰层和蒙皮间的黏附强度,在气动力或离心力作用下达到除冰的目的。除冰过程的传热特性及冰层力学特性是影响冰层融化和脱落的主要原因,因此,电热除冰机制的相关研究也主要集中在多层电热除冰结构的传热特性和冰层的脱落特性等方面[38]。

3) 电热防除冰发展历程

多层电热除冰结构的传热特性和冰层的相变特性通常是耦合在一起的,由于电热除冰计算模型是进行电热除冰计算研究的基础,电热除冰的建模和计算研究的发展伴随着多层电热除冰结构的相变传热特性研究的发展。20 世纪 70 年代至 80 年代初期,研究人员主要进行一维电热除冰问题的建模和计算研究。一维电热除冰问题是假定各层材料为无限长平板,温度只沿每层材料的厚度方向变化,沿长度方向不变,各层材料的物性参数为常数,不计接触热阻。1972 年,Stallabrass[39] 第一次对电热除冰问题进行了建模和计算,首次建立了一维电热除冰计算模型,采用时间前差、空间中心差的显式差分格式对热传导方程进行了离散,研究了内绝缘层和外绝缘层厚度比对电热除冰的影响,并建议内、外绝缘层厚度比应大于 2。为了考虑相变过程的潜热效应,1980 年,Baliga[40] 采用显热容法改进了一维电热除冰计算模型,采用 Crank‐Nicholson 隐式差分格式对方程进行离散,运用高斯消元法对离散后的线性代数方程组进行求解,研究了电热除冰过程的相变传热特性。1982 年,Marano[41] 运用热焓法进一步发展了Baliga 的一维模型,并研究了电热除冰过程的相变传热特性。1988 年,Roelke等[42] 采用热焓法发展了一维模型,并提高了计算的效率。热焓法采用热焓和温度一起作为待求函数,在整个区域(包括液相、固相和两相界面)建立统一的能量方程,利用数值方法求出热焓分布,然后根据焓值确定两相界面。

80 年代前期至 90 年代初期,研究人员主要进行二维电热除冰问题的建模和计算研究。1983 年,Chao[43] 直接将 Marano 的一维模型向二维扩展,采用有限差分方法对方程进行离散,研究了加热单元间隔对电热除冰的影响。1986年,Leffel[44] 对某直升机旋转叶片内的电热除冰单元进行了瞬态热响应实验,验证了 Marano 和 Chao 发展的计算程序。实验发现当叶片每层材料足够薄且曲率接近于 0 时,Marano 的计算结果与实验结果吻合较好,但在靠近加热单元和曲率较大的区域,计算和实验的误差很大。1987 年,Masiulaniec[45] 在上述研究的基础上,发展了一种坐标变换方法,建立了能克服曲率影响的电热除冰模型,对二维电热除冰问题进行了计算,结果与 Leffel 的实验结果吻合较好。1987年,Wright 对二维电热除冰模型进行了扩展,研究了多种数值方法(ADI、ADE、SIP、MSIP 等)对计算速度的影响,从中选出了效率最高的 ADI 方法,提高了计算效率[46]。1989 年,Wright 等[47] 比较了 3 种模型(一维简单、二维平面、二维坐标变换)的优越性,同时还对电热除冰的研究进展进行了综合介绍。1992 年,Wright 等[48] 又发展了考虑结冰、融冰和冰脱落影响的二维模型,该模型已成功植入 NASA/Lewis 结冰序 LEWICE 中。

从 20 世纪 90 年代前期开始,研究人员主要进行三维简单电热冰问题的建模和计算研究。1992 年,Cangellaris 等[49]运用假定相态方法(MOAS),采用交替方向的 Douglas 有限差分格式,对多层材料的三维电热除冰问题进行了计算研究。由于冰型通常是很不规则的外形,有限差分方法模拟起来非常困难,因此该研究只是针对简单的二维和三维矩形模型。为模拟不规则的外形,Huang 等[50]采用有限元方法,耦合假定相态方法,对一维、二维和三维简单的电热除冰问题进行了计算,研究了曲率、加热单元弦向、展向分布对电热除冰的影响,发现考虑弦向的曲率效应和展向的后掠效应在实际计算时比较重要。该研究采用的改进型有限元法,在三维电热除冰模拟时计算效率较低,而且当加热单元较薄时,计算存在无法收敛的现象。虽然国外在电热除冰计算方面做了很多工作,但主要侧重于计算方法的研究,对于电热除冰过程中会遭遇的各种基本现象及其机制和规律还缺乏深入研究,例如前缘冰壳问题、热力耦合特性等。

电热除冰过程中,除了融化造成冰层的剥离和破坏外,气动力和加热造成的冰层内部应力也是重要的影响因素。基于机械除冰方法,1987 年,Scavuzzo 等[51]采用实验的方法对冰层和模型表面的抗剪强度进行了测量,研究了抗剪强度和温度之间的关系。1996 年,Work 等[52]对冰层和各种基底间的抗剪强度进行了测量和研究。同年,Scavuzzo 等[53]采用有限元法研究了外部气动力对冰层产生的界面应力分布,但只考虑了外部气动力的影响,未考虑电加热对冰层应力的影响,也未研究热力耦合特性对冰层破坏的影响,目前相关的研究工作还比较缺乏。

同时,冰脱落研究的发展通常和电热除冰计算结合在一起。1991 年,Cangellaris 等[49]在结冰、除冰研究中对冰脱落的影响进行了考虑,进一步发展了电热除冰计算模型。冰层通过美国 LEWICE 结冰程序获得,冰脱落影响考虑了作用在冰层上的气动力和离心力。1992 年,Yaslik 等[54]提出保守的冰脱落准则,认为当冰层和外蒙皮界面的所有冰层单元都融化后,冰层将在气动力或离心力的帮助下被吹走,该准则仍是目前最实用的冰脱落准则。同年,Henry[55]发展了经验型的冰脱落准则,认为可通过两个比较判断冰层是否脱落:一是比较冰层-外蒙皮界面法向液膜和冰的厚度,二是比较冰层-外蒙皮界面弦向液膜和冰的宽度。该准则虽然考虑了二维效应,但只是经验型的准则,在有些问题中不太适用,例如表面冷端产生的锚点对冰脱落的阻碍。

防除冰过程冰脊的产生主要有两种情况：一是当热防冰系统开启后，由于表面温度高于冻结点，撞击到表面的水滴无法冻结，未蒸发的液态水溢流到冰防护区外聚集并发生冻结；二是当热除冰装置开启后，融冰后产生的液态水溢流到冰防护区外汇聚并发生冻结。因此，液态水在飞机表面的溢流，是形成冰脊的重要原因，因而溢流特性也引起了研究人员的高度关注。1993 年，Al - Khalil 等[56]对翼型表面的溢流特性进行了实验研究。1998 年，Morency 等[57]对表面溢流的不同形态和传热特性进行了研究。2000 年，Rothmayer 等[58]对表面液膜的流动特性进行了研究。但这些研究主要关注液态水溢流过程的流动和传热特性，对于溢流过程的二次结冰、传热对冰脊形成的影响、冰脊的形成特征等考虑较少。

鉴于结冰的危害和除冰研究的迫切性，国内开展了一些飞机热防除冰的研究工作。1985 年，裘燮纲和韩凤华合作[59]，在国外结冰和防除冰研究文献的基础上，合编了国内第一本介绍飞机防冰系统的教材，为后来的研究者提供了参考，标志着中国结冰和防除冰研究的开端。书中有部分内容涉及电热除冰的介绍，但多限于工程应用方面。

1997 年，熊贤鹏等[60]采用量纲分析的方法，建立了飞机风挡玻璃外表面温度场的计算模型，并进行了验证计算。1999 年，韩凤华等[61]对某型飞机天线罩电热防冰装置进行了性能验证。常士楠等[62]对飞机发动机进气道的前缘热气防冰系统的性能进行了热分析，并将双蒙皮弦向防冰器和周向防冰器的性能进行了对比。徐国跃等[63]采用实验的方法对飞机电热防冰系统用的 $BaTiO_3$ 热敏陶瓷材料的力学性能进行了研究和改进。2004 年中国空气动力研究与发展中心自行投资建成一座小型结冰风洞。2005 年，艾剑波等[64]对直升机旋翼桨叶除冰结构的设计和简单计算方法进行了介绍，并指出中国研制的直升机还未装备旋翼桨叶除冰装置的现状。2007 年，常士楠等[65]对某型直升机旋翼桨叶防除冰系统的防护范围进行了研究，随后，又对二维电热除冰矩形单元的瞬态传热进行了计算，研究了表面温度与加热控制律的关系。国内的热防除冰研究工作针对性较强，主要是为了解决当时飞机型号设计和应用过程中遇到的具体问题，与发达国家相比，电热除冰研究仍存在一定的差距：一是对电热除冰过程中涉及的现象和规律尚需加深认识；二是在电热除冰计算方面的研究工作还比较少，对电热除冰过程的相变传热特性有待深入研究；三是实验研究领域比较薄弱。目前国内已建有小型结冰风洞，并进行了一些简单的常规结冰实验。

虽然电热除冰研究方面做了很多工作,并取得了一些成果,但是还存在很多的局限和不足:

(1)电热除冰过程中的冰壳现象及其影响研究还鲜有报道。飞机机翼前缘容易发生冰壳现象,这种现象与其他部位的结冰存在很大区别。受外部气动力的影响,冰壳的融化特性和脱落特性变得更加复杂。研究考虑外部气动力作用的冰壳融化特性、冰壳的脱落特性及其对除冰的影响,是目前国际上比较新颖的课题,也是难度较大的研究方向。

(2)电热除冰过程中的热力耦合特性研究还比较缺乏。基于机械除冰方法,研究了外部气动力载荷作用下的冰层内部应力分布。在电热除冰过程中,热量除了对冰层产生融化外,还将在冰层内部产生很大温差,造成很大的热应力,但目前电热除冰条件下的冰层内部应力分布特性研究还比较缺乏,电热除冰条件下的热力耦合特性对冰层破坏的影响也鲜有报道。

(3)电热除冰过程中的冰脊形成研究还比较薄弱。在电热除冰过程中,融化后的液态水将溢流到防护区外产生冰脊,对大尺度过冷水滴的溢流结冰进行过相关研究,但是对电热除冰过程中的冰脊形成则关注较少。研究电加热对冰脊形成的影响、冰脊形成的规律和特征,将有助于深入认识电热除冰过程中的冰脊形成机理,为制订相应的冰脊防护方法和措施提供理论依据。

4.1.4　防冰液防除冰技术

1)防冰液的防除冰原理

在冬季,当飞机在地面处于结冰环境下,或者在外表检查到有积冰现象时,经常会采取使用防冰液对飞机进行防冰处理。现在机场或航空公司所采用的除冰液主要成分有乙二醇、丙二醇、乙烯乙二醇等以一定比例与水的混合液,其作用是降低冰点。通过除冰车等设备对飞机需要防冰的部位(如机翼、尾翼、机身、发动机、风挡玻璃、起落架和轮舱门等)进行喷洒防冰液,以完成防冰工作。地面防冰法可分为一步法防冰和两步法防冰:一步法防冰是用加热的除冰液除去航空器表面的冰,保留在航空器表面上的液体将提供有限的防冰能力;两步法防冰分为两个步骤,其中第一步就是一步法防冰所做的工作,第二步是对飞机再次喷洒防冰液以完成防冰工作,应当根据防冰液的保持时间、环境温度和气象条件正确选择除/防冰液种类、混合液浓度,并且应该在第一步完成后尽快进行第二步。液体除冰法的优点是不会在部件的防冰表面形成冰溜,而且,防冰液有一定时间的防冰作用[66];但是因为防冰液耐久性较差,对基材表面会产生一定的腐蚀,且消耗量一般较大。

2）除冰/防冰液的技术要求

目前，欧、美、日等国使用的除冰/防冰液主要有四种类型：Ⅰ型、Ⅱ型、Ⅲ型和Ⅳ型。Ⅰ型为液态牛顿流体，冰点较低，除冰能力较强，但其防冰时间短；而含有增稠剂的Ⅱ型、Ⅲ型和Ⅳ型为非牛顿流体，黏度较高、防冰保持时间较长。美国宇航材料标准 AMS 1424J[67]和 ISO 11075 - 2007[68]规定了Ⅰ型的技术要求，AMS 1428F[69]和 ISO 11078 - 2007[70]规定了Ⅱ型、Ⅲ型和Ⅳ型的技术要求。加拿大交通运输部的《飞机地面结冰操作指南》以及欧洲航空联合会推荐的飞机地面除冰防冰程序表明，使用具有更长防冰时间、含有增稠剂的飞机除冰/防冰液对驾驶员和航空公司更为安全有利。目前，欧洲、日本和北美均已广泛采用增稠型飞机除冰/防冰液进行除冰防冰。中国民用航空总局第二研究所先后研制出了Ⅰ型和Ⅱ型的除冰/防冰液，并主持编制了Ⅰ型的民航标准 MH 6001—2000《飞机除冰/防冰液（ISO Ⅰ型）》[71]，但国内民航现在使用的除冰/防冰液仍以Ⅰ型为主。

飞机除冰/防冰液组成与理化性能主要包括组成、外观、闪点、密度、pH 值、折射率、表面张力、黏度、流变性等基本性能，Ⅰ型、Ⅱ型、Ⅲ型和Ⅳ型的性能要求差异主要体现在外观、颜色、黏度和流变性。以下分别介绍各项性能要求及其检测方法。

（1）组成。应含有冰点降低剂成分，其他组分由生产商自行决定。但加入其他添加剂后制成的除冰/防冰液应满足标准要求。如用乙二醇作为冰点降低剂，则应加入一种添加剂，这样当乙二醇水溶液与不活泼金属电极在直流电下发生作用时，这种添加剂可将导致火灾的可能性降到最低。

（2）外观。目视检测。应是完全均一的、澄清的液体，无肉眼可见的杂质存在。Ⅰ型（如有颜色）应为橙色，Ⅱ型为水白色或浅草黄色，Ⅲ型为亮黄色，Ⅳ型为绿色。

（3）闪点。按照 ASTM D93 或 ASTM D3278 方法检测，（闭口）闪点应不低于 100℃。

（4）密度。按照 ASTM D891 方法检测，密度应在标称值的±0.015 以内（标称值是指符合标准的除冰/防冰液在符合性试验中所测得的值）。

（5）pH 值。按照 ASTM E70 方法检测，pH 值应在标称值的±0.5 以内。

（6）折射率。按照 ASTM D1747 方法检测，20℃时的折射率应在标称值的±0.001 5 以内。

(7) 表面张力。按照 ASTM D1331 方法检测,表面张力应在标称值的±10%以内(MH 6001—2000 规定:20℃时的表面张力不应大于 40×10^{-3} N/m)。

(8) 黏度(仅对Ⅰ型)。按照 ASTM D445 方法检测,在 20℃、0℃、−10℃和−20℃下,黏度应在标称值的±5%以内(MH 6001—2000 规定:黏度应在标称值的±10%以内)。

(9) 流变性(仅对Ⅱ型、Ⅲ型和Ⅳ型)。按照 AMS 1428F 中 3.2.3 检测,黏稠液体属于非牛顿、假塑性流体,在充分的剪切应力诱导下确保膜层能流动。

飞机除冰/防冰液对稳定性能要求较高,储存稳定性、低温储存稳定性、热稳定性主要考察产品在高、低温等环境下长期储存是否产生变化,硬水稳定性则考察用自来水稀释时的影响,剪切稳定性考察液体从除冰车加热后喷射出来的过程是否影响其防冰效果,泡沫稳定性则考察除冰/防冰液形成的泡沫是否能在飞机表面存在一定时间,使其有利于延长除冰/防冰的时间。防冰液的稳定性能指标主要包括如下几方面:

(1) 储存稳定性。Ⅰ型:经 ASTM F1105 加速储存后,与储存前测试值相比,液体黏度差值在±10%以内;pH 值的差值应在±0.5 以内;一部分液体用 ASTMD 1193 的Ⅳ型水以 1∶1 体积比稀释,不出现分层、沉淀或不溶物。Ⅱ型、Ⅲ型和Ⅳ型:经 ASTM F1105 加速储存,但试样不经 UV 光照射,试样黏度值与储存前测试值一致。且加速试验前后的黏度值均在产品规定的合格范围内。

(2) 热稳定性。经过加速老化试验,Ⅰ型:原液经(80±2)℃的 30 天储存,无分层、沉淀或不溶物;再经(20±2)℃上下翻转,无分层、沉淀或不溶物;测试液体折射率如超过室温储存的 0.002 0,则为失效;如未失效,则用 ASTM D1193 的Ⅳ型水以 1∶1 体积比稀释,试验前后 pH 值的差值应不超过 1.0 单位(如本身为稀释液则无须稀释。)Ⅱ型、Ⅲ型和Ⅳ型:经(70±2)℃的 30 天储存,无分层、沉淀或不溶物;再经(20±2)℃上下翻转,无分层、沉淀或不溶物;测试液体折射率如超过室温储存的 0.002 0,则为失效;如未失效,则测试(0±2)℃时的黏度和 pH 值;经加温的试样黏度不能小于室温储存试样的 20%,也不能高 10%;pH 值的差值应不超过 1.0 单位。

(3) 低温储存稳定性(仅对Ⅱ型、Ⅲ型和Ⅳ型)按 AMS 1428F 中 3.2.2.10 对防冰液进行−20～20℃/24 h 循环试验,持续 10 天;对比试验前后防冰液的

pH 值、折射率、黏度。

(4) 硬水稳定性Ⅰ型：原液用 1∶1 体积比硬水稀释，测试折射率和 pH 值；然后将该溶液经(95±2)℃的 30 天储存，无分层、沉淀或不溶物；再经(20±2)℃上下翻转，无分层、沉淀或不溶物；测试折射率如超过未加热时的 0.002 0，pH 值超过 0.5 单位，则为失效。Ⅱ型、Ⅲ型和Ⅳ型：用 1∶1 体积比硬水稀释，测试折射率；然后将该溶液经(9±2)℃的 30 天储存，无分层、沉淀或不溶物；再经(20±2)℃上下翻转，无分层、沉淀或不溶物；测试折射率如超过未加热时的 0.002 0，则为失效。

(5) 剪切稳定性Ⅰ型：按 AMS 1424J 中 3.3.4.1 进行剪切试验后的 2 h 内(但不应是剪切试验后的最初 20 min)，防冰液能通过防冰性能试验。Ⅱ型、Ⅲ型和Ⅳ型：按 AMS 1428F 中 3.2.2.7.1 进行剪切试验后的 2 h 内(但不应是剪切试验后的最初 20 min)，防冰液能通过防冰性能试验。

(6) 泡沫稳定性Ⅰ型：按 AMS 1424J 中 3.3.5 试验，测试经加热并剧烈搅拌产生泡沫的防冰液在低温试板上泡沫的覆盖情况。Ⅱ型、Ⅲ型和Ⅳ型：用户在选择产品时，制造商应说明在防冰液加热到使用温度，通过专用的除冰设备以正常的压力和流速喷施到飞机平或曲的表面，如机翼或水平稳定器表面，不会造成泡沫的快速消失，且防冰液表面没有出现冰雪。

3) 除冰/防冰液的使用

除冰/防冰液通常用除冰车等装置进行喷洒，如图 4 - 10 所示[72]。飞机除冰有移动式和固定式两种除冰方式，都是以一定的压力喷洒加热到一定温度的除冰液完成除冰工作的。移动式除冰效率高，目前机场主要用此种除冰方式。飞机除冰车最有效的除冰方法是使用加热后的除冰/防冰液从上方尽可能地靠近欲除冰的区域。首先将除冰/防冰液装入除冰车储液罐内，在除冰/防冰液喷射过程中将其加热至一定温度，工作人员站在除冰车操作斗里，当升到一定高度后，绕飞机喷洒除冰/防冰液。喷洒除冰/防冰液的原则：首先喷洒机身，其次是机翼，最后是尾翼。在机翼和平尾上应从翼尖喷向翼根部；垂直尾翼应从顶部向下喷洒；机身上从顶部中心线向外喷洒，注意不能将除冰/防冰液直接喷到驾驶舱风挡上；不能将除冰/防冰液喷入发动机、迎角探测器、全压探头进口；不能将除冰/防冰液直接喷向热的机轮和刹车装置(这一区域要尽量少用除冰/防冰液，且不能使用高压喷洒)；起落架和轮舱如有积雪应用低压喷洒或热空气吹干，必须保证没有冰、半融雪和雪的堆积；发动机进气道上的积雪和风扇叶片的冰雪只能用刷子、毛巾和热空气清除。根据气温不同，防冰/除冰液的持续保护时间也不同。一般除冰后飞机就要立即起飞;有时飞机进行了除冰/防冰之后由于某种原因暂时不能起飞,若时间超过 30 min 以上,且场站所处环境仍处于结冰气象条件,则在起飞前还要进行一次除冰/防冰。除冰时,飞机的发动机等内部设施一律停机,以防意外。

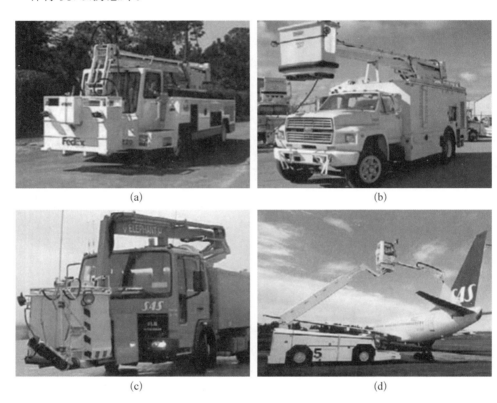

（a）　　　　　　　　　　　　　　　　　（b）

（c）　　　　　　　　　　　　　　　　　（d）

图 4 - 10　不同公司的除冰车[72]

（a）FMC 公司的除冰车　（b）SDI 公司的除冰车　（c）维斯塔加公司的除冰车　（d）萨飞公司的除冰车

4）除冰/防冰液的发展历程

使用丙二醇和乙二醇基的飞机除冰/防冰液能有效地清除飞机表面的冰雪并防冰雪堆积。以乙二醇为基础的除冰器是唯一经 FAA 认证的确保乘客安全的产品。大型商用飞机除冰可能需要 $2 \sim 4 \text{ m}^3$ 的除冰液,据估计,一个中型机场在整个冬季可能使用超过 $1\,000 \text{ m}^3$ 的除冰/防冰液。尽管航空公司和机场管理人员努力优化除冰/防冰液的使用,但飞机上 $75\% \sim 80\%$ 的除冰液会通过过度喷洒或滴淋的方式沉积在机场除冰区域。在滑行和起飞时,更多的除冰/防冰液脱落,这导致除冰/防冰液废料分散在机场上空。除冰/防冰液废料引起了严重的环境问题,联邦和州监管机构越来越多地要求收集和处理飞机除冰液(ADF)径流,以保护当地水质。俄亥俄州威尔明顿机场已经建造了全方位的湿地来处理融雪和雨水废水。伦敦希思罗机场选择了地下和地表流芦苇床来处理富含乙二醇的废物,而不是其他替代方案,如现场回收和再利用、现场厌氧消化、排放到废水处理厂、反渗透、碳过滤、改性纤维素过滤、使用最小化、紫外催化氧化和细菌生物修复等方案[73]。

我国军、民用航空业均处于高速增长阶段,对除冰/防冰液的产品与技术的需求也与日俱增,目前应重点发展含有增稠剂的防冰时间较长的Ⅱ型、Ⅲ型和Ⅳ型除冰/防冰液,使飞机飞行安全更有保障;此外,除冰/防冰液对水体、水生生物等造成的次生环境污染问题也应引起有关部门的重视,应努力开发和应用对生态环境友好、污染较少的除冰/防冰技术。

4.2 新型防除冰技术

4.1节总述了目前所使用的传统防除冰技术,虽然是目前投入实际应用的技术,但是传统防除冰技术所存在的局限性是不可忽视的。例如热防冰虽然效果良好,但能量消耗大、设备成本高,应用范围有限;机械防冰最大的缺点在于对飞机结构完好性和寿命影响大,且脱落的冰块很有可能危及飞机上的其他部件;液体除冰方法需要大量的除冰/防冰液、成本高昂,可能对环境造成污染。总之现存的传统防除冰技术都为能源密集型技术,能耗大,成本高。因此,开发出更加安全、经济、环保的新型防除冰技术具有举足轻重的意义。本节主要介绍电脉冲除冰、激光加工法、超疏水型材料、润滑型材料和离子聚合物这五类新型防除冰技术在防除冰上的优势与不足之处。

4.2.1 电脉冲除冰技术

随着未来飞机全电化/多电化的革新,飞机能源供给方式的改变,使得传统热气防除冰技术可能不再适用,电能将成为防除冰能耗的主要输入,但电热防除冰的电能消耗大,因此需要一种既有一定防除冰效能而能量又相对节省的防除冰方法,而电脉冲除冰技术具有结构简单、耗能低、质量小、易维护、可靠性高和除冰效率高等优点,具有广泛的应用前景。电脉冲除冰(electro-impulse deicing, EIDI)技术最早出现于第二次世界大战之前,如图 4 - 11 所示[74],基本原理是采用电容器组向线圈放电,由线圈产生强磁场,在飞机蒙皮上产生一个幅值

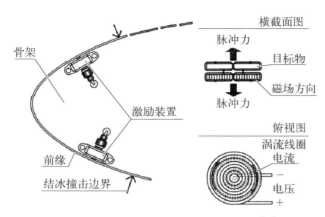

图 4-11　翼展方向安装的 EIDI 示意图[74]

高、持续时间极为短暂的机械力,使冰发生破裂而脱落。

最早有关电脉冲除冰的思想始于 1937 年的英国专利文献[75],之后美国、苏联、英国、法国等国陆续开展了相关技术的理论研究与试验测试,由于缺乏对基本问题的深入探索和商业因素等多种原因,美国、英国、法国等相继放弃了这一技术的研究计划,唯有苏联继续开展相关技术的研究并于 1972 年首次将电脉冲除冰技术应用在飞机上[76],但是在当时并未受到广泛的应用。直到 20 世纪 80 年代初,美国重新启动电脉冲除冰技术的研究计划,由美国国家航空航天局(NASA)、各高校和行业联盟共同发起,开展了一系列的深入研究并进行了大量冰风洞试验和飞行试验,揭示了电脉冲除冰技术的潜在优势,使之真正赢得了广泛的关注,掀起了一股研究热潮。1982 年,威奇托州立大学在 NASA 的刘易斯研究中心的资助下与美国飞机制造商合作,开始电脉冲除冰技术的研究工作,通过在 Beech、Cessna 等一些小型飞机上的飞行测试和冰风洞试验,验证了电脉冲除冰技术的可行性[77]。之后威奇托州立大学的 Zumwalt 教授带领的科研团队对电脉冲除冰技术进行了为期 7 年的研究[78],并申请了系列专利,同时也开始了电脉冲除冰技术飞行安全性的相关论证,期望尽快获得 FAA 的认证;在电脉冲除冰技术的脉冲电路和电动力学方面,该团队获得了脉冲力和脉冲电路的电压、脉冲时间、线圈尺寸、蒙皮材料之间的基本关系[79-81];在除冰结构动力学特性研究方面,采用有限元法[82]和模态分析法[83]对脉冲力作用下的除冰过程和蒙皮动响应进行了初步分析;在飞行测试和冰风洞试验方面,通过对不同机翼构型[84]、不同飞行工况下[85]的大量试验,基本掌握了当时服役飞机的电脉冲除冰试验评估技术。但是,电脉冲除冰技术至今仍未获得 FAA 的认证。

另外，以 Akron 大学的 Chu 等为代表的学者与 R&D 研究中心合作，在充分研究冰层受冲击下的力学性能[86]后，提出了相对准确的电脉冲除冰有限元分析模型[87]，为电脉冲除冰系统的精细化设计提供了重要技术途径。此外，Cox & Company 公司的 AlKhalil 等[88]提出了一种电脉冲与电热相结合的混合式除冰方法，虽然试验证明该方法具有不错的除冰效果，但是复杂的控制过程和高能耗制约了其发展。英国、法国、德国等在电脉冲除冰技术方面也有深入的研究，英国在 1990 年就起草了"机翼除冰程序"文件[89]，Esposito[90] 和 Kermanidis[91]等通过测试冰层的附着性能，提出了新的机翼除冰力学分析模型。最终在英国、法国、德国、意大利等国的共同努力下，电脉冲除冰技术取得了一些实用性研究成果。

随着相关学科和计算机技术的快速发展，对冰层黏附和电脉冲除冰过程中的研究也在不断深入。希腊 Patras 大学的 Labeas 等[92]在总结前人研究的基础上，提出了一种三维除冰结构动力学分析模型，综合考虑了冰层附着的界面剪切强度与拉伸强度，提出了一种新的冰层松脱条件，并将这一条件应用于电脉冲除冰过程的动力学分析。

与国外相比，国内在电脉冲除冰技术方面的研究起步较晚，最早由南京航空航天大学裘燮纲教授于 1993 年在《南京航空航天大学学报》上发表了电脉冲设计参数研究[93]，但由于该技术研发的难度以及缺少经费的支持，没有引起足够重视而未能进行深入的研究。

直至 21 世纪初，由于全球节能的需要与飞机防除冰技术多样化的需求，国内才逐渐关注飞机防除冰领域中低能耗的电脉冲除冰技术，并取得了一定的研究成果。2007—2008 年，南京航空航天大学的杜骞首次搭建了地面电脉冲除冰试验台[94]，可实现 300 mm×300 mm 的电脉冲除冰试验，主要采集了脉冲电路的电流峰值并进行了加速度实验。北京航空航天大学的姚远和李广超等[95-97]对电脉冲除冰系统的脉冲电路和电动力学模型进行了计算分析，获得了系统关键参数的基本关系，开始采用时域电流分析方法对电脉冲除冰技术进行研究，但其对电磁场及电感的研究主要还是沿用美国威奇托州立大学的分析思路并未有所突破。西北工业大学吴小华等[98]和张永杰等[99]分别运用电磁涡流场的求解方法研究了电脉冲除冰系统的影响因素以及运用动力学分析方法对冰与铝板界面之间的应力状态进行计算分析，验证了电脉冲除冰的冰层失效准则。南京航空航天大学的李清英等[100-103]完成了建立电脉冲除冰系统的二维和三维电磁场涡流有限元分析模型，分析了试验蒙皮在涡流场中法向及径向的磁感应强度，采用麦克斯韦应力法计算了该蒙皮所受的瞬态电磁力,用南京航空航天大学的地面电脉冲除冰试验台完成了脉冲放电电压 500 V 时的除冰试验,获得了 3 次除冰激励后的除冰效果并进行了除冰过程的数值仿真计算等研究。

国内对于电脉冲除冰技术电磁场及电感的研究主要还是沿用美国威奇托州立大学的分析思路,在理论突破上具有一定的局限性;对于冰层失效准则的研究只简单地用动力学理论分析了冰与铝板界面之间的应力状态,并未深入研究影响冰层失效的因素。国内对于电脉冲除冰技术的研究虽然取得了一定的研究成果,但并未能在理论上实现突破并进行深入研究。在脉冲线圈研制方面,中国航空工业集团武汉航空仪表有限责任公司(简称中航 181)成功试制了电脉冲除冰的脉冲电感线圈,并取得了小翼型截面原理性除冰试验的成功。之后通过航空科学基金项目"飞机机翼电脉冲除冰系统电动力学与动强度优化方法研究"以及工信部、财政部项目"民用飞机电脉冲除冰系统技术研究",与航空工业第一飞机设计研究院、西北工业大学等单位共同对电脉冲除冰技术进行了系统深入的研究,提出了电脉冲除冰系统脉冲电路及结构设计的基本方法以及电脉冲除冰系统电动力学建模与参数优化设计方法,获得了除冰结构动响应综合分析与评估方法以及电脉冲除冰系统元器件和机翼等相关部件的疲劳分析方法与疲劳试验方法,可为飞机电脉冲除冰系统的设计提供方法与技术指导。项目完成了平板电脉冲除冰原理性试验和小翼型结构电脉冲除冰系统冰风洞原理性试验,平板结构电脉冲除冰结果如图 4-12 和图 4-13 所示,小翼型电脉冲除冰结果如图 4-14 和图 4-15 所示。

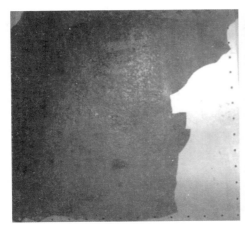
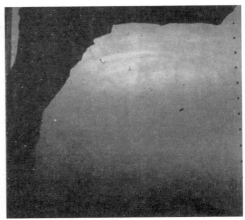

图 4-12 单次激励后平板结构电脉冲除冰结果[103]

图 4-13 多次激励后平板结构电脉冲除冰结果[103]

图 4 - 14　小翼型结构结冰情况[103]

图 4 - 15　多次激励后小翼型结构电脉冲除冰结果[103]

　　通过对国内外电脉冲除冰技术研究现状的整理,尤其是对国内研究现状的分析,可以发现国内电脉冲除冰技术的研究起步较晚,还未完全掌握电脉冲除冰系统电动力学和结构动强度设计与分析方法、电脉冲除冰结构的疲劳寿命评估方法、电脉冲除冰技术的动强度和疲劳强度验证试验方法以及电脉冲除冰系统的综合优化设计与评估方法等关键技术,在型号应用方面更是处于空白状态。如要将电脉冲除冰技术应用于型号飞机上,则必须要解决在飞机上应用的关键技术,这也是电脉冲除冰技术研究的难点与挑战。

　　电脉冲除冰技术研究的难点之一是如何得到最优的脉冲电路以及除冰电脉冲激励的计算。考虑到脉冲电路参数间的关系是复杂的、综合作用的,需进行深入的理论研究以获得脉冲电路电压、电容、线圈尺寸、蒙皮材料以及线圈与蒙皮之间的间隙和脉冲力、脉冲时间等的基本关系,由此得到一个确定的设计方法,进而设计最优脉冲电路。在得到脉冲电路的基础上研究脉冲激励,但因为脉冲激励分布不均匀,若简单的建立模型施加总电磁力,会影响计算精度,需按照脉冲力分布特点进行有限元网格的划分,计算得到不同位置不同时刻的脉冲激励。电脉冲除冰技术研究的难点之二是冰层失效准则的研究。冰层失效准则的研究是进行除冰效果研究的前提,冰层失效问题的影响因素繁多,尤其需要了解冰层的物理属性。由于冰层的物性参数受环境温度、液态水含量、水滴直径、撞击速度等因素的影响,同时冰蒙皮间的黏附强度还受基层材料、表面粗糙度等约束,因此在不同条件下产生的冰层其物性参数差别很大。这些都是冰层失效准则研究的关键。而除冰效果的仿真研究,是通过计算覆盖在蒙皮上的冰层失效状态,模拟出电脉冲除冰的除冰范围,从而求解得到除冰效果。其中所选用的冰层失效准则是否适用是影响除冰效果计算的关键因素。电脉冲除冰技术研究的难点之三是如何得到电脉冲除冰结构的疲劳寿命时间。通过对除冰结构疲劳性能的深入研究,从而获得电脉冲除冰结构的疲劳寿命评估方法。需结合蒙皮结构电脉冲除冰的动强度和疲劳强度验证试验,提出电脉冲除冰结构疲劳寿命的有效评估方法,为将来电脉冲除冰技术的装机应用奠定基础。电脉冲除冰技术研究的难点之四是脉冲线圈以及系统研制的工艺要求。目前国内尚无能批量生产电磁脉冲线圈的厂家,并且尚无成熟的线圈制作工艺规程以及系统研制工艺规程。在未解决上述难点之前,电脉冲除冰技术在国内飞机型号上的应用还需进行大量的理论研究与试验研究的积累。电脉冲除冰技术在国内飞机上的应用研究对国内防除冰系统设计团队来说是极具挑战的研究项目。

随着现代飞机对于高效、低能耗要求的提出,对于防除冰也有了相应更高的要求,而电脉冲除冰技术以其具有结构简单、尺寸小、重量轻、能耗少、效率高及维修方便等显著优点,具有广泛的应用前景,是一种极具发展前途的飞机除冰方式。今后,在电脉冲除冰脉冲电路、脉冲激励与除冰效果研究的基础上,针对影响电脉冲除冰效果的因素,如冰型、除冰部位、线圈安装位置等,进一步完善电脉冲除冰的设计流程;针对电脉冲除冰会产生电磁场这一现象,应论证电磁辐射干扰等是否会影响飞机的安全。

4.2.2　激光加工法

上一节提到的电脉冲除冰方法虽然具有广泛的应用前景,但由于存在脉冲电路参数间的复杂性以及冰层失效准则的研究难度,难以实际应用或者说难以达到比较理想的防除冰效果。鉴于此,需要开发一种更加简单、节能、影响因素小的先进技术来促进飞机的防除冰研究。激光加工法指利用高能脉冲激光束加工材料表面,实验中调整激光加工速度、加工功率、加工扫描间距等相关参数,在材料表面获得周期性微纳米结构,从而提高材料表面的疏水性能[104]。在试验过程中,激光器发射出能量比较集中的激光,金属表面热影响区较小,而且激光束易于聚焦和导向,便于自动化控制,更重要的是不接触加工表面,对金属表面无污染。因此,受到业内人士的广泛关注。近年来,已有学者使用激光加工法在材料表面制备出超疏水结构。刘莹等[105]使用 K_rF 准分子激光辐照技术在聚偏氟乙烯高分子材料上实现超疏水性。图 4-16(a)～(g)所示为改变脉冲个数的处理结果,试样中所选脉冲个数分别为 0、5、10、15、20、30 和 40。研究表明激光能量密度与脉冲个数可以调节试样表面的疏水性能。

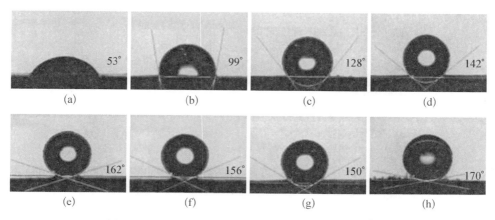

图 4-16　液滴在辐射照后 PVDF 表面上存在状态[105]

注:1. (a)～(g)能量密度为 300 mJ/cm²。
　　2. (h)能量密度为 400 mJ/cm²。

　　目前常用的激光加工方法主要包括纳秒激光、飞秒激光和皮秒激光。下面先对其加工过程即烧蚀机理进行阐述,再描述其研究现状。激光与材料的相互作用过程如图 4-17 所示。首先是纳米激光烧蚀时,电子温度和晶格温度随时间的变化基本一致,该过程是热平衡烧蚀过程。在激光脉冲作用下,金属材料表面的温度会率先达到熔点,随后升至沸点。对于金属材料,其蒸发过程所需能量较熔化过程多,因此能量的损失方式主要是热传导。纳秒激光烧蚀材料表面时,材料内的热量得到充分传播,致使较大面积的金属熔化材料从液体开始蒸发,加工过程中有热影响区存在,会导致材料表面有再铸层和微裂纹存在[106]。其次是飞秒激光,飞秒激光烧蚀过程是非热平衡烧蚀过程,该过程中材料蒸发时间非常短,可认为材料直接从固体转化成气体。当飞秒激光脉冲结束后,大约需要几个皮秒的时间,自由电子将能量传递到晶格。在该过程中,飞秒激光加工的材料表面会变成高密度的等离子体或者蒸汽,并在很短时间内得到膨胀。在飞秒脉冲激光烧蚀过程中,晶格内部没有得到热量,因此材料表面没有熔池存在,有利于材料的精密加工[107-109]。最后是皮秒激光,在皮秒脉冲激光加工过程中,材料表面转化过程为固体-气体或者固体-等离子体,材料蒸发过程中会有一部分金属发生熔化导致少量液相物质存在。皮秒脉冲激光烧蚀过程十分复杂,这个过程的烧蚀机制属于混合烧蚀机制,既包括平衡烧蚀又包括非平衡烧蚀[110]。与飞秒脉冲激光加工相比虽然皮秒脉冲激光烧蚀有熔化区,但一般热影响区较小。当皮秒脉冲激光脉宽与材料的电子-离子弛豫时间接近时,在皮秒脉冲激光烧蚀过程中,自由电子没有把能量传递到周围的加工区域,很大程度降低了材料表面的热影响区,从而使其加工精度接近飞秒脉冲激光烧蚀过程。

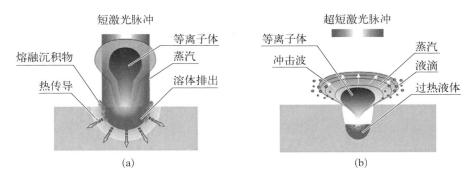

图 4-17　激光与材料的相互作用[111]

(a) 短脉冲激光与材料相互作用　(b) 超短脉冲激光与材料相互作用

Farshchian 等[112]利用纳秒脉冲激光在疏水性聚二甲基硅氧烷(PDMS)基体表面制备出超疏水网格图。Moradi 等[113]报道了飞秒激光辐照过程中不同参数对不锈钢表面形貌和润湿性的影响。杨奇彪等[114-115]先后分别使用纳秒光纤激光刻蚀与烘箱烘烤相结合的方法和飞秒激光加工与时效处理法在铝板上成功地制备出超疏水表面。陈云富等[116]使用皮秒激光在聚四氟乙烯表面制备出周期的柱状阵列从而获得超疏水性;在 PTFE 表面运用激光加工法制备微结构,且随着微结构密集程度增加,表面疏水性逐渐增强。根据润湿性的相关概念可知,制备超疏水表面的前提是基体材料表面不仅要有粗糙结构,而且需有较低的表面能。材料自身的属性决定了材料的表面能,制备超疏水表面时经常涂覆低表面能物质以降低材料表面自由能。有多种方法可在基体材料表面构造粗糙结构,其中激光加工法因无须特殊的工作环境、可一步获得纳米级和微米级微观结构,且激光加工过程所需时间短,可通过控制参数得到不同微纳米结构等优点,从而应用于在各种材料表面制备微结构。

迄今,已有许多科研工作者使用激光加工法获得超疏水表面。2009 年中国的 Wu 等[117]利用飞秒脉冲激光对不锈钢表面进行辐照然后对其进行硅化处理,选用较低脉冲能量密度进行加工,在不锈钢基体表面获得了微米级周期性结构,试样表面的表观接触角达到 150.38°。随着脉冲能量密度改变,在不锈钢材料表面获得微米级结构和亚微米级结构,测得表观接触角最大为 166.38°,滚动角为 4.28°。2011 年荷兰学者 Jagdheesh 等[118]使用脉宽为 6.7 ps 的紫外激光脉冲对 TC4 合金进行激光加工,随后涂覆氟硅烷降低材料表面能。实验研究了脉冲数量对试样表面的微结构以及试样表面润湿性的影响。研究结果表明,随着脉冲数量的增加试样表面微观结构的尺寸逐渐趋向于纳米级结构。

2014 年清华大学的 Long 等[119]利用皮秒激光制备出具有彩虹色的超疏水铜表面。实验中将激光加工后的试样使用三乙氧基辛基硅烷改性,结果表明具有不同类型波纹的试样表面表现出不同的润湿性。同时研究了表面微观形貌对试样表面接触角和滚动角的影响。实验结果表明,当试样表面有大波纹结构且有大量纳米级结构存在时,试样表面的接触角和滚动角分别为(153.9±3.2)°和(11±3)°。2015 年俄罗斯学者 Emelyanenko 等[120]利用纳秒红外激光器加工不锈钢材料表面,随后运用化学吸附法将氟硅烷吸附在试样表面从而获得了超疏水不锈钢涂层。实验结果表明,制备的超疏水不锈钢涂层在长期与水的连续接触下仍然具有极强的疏水性和化学稳定性,并且在长时间磨粒磨损和空化载荷下涂层表面依然表现出良好的功能耐久性。研究发现制备的超疏水涂层具有显著的自愈性能。2016 年泮怀海等[121]在钛表面利用飞秒激光进行扫描,随后在溶解了双面胶的丙酮溶液中浸泡获得超疏水表面,实验测得钛表面的接触角达到 153.8°。研究了激光能流密度对试样表面润湿性的影响。结果表明,不同激光能流密度对试样表面进行激光加工,在试样表面获得不同微观形貌和不同的接触角。2016 年英国学者 Van Duong Ta 等[122]利用纳秒光纤激光器对不锈钢(304S15)进行刻蚀。实验研究发现激光加工后获得亲水性试样表面,13 天后试样表面的接触角达到 152°,第 18 天接触角为 154°,随后接触角没有明显变化,试样表面依然保持良好的超疏水状态。

2018 年黄超[123]在铝合金表面利用红外激光打标机制备仿生微结构,随后运用硅烷化处理使得材料表面获得疏水分子膜。实验研究了激光加工功率和扫描速度对试样表面微观形貌的影响。研究结果表明,激光功率增加和扫描速度降低都使材料表面的微结构粗糙化,同时凹槽深度会加深从而制备出超疏水表面。黄超还利用红外激光打标机在黄铜材料表面制备出多尺度微结构,然后利用硬脂酸修饰制备出超疏水黄铜表面。实验结果表明,激光加工后黄铜表面接触角最大为 155.84°,超疏水黄铜表面具有更大的粗糙度和更大的硬度,且拥有一定抗腐蚀能力。2018 年中国的 Song 等[124]运用飞秒激光烧蚀铝表面,然后对加工后试样进行硅烷化处理。研究了激光参数如扫描速度、激光功率及扫描间距对试样表面微观形貌和润湿性的影响。研究结果表明,改变激光加工参数可在试样表面获得不同的微纳米结构,具有不同微观结构的试样表面与水的接触状态从 Cassie 状态向 Wenzel 状态转变,试样表面的滚动角可从 0.7°到 90°转变(见图 4 - 18)。

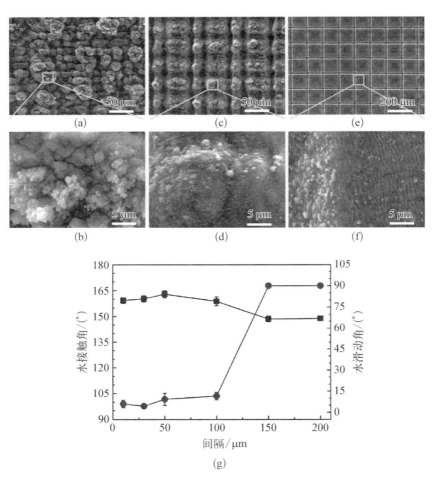

图 4 - 18　不同飞秒激光扫描间距的铝表面 SEM 图片[124]

注:1. (a)～(b) 间隔为 10 μm;(c)～(d)间隔为 50 μm;(e)～(f)间隔为 200 μm。
　　2. (a)～(f) 激光功率为 8 W,扫描速度为 100 mm/s。
　　3. (g) 激光处理表面上水滴的接触角和滑动角,扫描速度 100 mm/s,激光功率为 8 W,间隔为 10～200 μm。

由于过冷水滴的影响，飞机外表面结冰会对飞机的气动性能产生不利影响，降低飞机的作战能力，因此必须加以防止。疏冰性在许多方面与疏水性相似，超疏水表面体现了对冰附着问题的直接解决。短/超短脉冲激光表面处理是在金属表面产生超疏水性能的一种可行技术。然而，在典型的结冰条件下，这类表面是否普遍疏冰尚未得到证实。因此，在 2020 年 Vittorio 等[125]研究了航空航天零部件常用的钛合金 Ti6Al4V 的冰黏着强度，该合金通过直接激光书写、直接激光干涉图案和激光诱导的脉冲长度从纳米到飞秒范围的周期性表面结构激光源形成纹理。研究了不同覆冰条件下，空间周期、表面微观结构深度与覆冰粘接强度之间的关系（见图 4 - 19）。

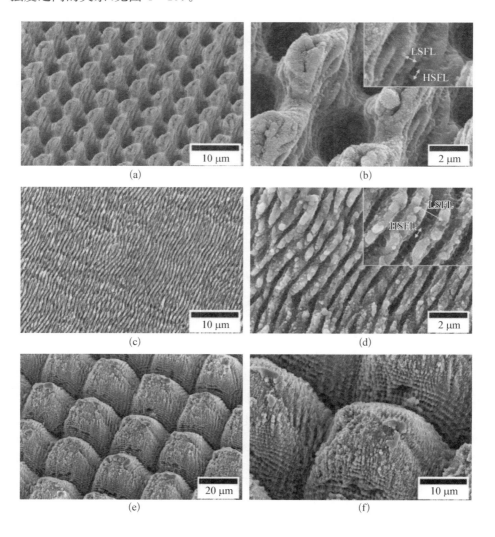

(a)　　　　　　　　　　　　　　　(b)

(c)　　　　　　　　　　　　　　　(d)

(e)　　　　　　　　　　　　　　　(f)

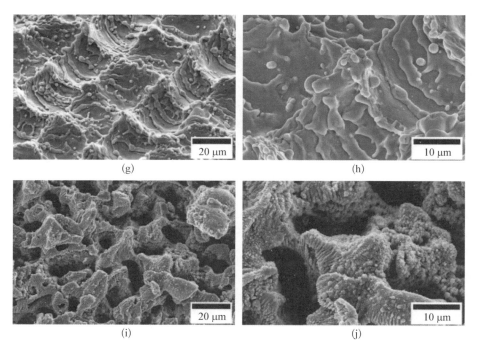

图 4-19　直接激光书写(DLW)，直接激光干涉图案(DLIP)，激光诱导的周期性
表面结构(LIPSS)和多孔表面的 SEM 图[125]

另外，Al2024 是一种在寒冷环境中非常受关注的铝合金，特别是用于飞机生产。Annalisa 等[126]提出了一种一步法的飞秒激光处理方法，以获得具有强大的疏水行为和防结冰性能的超疏水 Al2024 表面。在这些样品上，成功地演示了不同尺寸的污染物颗粒的自清洁行为。这种特性有助于延缓冰的形成，因为任何沉积的粒子都是天然的冰成核加速器。在低温条件下，表面的疏水性也得到了证实，沉积在纹理基底上的液滴恢复了原来的形状，从而完全防止了表面被润湿，而在原始样品上则现象相反。此外，该激光处理的表面即使在极低温的环境（—20℃）下也表现出动态防冰性能。该研究证明，激光在 Al2024 表面制备的微结构有利于有效的防冰，因为即使在零下温度下也能保持稳定的拒水性能，从而抑制水的黏附，防止冰的形成将 10 μL 的液滴(a)在激光处理样品和原始样品上的液滴(b)进行比较（见图 4-20）。

飞机发动机进气道前缘唇口积冰将会严重威胁航空安全，因此针对飞机唇口材料 TC4，崔静等[127]采用飞秒脉冲激光诱导制备 TC4 微结构表面，利用三维形貌仪和扫描电镜对 TC4 合金表面三维形貌和微纳结构进行观测，应用接触角

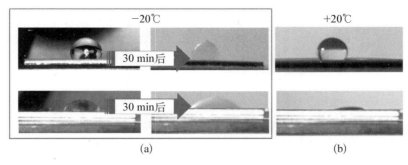

图 4 - 20　热循环后的液滴演化[126]

（a）h＝50 μm　（b）原始样

测量仪分析表面浸润改性,依托结冰特性实验系统测试微结构表面抑冰抑霜性能,并分析飞秒脉冲激光加工工艺参数对表面微观结构和抑霜特性的影响机制。研究结果表明：随着激光扫描速度的增大,TC4 合金表面形成的拱形沟壑深度增加,沟壑上方出现干涉条纹以及圆形凸起,且微纳凸起的尺寸随扫描速度的增大而增大,接触角先减小、后增大、再减小;加工后表面液滴冻结时间比未加工表面延迟 30 s;扫描速度 2 000 mm/s 时的液滴冻结时间最长,霜层质量最小,高度最低。飞秒激光加工 TC4 合金表面形成的微纳结构以及表面吸附的有机物能够改变表面接触角;粗糙度和表面形貌能够影响表面结冰时间和结霜量（见图 4 - 21）。

　　虽然纳秒激光表面处理为低成本制造多尺度形貌铺平了道路,微细激光和飞秒激光能够在几乎所有金属表面以可重复的方式产生周期性或随机的纳米和多尺度形貌,而不会产生任何热引起的负面影响。前面的研究表明,飞秒激光处理的铝表面具有一定的防结冰功能。然而,利用飞秒激光处理产生的所谓激光诱导周期表面结构（LIPSS）显示出多种功能,如抗生物污染、抗黏附和光学效应。因此,在金属表面制造这种 LIPSS 形貌可以促进多功能性,从而代表一种增值处理。此外,由于单尺度纳米形貌是低冰附着性的理想选择,因此 LIPSS 如何影响冻结过程值得了解。为此,Gaddam 等[128]研究利用一步飞秒激光加工技术在不锈钢表面制备了单层纳米和双层多尺度形貌,以提高抗冰性能。在 −10℃条件下,对激光处理表面的液滴冻结和结霜进行了研究,并与润滑和超疏水纳米颗粒涂层的表面进行了比较。亲水的纳米形貌加速了液滴的冻结,比未处理的表面表现得更差,而疏水的纳米形貌使液滴冻结的时间增加了近 2 倍。总体而言,超疏水双层多尺度地形显著延迟了液滴冻结时间和表面结霜的形成。

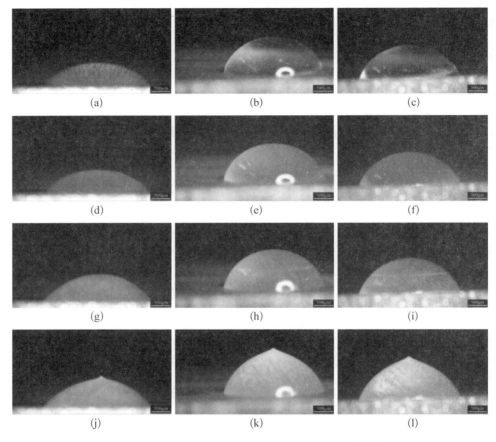

图 4-21 不同扫描速度下表面水滴冻结情况[127]

(a) $t=0\,\text{s}$, $v=600\,\text{mm/s}$ (b) $t=0\,\text{s}$, $v=2\,000\,\text{mm/s}$ (c) $t=0\,\text{s}$, $v=5\,000\,\text{mm/s}$ (d) $t=25\,\text{s}$, $v=600\,\text{mm/s}$ (e) $t=6\,\text{s}$, $v=2\,000\,\text{mm/s}$ (f) $t=46\,\text{s}$, $v=5\,000\,\text{mm/s}$ (g) $t=55\,\text{s}$, $v=600\,\text{mm/s}$ (h) $t=80\,\text{s}$, $v=2\,000\,\text{mm/s}$ (i) $t=56\,\text{s}$, $v=5\,000\,\text{mm/s}$ (j) $t=59\,\text{s}$, $v=600\,\text{mm/s}$ (k) $t=94\,\text{s}$, $v=2\,000\,\text{mm/s}$ (l) $t=71\,\text{s}$, $v=5\,000\,\text{mm/s}$

此外,即使在经历了 25 次磨损循环后,双层多尺度地形也能保持其抗结冰响应,而只有纳米尺度的形貌和纳米颗粒涂层的表面仅在 10 次循环后就失去了其功能。因此,这种不含任何涂层的坚固的双层多尺度地形可以为许多工业应用提供支持(见图 4-22)。

由于被动防冰或疏冰超疏水表面具有预防结冰和容易清除冰的潜力,因此受到了许多研究者的关注。然而,由于难以保持良好的 Cassie 状态稳定性,且很少报道优异防冰的超疏水表面。在高湿度和冰冻的环境条件下尤其如此。2021 年,清华大学 Pan 等[129]采用超快激光烧蚀和化学氧化相

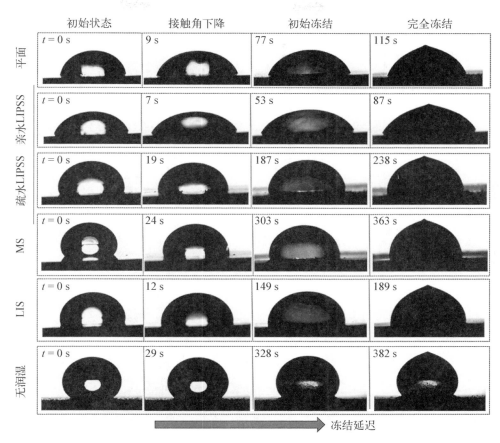

图 4-22　不同表面的液滴冻结过程[128]

结合的混合方法,设计了一种新型的三尺度微/纳米结构超疏水表面,该表面具有良好的防冰和疏冰性能。这种新型的表面结构由周期性的微锥阵列组成,微锥阵列上覆盖着密集生长的纳米草和分散分布的微花。该表面表现出良好的 Cassie 状态稳定性,这对良好的防冰性能至关重要。制备的超疏水表面的防结冰特性是通过冲击液滴的快速滚落实现的。此外,通过层次化凝结、聚结引起的跳跃和向上移动,实现了对高湿影响的良好抵抗。由于表面结构中存在稳定的气穴,冻结条件下固液界面处的非均质形核也有较好的延迟。因此,这种三尺度超疏水表面表现出良好的防冰性能,具有优异的 Cassie 状态稳定性、高耐湿度和良好的除冰耐久性(见图 4-23)。

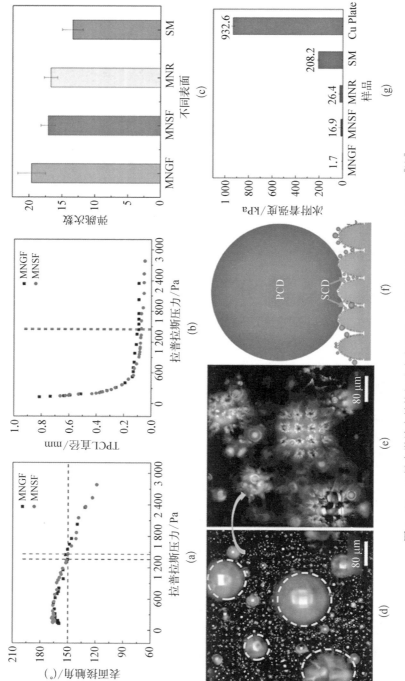

图 4 - 23 三尺度微纳结构超疏水表面 Cassie 稳定性和防除冰性能表征[129]

4.2.3 新型防冰材料

前面提到的电脉冲除冰有着脉冲电路参数之间的关系复杂、工艺复杂的缺陷使其不利于实际应用或者说离实际广泛应用仍需要开展大量研究。而之后提到的激光加工法,虽然制备快,但是其所需仪器设备往往价格较高,技术操作难度较高。并且其对材料表面的激光处理是不可逆的过程,一旦形成某种特定表面,就无法恢复原状,这无疑是增加了防除冰的成本。鉴于此,开发出一种制备简单、易制备、易操作、可调控的防除冰技术迫在眉睫。

人们对防冰涂层的研究始于 20 世纪 50 年代,最初主要是对不同基底表面冰的附着力和其影响因素进行研究。到目前为止,防止材料表面结冰的机理主要有两种:一是在水结冰之前就将水滴脱除,即延长过冷水滴的结冰时间,增加材料表面疏水性,使得过冷水滴在凝结成冰之前利用材料表面的超疏水作用就将水滴脱除;二是材料表面冰已形成,降低冰与材料表面的黏附强度将冰脱除,过冷水滴凝结成冰,由于冰与材料表面之间具有低的黏附强度,冰在自身重力、风力、振动等外力的作用下自动脱除,达到除冰的目的。

根据以上机理,材料表面防冰性能的表征研究可以从以下两个方面展开:一是材料表面延缓结冰的能力,通过对比不同材料表面冰的形成时间以及单位时间、单位面积内冰形成的质量可以衡量材料延缓结冰的能力,同时通过静态水接触角、滚动角可以表征材料表面的疏水性能;二是冰与材料表面的相互作用力,即冰的黏附强度。目前冰的黏附强度还没有统一的测试标准,多数学者主要通过图 4 - 24 所示的装置进行冰的黏附强度的测试[130-132]。首先将所制备的具有防冰性能的基底材料固定在冷台上,采用合适的容器在基材表面制备若干冰柱,通过移动测力计使得冰柱从材料表面脱除,将水平剪切力作为冰对基底的黏附力 F,并测量得到冰与基底的接触面积 S,通过公式 $\tau = F/S$ 即可得到冰的黏附强度。材料表面同时存在多个冰柱,可以保证在相同制样条件和测试环境下

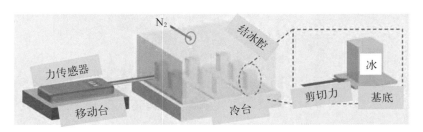

图 4 - 24　冰的黏附强度测试示意图[131]

得到多组冰的黏附力数值,从而提高数据的准确性。通入干燥的氮气,可以防止测试过程中有霜形成,以免影响实验结果的准确性。

1) 超疏水防冰材料

考虑飞行器遭遇典型的成冰和积冰过程,悬浮在冷空气中的大量过冷微滴会首先润湿固体表面,并迅速冻结成冰[133]。具有非润湿特性的材料可以首先作为被动防冰剂排斥过冷液滴,最终达到防冰的目的。在这种情况下,超疏水材料[接触角(CA)大于150°和接触角滞后(CAH)小于10°]则被认为是理想的疏冰材料[134]。在这方面,疏冰性一般指固体表面排斥冰或防止冰形成的能力。值得注意的是疏水为超疏水材料的必要特征,但并不完全等同于疏冰。后者通过结冰延迟时间或温度和较低的冰附着力反映出来。由于冰是水在低温条件下结冰形成的,所以疏水性与疏冰性确实密切相关。然而,这种关系并不像看起来那么简单,因为延迟结冰和低冰黏着力的材料要求并不总是与防水表面相同,有时可能会出现矛盾的要求。例如,表面微纳米级的纹理已得到广泛研究,以诱导超疏水空气袋下的水滴。同时,它们可能同时带来多个位点,促进非均质冰成核[135-136]。在表面微观结构的锚固作用下,冰的黏附力会大大增强。因此,由于参考环境的不同,微观粗糙的超疏水表面可能并不总是对疏冰有效[137-138]。

表面纳米结构决定了固液接触模式的润湿性,因此对实现理想的拒水性能起着重要作用。通过对自然界生物的研究,研究人员揭示了纳米结构对非润湿特性的作用和作用机制,并人工模拟了这些特殊的非润湿表面[139-141]。通过疏水性荷叶表面的微观特征的观察[142],水滴以近半球形乳头(大小为 5~10 μm)随机分布在表面,同时有着 150 nm 左右的树枝状突起,如图 4-25(a)所示。这种分级的微纳结构被认为是实现超疏水性的主要原因,其表面显示几乎完全悬浮的水滴[见图 4-25(b)]。随后,确定固液接触界面符合 Cassie-Baxter 润湿状态[143-144]。如图 4-25(c)所示,微米级结构捕获了大量的气穴来支撑液滴。同时,表面水滴附着力较低[见图 4-25(d)],当倾斜角度为 4.0°时,水滴无法稳定地停留在超疏水表面[145]。

在水滴附着的另一端,壁虎的脚趾表现出极高的水滴附着强度,同时也表现出较高的水分 CA。图 4-25(e)为其脚趾的微观特征。一个水滴可以稳定地钉在壁虎脚趾表面,其水接触角约为 160°[见图 4-25(f)],并且水滴仍然倒挂在脚趾表面。认为高 CA 和对水的高附着力与微观表面特征有关。扫描电子显微镜(SEM)图像显示了壁虎脚趾的微观形态,如图 4-25(e)底部所示。壁虎的脚趾上覆盖着数以百万计排列整齐的称为刚毛的微小角质毛(长度为 20~70 μm,直径为 3.7 μm),它们进一步分裂成数百个更小的纳米级末端(直径为 100～200 nm)[146-147]。

因此,壁虎脚趾的超疏水性可以利用与超疏水荷叶表面相似的润湿机制(Cassie‐Baxter 接触模式)来进行很好的解释。但是,与荷叶对水的黏附性很低不同,壁虎的脚与水的黏附性很强。这种看似奇特的行为是由于高密度的纳米末端(壁虎的抹刀)与水之间的分子间(范德华力)的集体作用力所致。人们注

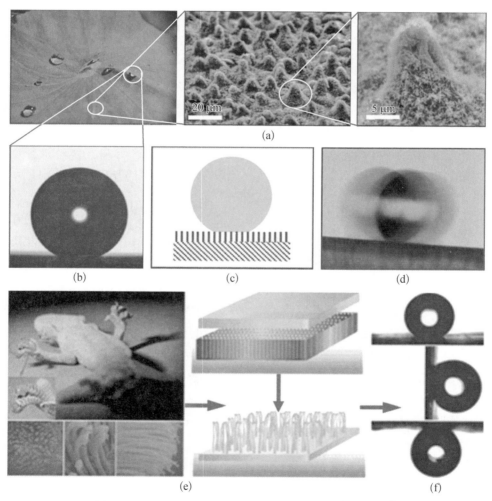

(a)

(b)   (c)   (d)

(e)   (f)

图 4‐25 用于特殊非润湿状态的天然纳米结构[142,145,147]

(a) 荷叶表面及其微观特征 (b) 静滴停留在荷叶表面的光学图像 (c) 荷叶上水滴润湿情况示意图 (d) 人工制备的高 CA 低 SA 超疏水表面 (e) 壁虎脚趾的微观形貌和人工制造的仿生纳米结构 (f) 在人工制备表面具有高液滴着附力的超疏水性

意到要使这种所谓的壁虎接触状态成为可能,必须在分子水平上进行大量的纳米结构接触。为了验证所提出的机理,Liu 等[147]以阳极氧化铝(AAO)为模板,人工制备了类似的微观纳米结构聚酰亚胺薄膜,如图 4 - 25(e)所示。合成的表面具有很高的液滴附着力,表明当倾斜到 90°甚至 180°时,液滴不会从聚酰亚胺薄膜上滑落[见图 4 - 25(f)]。由此可见,通过调节具有不同地形特征的微观纳米结构特征,可以实现不同的表面润湿特性。

由于超疏水的微纳结构,因此经常通过构筑超疏水表面(SHS)进行防冰应用的研究。静止水滴的接触角较大,接触角滞后量较小,这导致水滴在 SHS 上呈球形,难以维持。接触角越大,与冷 SHS 的接触面积越小,这削弱了从水滴到冷 SHS 的热传递,降低了水 SHS 界面异质形核的可能性,从而减缓了冻结过程冷 SHS 上的水滴[148]。此外,当水滴以初始速度注入 SHS 时,在 SHS 上发现了独特的液滴反弹行为。一旦水滴撞击到 SHS 上,它就会扩散成煎饼状,并在展开状态下储存动能,然后储存的能量驱动水煎饼收缩回球形,最后从 SHS 反弹。SHS 上稳定的滞留空气层是水滴反弹作用的必要条件,这与冲击水速和 SHS 表面结构有关[149]。Mishchenko 等[150]已经发现砖状的顶部开口单元结构显示出强大的抗润湿能力,可以承受 90～135 m/s 的液滴冲击[见图 4 - 26(a)]。减少冷 SHS 上的水滴接触时间可以减少从水滴到表面的热传递,从而提高即使在超冷环境下的抗结冰能力[151-152]。Liu 等[153]已经发现水滴以扁平的煎饼形状离开亚毫米级的 SHS,接触时间最短为 3.4 ms[见图 4 - 26(b)]。除了液滴的碰撞反弹效应外,在 SHS 上还观察到了凝聚的微水滴的自推进跳跃效应[见图 4 - 26(c)][154]。凝结水惊人的跳跃运动是由凝结水与固体表面之间的黏附决定的水滴聚结释放的表面能引起的。一般来说,在微纳分级结构表面上容易发生凝结水滴自走跳跃和脱离[155]。如图 4 - 26(d)所示,Chen 等[156]报道了一种具有局部可湿性成核位点的分级纳米草微锥体超疏水表面,与仅具有纳米结构的超疏水表面相比,液滴数密度增加了 65%,液滴自去除体积增加了 450%。亲水位点和超疏水微纳米结构的协同作用有助于水滴的快速成核和有效的水滴分离。快速凝聚的液滴分离抑制了冰桥的形成和延伸,导致 SHS 上霜的生长速度比疏水表面的速度慢。超疏水表面上的水可以冻结成"Cassie - Baxter"冰,并且由于冰与基质之间的接触面积最小,因此冰的黏附强度较低。但更常见的是部分微纳米结构与冰层结合并在机械除冰过程中被破坏。此外,已证实冷冻 SHS 上的冷凝水自行跳跃效率低下[157]。在寒冷潮湿的环境中,随着水蒸气在分层结构中冷凝或冻结,疏水性降低,导致 SHS 的润湿性转变[158-160]。对于大多数 SHS 来说,冰膨胀或水汽凝结会导致表面微结构中存在冰,SHS 上的冰处于"温泽尔"状态。应同时克服冰黏附和凝聚力,这通常导致高冰黏附强度和通过机械除冰破坏 SHS[见图 4 - 26(e)][161-162]。此外,大多数规则的微纳米结构表面是通过光刻或激光微加工工艺制造的。烦琐的制造过程和低效率也可能限制 SHS 的大规模工程应用。

通过对荷叶表面的微纳结构进行模仿,人们制备出了一系列超疏水材料,超疏水材料的设计为防冰材料的制备提供了思路[163]。阎映弟等[164]通过在纳米

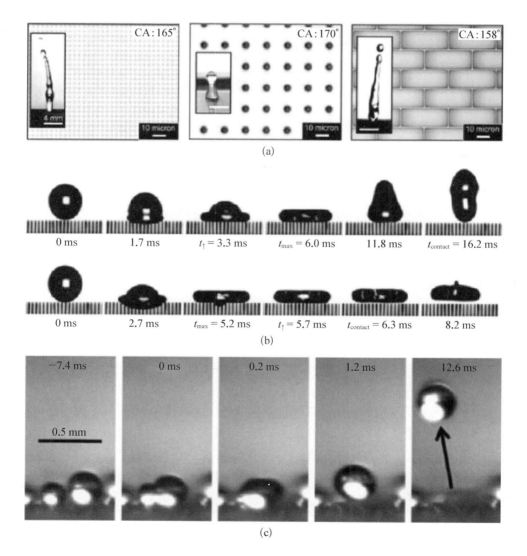

(a)

0 ms   1.7 ms $t_\uparrow = 3.3$ ms $t_{max} = 6.0$ ms   11.8 ms $t_{contact} = 16.2$ ms

0 ms   2.7 ms $t_{max} = 5.2$ ms $t_\uparrow = 5.7$ ms $t_{contact} = 6.3$ ms   8.2 ms

(b)

−7.4 ms   0 ms   0.2 ms   1.2 ms   12.6 ms

0.5 mm

(c)

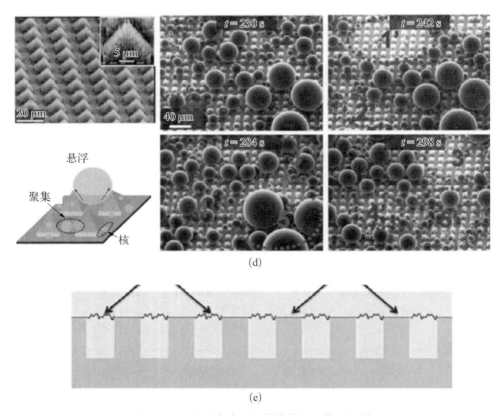

图 4 - 26　超疏水表面的结构特性和作用机制

（a）水滴在开孔结构（左、中）和闭孔结构（右）SHS 上的收缩和反弹行为[150]　（b）水滴对 SHS 的弹跳效应和煎饼弹跳效应[153]　（c）具有自行跳跃效应的凝结水滴的过程[154]　（d）分级纳米草状微金字塔超疏水表面的表面形貌、凝聚水滴自去除示意图和结果[156]　（e）SHS 除冰说明[162]

SiO$_2$ 表面接枝含氟无规共聚物形成超疏水涂层，能够使水的结晶温度降低 6.82℃，延迟冰的形成时间长达 167.5 min。Chen 等[165]通过机械加工和晶体生长的方法在铝基表面引入微米锯齿和 ZnO 纳米花，形成 MN -超疏水表面，其低温下也具有非常优异的延迟结冰能力，延迟结冰时间长达 125 min，其结冰过程如图 4 - 27 所示。基底的初始温度是 -10℃，环境中相对湿度约为 90% 水滴分别在 125 min、20 min 和 5 min 时在 MN -表面、N -表面和 B -表面结冰（MN -表面：微米锯齿和纳米花复合表面；N -表面：纳米结构表面；B -表面：空白表面）[165]。

　　目前飞机所需的防冰部位基本都为金属基材，因此下面将阐述金属表面的

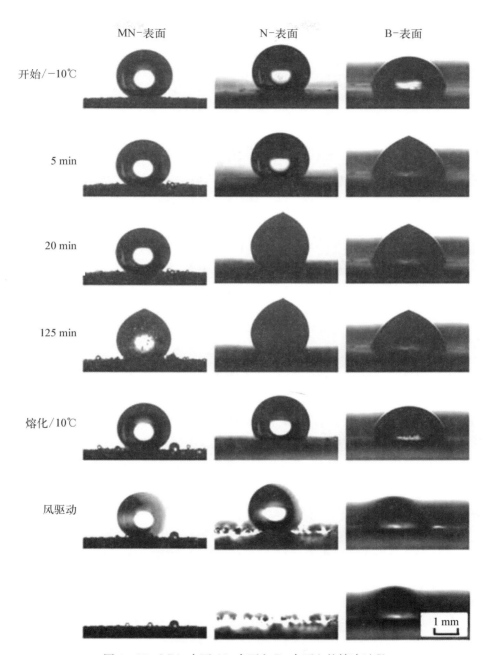

图 4-27　MN-表面、N-表面和 B-表面上的结冰过程

防除冰研究进展。目前在金属基材表面制备超疏水涂层的方法主要是增加基材的表面粗糙度和将低表面能材料接枝到粗糙的基材表面上。下面结合增加基材表面粗糙度和接枝低表面能物质这两方面来分析金属表面超疏水涂层的防冰性能。

氟基纳米化合物由于其优异的表面性能,常用作超疏水材料改性剂。Jin 等[166]首先用简单的化学刻蚀工艺制备粗糙度,然后用氟基硅氧烷涂覆以改性表面,从而在铝绞线上获得了具有 151°接触角的超疏水膜。在自制的动态结冰实验系统测得冰锥在裸铝表面上的量为 21.13 g,而在超疏水表面上的量仅为 6.72 g,结冰量减少 30%,且结冰时间延迟了 6 倍。Ruan 等[167]报告了通过在铝基板上旋涂技术制造超疏水聚四氟乙烯/聚二甲基硅氧烷复合涂层的方法,制备涂层的静态接触角高达 163.6°。在 -6℃的低温条件下,未处理表面上的水滴在 37 s 时开始凝结而涂层表面水滴在 82 s 时开始凝结,结冰时间延迟了 50 s,并且在经过 34 次的结冰/除冰循环实验后,仍具有疏水性能,这表明所制备涂层的机械性能和耐久性良好。Tan 等[168]采用简单的浸涂方法成功地在铝合金表面制备了 $PVDF/SiO_2$ 涂层,其接触角大于 159°,滚动角小于 3°。为了评估 PVDF/SiO2 涂层的防除冰能力,模拟 -20℃的环境测试了结冰量、结冰率、结冰时间、冰黏附强度等指标。结果表明未经处理的铝上的冰块量在 6 h 后增加到约 3.5 g,而在涂层表面上仅增加到约 1.0 g,减少了约 71.4% 的结冰量。液滴在无涂层的 Al 表面上 25 s 后开始冻结,并在 65 s 后完全冻结。相比之下,涂层表面的液滴在 116 s 后开始冻结,在 273 s 之后完全冻结;涂层表面的结冰时间比未处理表面的结冰时间延迟了 4 倍以上,并且涂层表面结冰速率约为 3.0 mg/min,为未经处理的表面结冰率的 30%,且涂层表面冰的黏附强度降低到未处理表面的 40%,显示出优异的防冰性能。此外,在多次结冰/除冰循环、强腐蚀环境和室外长时间暴露的条件下,抗结冰性能仍保持高稳定性。

综上可知,氟基超疏水涂层在金属表面都能具有很好的超疏水效果,接触角为 151°～164°。在不同的低温环境下,超疏水涂层结冰时间延迟了 4～6 倍,结冰量减少了 30%～70%,冰黏附强度降低了 40%,符合超疏水表面应具有不大于 100 kPa 的冰黏附强度的要求。

目前,大部分的研究都采用含硅化合物为基本原料,因为其表面能较低,有利于构筑超疏水表面。Li 等[169]通过使用聚氨酯作为黏合剂,将十六烷基聚硅氧烷改性的 SiO_2(SiO_2@HD-POS)水性悬浮液喷涂到基材上来制备出接触角为 160.2°、滚动角为 5°的超疏水表面。通过在室外环境(-15℃、相对湿度

54%)中进行静态和动态实验研究。在静态防冰实验中,与裸基体相比水滴在超疏水基体的结冰时间延迟了 30 min;在动态实验中,在裸基体片上,冰在 23 s 时逐渐形成,并且在 33 min 后形成大量的冰,相反水滴一旦滴落到涂层表面,就会迅速反弹,在整个实验过程中涂层上没有结冰。这是因为微米/纳米结构减少了液固接触面积并减慢了从水滴到表面的热传递,水滴在凝结之前会聚集形成大水滴,在重力作用下滚落,减少结冰量。Barthwal 等[170]通过简便的化学蚀刻和阳极氧化方法制成了接触角为 159°、滚动角为 3.5°双层状的微/纳米结构(MN -)Al 表面。在 −5℃ 和 −10℃ 时相对湿度为 80%±5% 的情况下,超疏水表面的液滴结冰时间分别延迟了 65 min 和 34 min,当温度降低至 −25℃ 时,裸铝冰黏附强度为 320 kPa,超疏水表面冰黏附强度为 25 kPa,涂层冰黏附强度降低了约 300 kPa,并且在 15 次结冰/除冰循环后仍保持较低冰黏附强度(约 80 kPa)。Brassard 等[171]采用电沉积技术将锌薄膜沉积在钢基底上,通过调节电势和沉积时间,最终获得了接触角为 155° 的超疏水锌涂层。当环境温度为 −10℃ 时,超疏水锌涂层表面冰附着力比裸钢低 6.3 倍,有效地减小了冰附着力。综上所述,这些硅基超疏水涂层的接触角为 155°~164°。在不同的低温的环境下,超疏水涂层的结冰时间延迟了 3~6 倍;涂层上的冰黏附强度最多降低了 92%。

此外,硬脂酸、月桂酸等脂肪酸因优异的润滑性和稳定的光、热作用作为表面改性剂的基础原料而得到广泛应用。Peng 等[172]利用盐酸和过氧化氢化学刻蚀,硬脂酸乙醇溶液修饰,在铝合金表面上成功制备了接触角为 163.6°、滚动角为 5.7° 的超疏水表面。防冰试验表明,在相同的试验时间内,具有超疏水性的 Al - 11 表面冰的量明显小于原始 Al 板上冰的量,具有良好的防冰和自洁性能。Zheng 等[173]通过阳极氧化法制备分级微纳米结构,然后用廉价的肉豆蔻酸进行表面改性的方法,在 Al 表面制备了超疏水涂层。其静态水接触角为 155.2°±0.5°,滚动角为 3.5°±1.3°。在 −10℃ 的环境下,裸铝表面冰黏附强度为 1.024 MPa,所获得的超疏水表面的冰黏附强度低至 (0.065±0.022)MPa,降为原来的 1/16。Ruan 等[174]使用电化学阳极氧化法和化学蚀刻方法在铝合金基板上构造粗糙度,然后用月桂酸乙醇溶液进行改性,通过调整刻蚀时间使其能够获得最大接触角(159.1°)和最小滚动角(4°)。通过自制系统检测防覆冰性能,与常规铝合金表面相比,超疏水表面的结冰时间可以从 406 s 推迟到 676 s,并且结冰温度可以从 −2.2℃ 降低到 −6.1℃。综上可知,羧基、巯基类超疏水涂层的接触角为 155°~163.6°,在不同的环境温度下,超疏水涂层的结冰时间延迟了

270～480 s,涂层上的冰黏附强度为(0.065±0.022)MPa,涂层结冰温度降低2～4℃。

Tong 等[175]以环氧树脂为修饰剂,通过自组装沉积纳米粒子的方法制备接触角为156°的超疏水防覆冰涂层。经验证,在极端寒冷条件下,所得涂层将水滴结冰时间从 77 s 延迟至 195 s,结冰时间延迟了 118 s;涂层的冰黏着强度从335.3 kPa 降低到 53.6 kPa,为未处理表面的 1/6。Zhang 等[176]采用简单有效的一步喷涂方法将环氧树脂修饰的多壁碳纳米管混合溶液涂覆在 Q235 碳钢表面,测得最高接触角为 154°。在自制的防覆冰实验中,在−10℃温度下的滴水和静态冻结试验中表现出优异的防冰性能。

综上所述,一方面这些低表面能物质虽然在超疏水防覆冰性能上能基本满足要求,但在另一方面又普遍受到力学性能和环境污染的限制。因此,要实现超疏水防除冰涂层的工业化还需要进一步努力,从组成和微结构的角度寻找经济有效的低表面能涂层,制备更具力学持久性且环境友好的超疏水防覆冰涂层是实现超疏水表面产业化的重点。

与此同时,表面粗糙结构是构造超疏水表面的另一重要因素[177]。Shen等[178]利用喷砂和水热处理相结合的方法在 Ti6Al4V 合金上构筑了微纳结构(1.352 mm)、微米结构(2.287 mm)、纳米结构(0.271 mm)3 种不同结构的超疏水表面粗糙度,并用氟硅烷(FAS-17)降低表面能,得到接触角分别为 161°、135°、145°。并测量了剪切冰黏附强度。在−10℃的环境下,光滑表面冰黏附强度为 720 kPa,微米结构表面冰黏附强度为 350 kPa,纳米结构表面冰的黏附强度为 180 kPa;微/纳结构表面的冰黏附强度为 80 kPa,可以看出微纳结构的超疏水表面具有最高的接触角和最低的冰黏附强度。紧接着 Shen[179]另一团队也使用相同的技术在 Ti6Al4V 钛合金上制备出表面光滑、FAS-17 修饰的光滑表面、具有 FAS-17 氟化作用的微尺度结构的表面、具有 FAS-17 氟化作用的纳米级结构表面和具有 FAS-17 氟化作用的复合微纳米分层结构表面 5 种不同粗糙结构的超疏水表面,粗糙度为 0.043～1.352 μm,接触角分别为 56°、116°、135°、153°和 161°。并对其进行防覆冰测试。结果表明,−10℃条件下微/纳结构的超疏水表面延迟时间约为 750 s,−20℃条件下延迟时间约为 150 s,−30℃条件下延迟时间约为 120 s,且冰成核速率逐渐降低。此外,由于较小的冰成核速率和滞留的气穴的绝缘作用,超疏水表面上的冰具有较低的宏观生长速度。Guo 等[180]受蝴蝶翅膀的启发,使用十七氟癸基三甲氧基硅烷(FAS-17)改性ZnO,在铝合金表面制备出微/纳结构、纳米结构、微米结构 3 种不同粗糙结构的表面;与光滑表面形成对比,获得的接触角分别为 150°、136°、106°、90°。他们观察到在 -10℃时,4 种表面的结冰时间分别为 7 200 s、1 740 s、30.5 s、1 260 s,由此可以看出 MN 表面上的水滴结冰延迟了 6 000 s。综上所述,与单层结构相比,具有分层结构的微/纳米结构的超疏水表面具有更高的接触角,为 150°～161°,粗糙度为 0.271～1.352 μm。在低温下冰黏附强度降为原来的 11%,结冰时间为原来的 6 倍。因此,与纳米、微米和光滑表面相比,微/纳米结构表面液相与固相接触面积小、截留空气比例大,以热辐射和接触导热形式的热损失较小,单位时间内的净热量增加值更大,所以具有好的超疏水防覆冰效果。

　　虽然超疏水材料具有优异的延迟冰形成的能力,但其缺点也不容忽视。通常,水滴以 Cassie-Baxter 的形式附着于超疏水材料表面,即水滴在超疏水表面上的总接触面由两部分构成:一部分是水滴与空气垫的接触面,另一部分是水滴直接与固体表面上突起的接触面,如图 4-28(a)所示。材料表面粗糙结构并非具有相同的高度,当水结成冰后,冰与材料表面部分粗糙结构嵌合在一起,冰脱除过程中会对材料表面的粗糙结构造成不可逆伤害,使得材料的疏水性能遭到破坏从而失去疏水防冰作用,如图 4-28(b)所示。此外,在高湿低温环境下,水汽很容易在超疏水材料表面的微纳结构之间凝结成霜,如图 4-28(c)所示,使得冰与材料之间的接触面积大大增加,从而使得冰的黏附强度急剧增加,甚至与亲水材料的冰的黏附强度接近,如图 4-28(d)所示。或水滴冷凝成 Wenzel 状态,即水滴将粗糙表面上的凹槽填满,如图 4-28(e)所示,温度降低之后则形成 Wenzel 状态冰,冰与材料表面的接触面积增大,也使得冰的黏附强度大大增加。

　　2) 润滑型涂层材料

　　为了克服超疏水材料表面的缺点,人们将目光转向了猪笼草。自然界中的猪笼草进化出的袋状叶片内壁呈多孔结构,能够分泌一层蜡状黏液物质,使受到吸引的昆虫落在捕虫笼边缘时无法附着而掉进笼内,被笼中的消化液吞噬。2011 年 Aizenberg 等[181] 基于猪笼草彩色唇叶捕捉昆虫的原理,首次提出并设计了注入液体型多孔光滑表面(slippery liquid infused porous surfaces,SLIPS)。冷凝液滴在超润滑表面的高度移动特性对抑制霜/冰的形成具有重要意义[182]。Anand 等[183] 对比了 SHS 与 SLIPS 在低温高湿条件下的凝结水滴的冻结过程:冷凝液滴在 SHS 表面微结构根部产生冷凝微液滴[见图 4-29(a)],最终形成液滴移动性较差的 Wenzel 状态液滴[见图 4-29(b)(c)]而在表面黏附;而在超润滑表面,由于较小的接触角滞后,表面的冷凝液滴悬浮在润滑油的表面,两者的附着力很小,冷凝液滴极易聚合滚动,从而在冻结前脱离表面[见图 4-29(d)

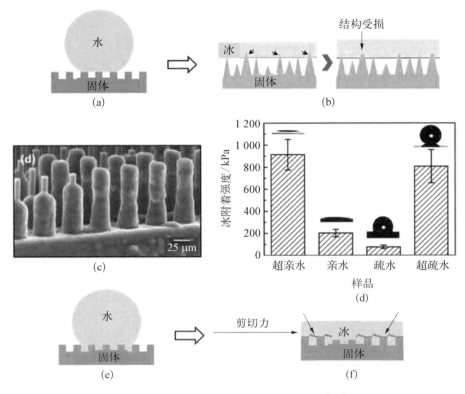

图 4-28 不同液滴状态下的除冰效果[130]

（a）水滴在固体表面上呈现 Cassie-Baxter 状态 （b）（左侧）超疏水表面上结冰的示意图（右侧）在同一表面第二次结冰时,结冰高度会降低 （c）由一系列疏水方形柱组成的超疏水表面上结霜的 ESEM 柱上疏水涂层的固有水接触角约为 110°,表面温度为 -13℃ （d）-15℃下,具有不同疏水性的四个硅晶片表面的平均冰黏附强度,图是相应表面上水滴的形态 （e）水滴在固体表面上呈现 Wenzel 状态 （f）纹理化表面上除冰时冰的黏附强度示意图

（e）（f）]。

近年来受猪笼草边缘区润滑效应的启发,人们设计和制备了具有防结冰和防污功能的 SLIPS,通过在多孔聚合物表面引入低表面能液体形成低黏附润滑层,能够有效隔离冰层与材料表面的相互作用,降低冰的黏附强度,这类材料表面冰的黏附强度可低至（10±7）kPa。同时,在 SLIPS 表面润滑剂完整性被破坏后,可以通过流动来修复,这在一定程度上提高了材料的耐久性[183]。

受猪笼草的启发,此后也报道了用全氟化碳化合物填充多孔结构的 SLIPS [见图 4-30（a）][184]。由于各向同性和光滑的特性,异质成核被禁止,冻结现象在 SLIPS 上被延迟[见图 4-30（b）][185]。同时,浸渍的全氟化碳润滑剂可以大

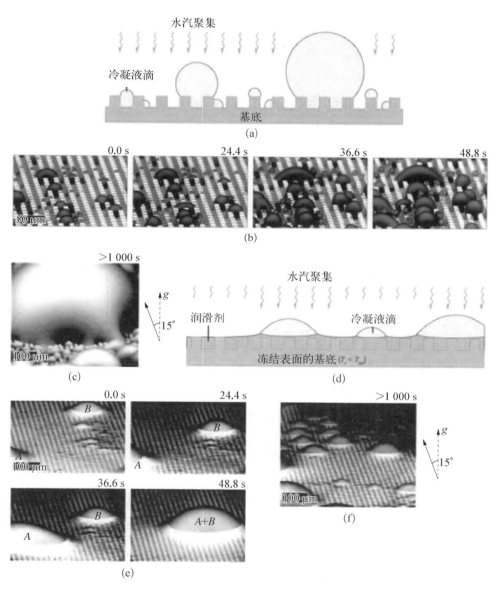

图 4 - 29　冷凝液滴在 SHS 和 SLIPS 的生长[183]

大减少冰与基材的接触面积,从而降低冰的附着强度[186]。Park 等[187]设计了一个光滑的不对称凸起来控制滴状冷凝,该凸起源自纳米布沙漠甲虫、仙人掌和猪笼草的组合策略,如图 4 - 30(c)所示。有切向连接的底部斜坡,具有纳米润滑剂注入结构。不对称凸块在旋转 180°和 90°时均表现出良好的液滴凝结控制性能。

通过控制冷凝水滴,不对称凸块也可能在防冰方面显示出广泛的应用[187]。但SILPS 的一个致命缺点是纳米冰柱成核产生的毛细力导致润滑液从脊部迁移到多孔底物进入冷冻液滴,这导致润滑剂流失并在几次结冰除冰循环后形成Wenzel 冰[188]。因此,近年来进行了许多策略和尝试来构建坚固耐用的 SLIPS材料[184,189]。研究人员将硅油、长链烷烃、石蜡等低表面能润滑剂与聚二甲基硅氧烷(polydimethylsiloxane, PDMS)预聚物混合,制备出润滑剂充满整个弹性基质网络的除冰基材。即使表面润滑剂被排空,基体网络中的游离润滑剂分子也能快速补充,赋予除冰基材自恢复和持续除冰性能。在加热下用熔融烷烃溶胀 PDMS[190]。固体烷烃层充当牺牲层以避免冰和其他污染物黏附在涂层表面上。当表面牺牲蜡层因除冰而损失时,储存在块状凝胶中的烷烃可以扩散到外表面,再生出新的蜡层,与液体浸渍表面相比,具有更好的耐久性[见图 4 - 30(d)][132]。

为了避免润滑液的流失,润滑剂分子与固体表面之间的弱范德华力被 π-电子、π - OH、静电相互作用和共价键等较强的相互作用所取代。PDMS 链通常由于其低成本和低毒性,可以用于制备光滑的表面。作为侧链的 PDMS 分子接枝到主链上并聚集形成 PDMS 链胶束的核心;然后,将它们组装在涂层表面,呈现出优异的滑爽和除冰特性。为解决高分子多孔基材易碎的问题,采用多种硬质合金、氧化铝、无机矿物颗粒等作为多孔基材,构建坚固的 SLIPS。由于极端

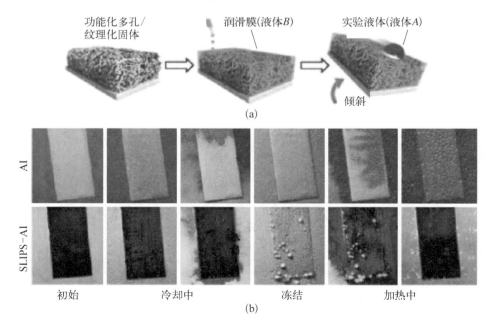

(a)

(b)

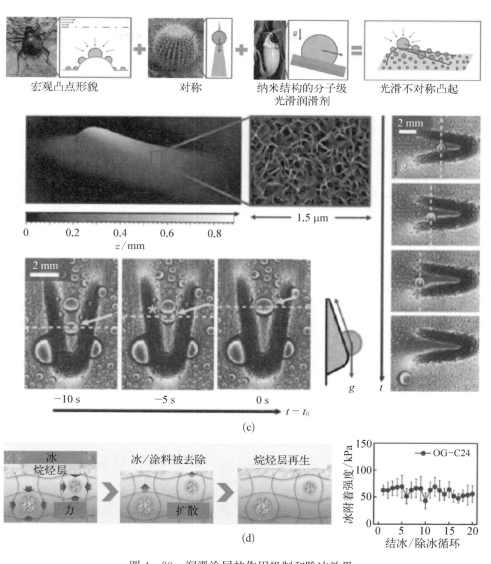

宏观凸点形貌　　　　对称　　　　纳米结构的分子级　　　光滑不对称凸起
　　　　　　　　　　　　　　　　光滑润滑剂

图 4-30　润滑涂层的作用机制和除冰效果

（a）光滑的液体注入表面示意图[184]　（b）铝和滑液注入表面上的结冰过程和冰融化的照片[185]　（c）不对称凸块的组合策略、微米/纳米结构和冷凝水性能控制的说明[187]　（d）固体有机凝胶表面易除冰和表面烷烃层再生示意图[191]

硬度基材中含有丰富的低表面能润滑剂，这些 SLIPS 材料能够在重复结冰-除冰循环后保持相对较低的冰附着力，并且即使在苛刻的砂纸摩擦下也能承受机械磨损。通过调节界面，用冰固体界面代替冰润滑剂固体界面，可以大大降低冰的附着强度，因此，冰可以很容易地通过外部机械力去除。但亲水表面在极冷条件下的失效和有机润滑剂浸渍表面的耐久性差限制了它们的实际应用。

然后,想要简单地在 SHS 中注入润滑液得到的 SLIPS 并不稳定[191]。要制备稳定的 SLIPS 需要遵守三个基本的原则:① 润滑液可以润湿固相基底;② 润滑液与基底间具有稳定的附着力;③ 润滑液不与外界液体互溶[184]。

Vogel 等[192]采用闭孔结构防止润滑液流失,提高 SLIPS 的使用稳定性,所制备的 SLIPS 表现出长达 9 个月的稳定性,其冰黏附强度低至 10 kPa[见图 4-31(a)]。Kim 等[193]通过电化学法在铝基底沉积聚吡咯(polypyrrole, PPy),再注入全氟聚醚作为润滑剂,该设计赋予表面一定的抗水滴冲击性能,冰黏附强度为 15 kPa[见图 4-31(b)]。Zhang 等[194]在镁合金基材上合成了由润滑层、多孔顶层、SAM、层状双氢氧化物(layered double hydroxide, LDH)和致密底层组成的多层 SLIPS 防冰涂层,兼具耐腐蚀性和防冰性能[见图 4-31(c)]。Tao 等[195]通过聚甲基乙烯基硅氧烷(polymethylvinylsiloxane, PMVS)、聚甲基氢硅氧烷(polymethylhydrosiloxan, PMHS)和氟化的多面体低聚倍半硅氧烷(fluorinated polyhedraloligomeric silsesquioxanes, F-POSS-SiH)的硅氢加成反应,开发了一种基于聚硅氧烷的高效耐用的光滑疏冰涂层。该涂层的冰黏附强度仅为 3.8 kPa,并且在 15 次除冰循环后性能保持不变[见图 4-31(d)]。上述工作通过不同的材料体系或设计结构延长 SLIPS 的使用寿命,但 SLIPS 的液态润滑油在高温、水滴动态冲击等环境中依然会流失耗散。

针对液体 SLIPS 耐久性较差问题,Wang 等[196]用液体石蜡使聚二甲基硅氧烷材料溶胀,得到具有良好耐久性的除冰表面。该表面存在的固态石蜡薄层在降低了冰的黏附强度的同时,也使表面具有一定的耐水滴冲击性能,延长了涂层的使用寿命。在 -30℃ 下,该有机凝胶表面上的冰黏附强度低至(1.7±1.2)kPa。SLIPS 失效原理如图 4-32 所示[197]。为了解决 SLIPS 润滑剂易流失的问题,Wang 等[198]采用牺牲模板法制备出 PDMS 多孔基底,利用花生油在 0～3℃ 以下由液态转变为固态的特点,将花生油作为润滑剂引入 PDMS 多孔基底中,形成可相变润滑剂浸润的多孔表面(phase transformable slippery liquid infused porous surfaces, PTSLIPS),如图 4-33(a)所示,在水凝固成冰前,花生油由液相转变为固相,从而避免在冰的移除时同时带走润滑剂的问题。文献中报道这种材料的冰的黏附强度为 4～22 kPa,如图 4-33(b)所示,经 30 次结冰/除冰循环之后,冰的黏附强度由 4 kPa 升至 16 kPa 左右,依然保持较低的黏附强度,如图 4-33(c)所示。然而,在润滑剂未相转变前为液态时,润滑剂易从多孔基底中流出,使其防冰性能降低。

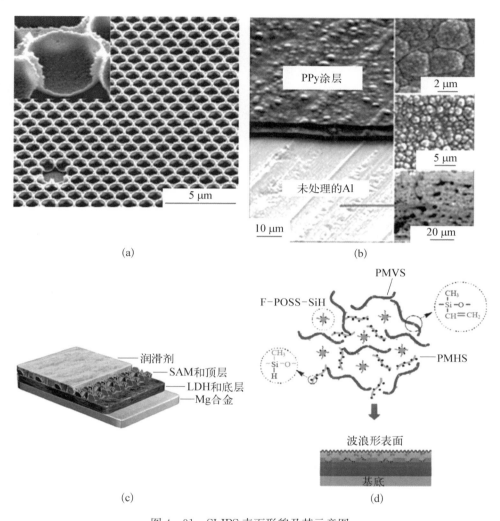

(a)

(b)

(c)

(d)

图 4-31 SLIPS 表面形貌及其示意图

（a）闭孔结构 SEM 图像[192] （b）未经处理的铝区域和 PPy 涂层区域的 SEM 图像[193] （c）在镁合金上制备多层 SLIPS 涂层的示意图[194] （d）聚硅氧烷和氟化 POSS 自组装涂层的示意图[195]

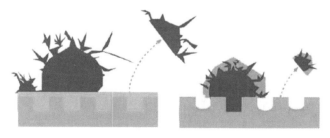

图 4-32 SLIPS 失效原理[197]

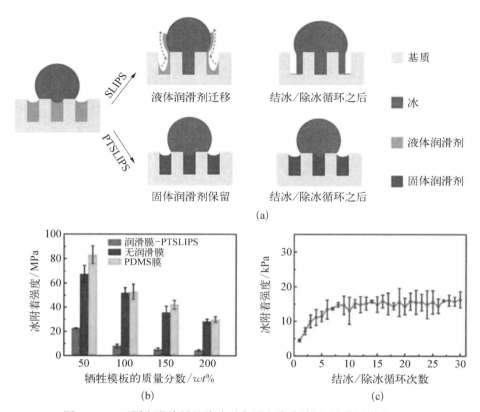

图 4-33 不同润滑涂层的除冰示意图和除冰效果（见附图中彩图 12）

(a) 硅油浸润亲水基底（上）和花生油浸润亲水基底（下）的 SLIPS 材料在结冰过程中润滑层的稳定性示意图 (b) 具有润滑膜的多孔 PDMS 基底（PTSLIPS）和没有润滑膜的多孔 PDMS 基底冰的黏附强度的对比示意图 (c) PTSLIPS［使用质量分数为 200％的牺牲模板制备的多孔（PDMS）冰］的黏附强度与结冰/除冰循环次数之间的关系

注：在整个实验过程中冰的黏附强度的测试是在 -18℃ 下进行的[198]。

SLIPS 在长期使用过程中，液态或固态润滑剂由于分子扩散不断损耗，限制了 SLIPS 的使用寿命。如果表面能够自行生成润滑液，理论上可以极大延长润滑表面的使用寿命。受滑冰运动启发，Chen 等[199]通过在涂层中加入亲水性物质多巴胺（dopamine，DA）和透明质酸（hyaluronic acid，HA）使表面形成水膜，所得到的最低冰黏附强度为 61 kPa。但是，当温度低于 -25℃ 时，水膜的相变会导致冰黏附强度急剧增加[200]。对此，Wang 等[201]制备液层发生器（LLG），如图 4-34（a）所示，解决了自润滑表面的低温应用问题。储存在硅橡胶基体中（LLG1）或硅橡胶基体下方（LLG2）的乙醇被缓慢释放到冰固界面，形成含有乙醇的水层，该释放过程可持续 593 天。在 -18℃ 和 -60℃ 时，表面的冰黏附强度分别为 1.0～4.6 kPa 和 22.1～25.2 kPa。

自润滑涂层依靠亲水性物质形成水膜润滑，因而缺乏一定的防冰性能。He 等[202] 通过在亲水性聚合物网络上接枝不同长度的 PDMS 链以调节界面水量，并引入全氟辛酸（perfluorooctanoic acid，PFO）抗衡离子抑制冰的形核［见图 4-34(b)］，使该水凝胶兼具防除冰特性。在低温下冰黏附强度低至 20 kPa，同时在 −28℃ 下仍可延迟结冰 4 800 s。Li 等[203] 将盐水（如海水）注入水凝胶基质中得到电解质水凝胶（EH）表面［见图 4-34(c)］。EH 表面兼具低温下的防冰和除冰性能，同时该工艺进一步降低水凝胶自润滑表面的制造成本，更具实际应用价值。但水凝胶表面涂层化的问题限制了水凝胶表面的实际应用，Yao 等[204] 对水凝胶涂层化进行深入研究，证实有望得到低冰黏附水凝胶涂层，但水凝胶的耐候性抗机械损伤等性能有待进一步提高。

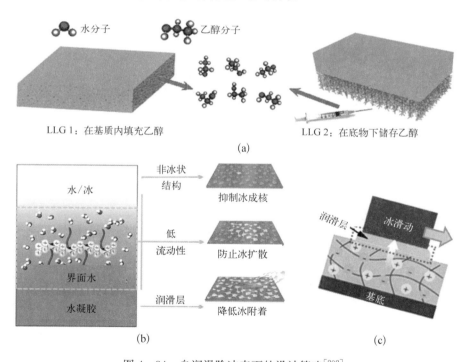

图 4-34　自润滑除冰表面的设计策略[202]

(a) LLG 的制备示意图　(b) 多功能防冰水凝胶表面具备的三种防除冰手段　(c) 离子扩散产生润滑层的示意图

通过在材料表面捕获液体润滑剂层，将冰和基材表面分离。该策略将冰-固界面变为冰-液-固界面，由于冰和叶片之间存在准液体润滑层，因此在冰面上看起来像是冰鞋的超低摩擦系数。受滑冰的启发,通过将吸湿性聚合物(聚丙烯酸)接枝到多孔硅晶片中,设计了一种有机-无机混合水润滑表面。吸湿性聚合物吸水膨胀出孔隙,形成连续的水润滑层;因此,冰的黏附强度大大降低[201]。Chen 和他的同事制造了一个由透明质酸和多巴胺组成的超亲水表面[见图 4-35(a)][205]。透明质酸成分在 0℃ 以下的条件下捕获了非冷冻水层,从而大大降低了冰的黏附强度[202]。作为一种受贻贝启发的通用仿生黏合剂,多巴胺可以将亲水成分连接到多种材料表面,以降低冰的黏附强度。通过调整亲水成分的含量,界面上的水分子增加,形成边界润滑甚至流体动力润滑膜,减少冰与表面的相互作用,有效降低冰的黏附强度。Chen 和他的同事通过混合 PDMS 和聚二甲基硅氧烷-聚乙二醇共聚物,制备出表面含有亲水链的涂层[206]。准液体层的存在增加了冰与涂层表面之间的距离,因此冰与基材之间的相互作用减少[图 4-35(b)]。Lo 等还展示了在固体表面上的亲水尼龙 6 纳米纤维涂层,用于防冰和除冰,高吸水能力有利于结霜滞留和除霜性能增强[207]。

水层可以通过释放冷冻保护剂如盐和多元醇来融化冰。该策略类似于传统的使用除冰剂的防冰除冰方法,但在冰与固体表面的界面而不是冰的外部融化冰,具有较高的除冰效率。Wang 和他的同事通过直接与预聚物混合或将乙醇注入亚孔中,将酒精储存到 PDMS 涂层中[图 4-35(c)]。通过释放乙醇,涂层接触冰融化并形成水性润滑膜,大大降低了冰的黏附强度。此外,储存的除冰剂可释放长达 593 天,无须补充,使用寿命长[203]。除 PDMS 外,浸渍除冰剂的水凝胶还具有防冰和易除冰的能力[208]。通过将盐水注入聚乙烯醇中来制造电解质水凝胶。电解质水凝胶通过将离子扩散到冰与凝胶表面的界面形成水性润滑层,既可以防止结冰,又可以达到帕斯卡级的冰附着强度[209]。制备的有机水凝胶表面存在低温保护剂和水的动态可逆交换,具有被动防霜和主动除冰性能。有机水凝胶是通过用甘油和乙烯等冷冻保护剂填充大量水凝胶来制备的,冰可以通过冷冻保护剂形成的水性润滑层融化并从有机水凝胶表面滑落[210]。如果其机械强度满足实际需求,防冰水凝胶材料为高性能疏冰涂层提供了更多的机会和可能性。

3) 离子聚合物表面

前面提到的防冰材料主要是通过降低结冰附着强度和延长冻结时间来实现的。而一般防冰表面除了上述两种常用方法外,还有一种就是降低冰成核温度。因此本节就主要阐述降低冰成核温度的相关研究。离子经常参与冰的形成过程,对异质冰的成核和冰的黏附有很大的影响[211-212]。聚电解质刷表面是理想

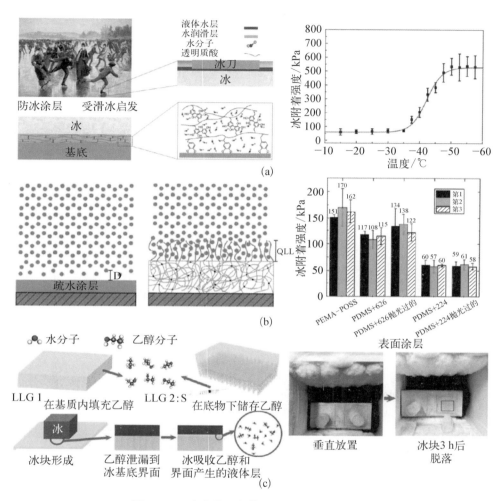

图 4-35 亲水涂层的作用机制和防除冰效果

（a）超亲水涂层上低冰附着强度的示意图[205] （b）减少冰与疏水表面之间的分子相互作用的耗水层的厚度和涂层表面上的不冻润滑剂层的厚度以降低亲水聚氨酯表面上的冰黏附强度和冰黏附强度[206] （c）含乙醇涂层的防冰涂层机理示意图和结果[203]

的模型表面，因为聚合物刷的抗衡离子可以很容易地交换以研究结冰行为。

Chernyy 和他的合作者构建了阳离子[2-(甲基丙烯酰氧基)乙基-三甲基氯化铵]和阴离子[聚(甲基丙烯酸 3-磺基丙酯)]聚电解质刷表面，并进一步与 H^+、Li^+、Na^+、K^+、Ag^+、Ca^{2+}、La^{3+}、$C_{16}N^+$、F^-、Cl^-、BF_4^-、SO_4^{2-}、和 $C_{12}SO_3^-$ 发生交换[213]。在 $-18℃$ 时，Li^+ 和 Na^+ 能够将冰黏附分别降低 40% 和 25%，而

对于弱的水结构制造者和离液剂没有观察到对冰黏附的影响[图 4 - 36(a)]。He 等[214]系统研究了聚[2 -(甲基丙烯酰氧基)-乙基三甲基铵]和阴离子聚(甲基丙烯酸 3 -磺基丙酯)刷表面与不同抗衡离子的异质冰核化[见图 4 - 36(b)]。通过改变聚电解质刷的接枝密度和厚度,发现离子的不同抗冰效率遵循霍夫迈斯特级数,具有 7.8℃的大冰核窗口。分子动力学模拟分析还很好地解释了刷/水界面处的扩散反离子,可以有效调节界面水的动力学和结构,从而确定非均质冰成核过程。

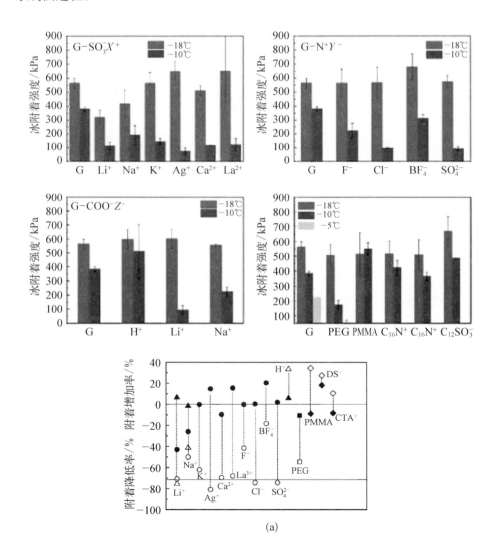

(a)

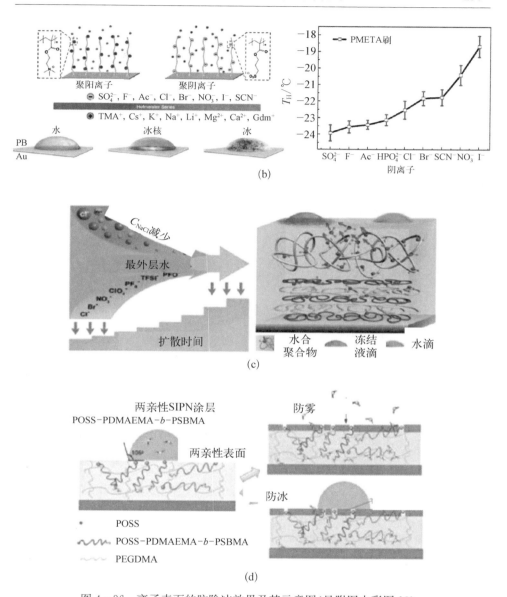

图 4 - 36　离子表面的防除冰效果及其示意图(见附图中彩图 13)

(a) 各种阳离子和阴离子聚电解质聚合物刷表面的冰黏着力[213]　　(b) 不同聚阳离子和聚阴离子表面与反离子、Hofmeister 系列、表面非均相成核温度的图解[186]　　(c) PEM 表面冰传播示意图及冰传播时间与最外层水量的关系[187]　　(d) 具有优良防雾防冰性能的两亲涂料示意图[216]

　　除了接枝聚合物刷之外,离子涂层也可以用来延缓结冰。采用逐层沉积的方法,构建聚电解质多层(PEM)表面,研究了 PEM 表面的冰传播行为,发现最外层聚电解质的自由水决定了冰的传播速率。有足够量自由水的 PEM，冰的传播作为冰的生长前沿促进并立即冻结，但没有自由水的 PEM，冰的生长只能通过附近水滴的蒸发来促进，冰的传播速度较慢。因此，延迟结冰特性可以通过调节聚电解质对、最外层聚合物层的反离子或 PEM 制备过程中的盐浓度来调整[见图 4-36(c)][215]。Li 等[216] 开发了一种两亲性多面体低聚倍半硅氧烷-聚[2-(二甲基氨基)-乙基甲基丙烯酸酯]-嵌段-聚(磺基甜菜碱甲基丙烯酸酯)(POSS-PDMAEMA-b-PSBMA)涂层，且通过紫外固化。通过对两亲性聚合物的差示扫描量热分析，两亲性涂层网络中存在键合水和非冻结水，这说明两亲性聚合物在 15℃ 下具有抗结冰的能力，冻结延迟时间大于 2 min[见图 4-36(d)]。

自然界的抗冻蛋白(AFPs)可以有效地抑制冰的形成和生长来保护生物免受冰冻伤害。受此启发，He 等[211] 合成了一系列两性聚合物，具有良好抑制冰成核的性能。采用扩链的方法将聚丁二酸丁二醇酯(PBS)预聚物链段引入聚合物链中，制备了 PBS 预聚物，这种两性聚合物具有良好的涂覆能力、热稳定性和易加工性能。具体扩链反应如图 4-37 所示，通过酯化和缩聚合成了二羟基端基 PBS 低聚物(PBS-diol)，以六亚甲基二异氰酸酯(HDI)为扩链剂，合成了 PBS 基防冰涂层。通过调节 PBS-二醇、R_C 的羧基和 R_N 的氨基的投料摩尔比，制备了扩链 PBS 二醇(PBS)、羧化 PBS(PBS-C)、胺化 PBS(PBS-N)和具有随机嵌段羧基和氨基的聚两性电解质(PBS-CN)。R_C(或 R_N)含量不同的聚两性电解质称为 PBS-CN$_x$，其中 x 为元素分析确定的 $10 \times R_C$(或 $10 \times R_N$)与 PBS-二醇的摩尔比。

为了探究 PBS 基涂层抑制冰成核的能力，测定了 -25.0℃ 时相应的成核时间 t_D，如图 4-38(a)所示。PBS-C 和 PBS-CN28 表面成核时间明显不同，水滴在 PBS-C 表面成核时间仅为 3 s，相比之下，水滴在 PBS-CN28 表面的成核时间为 9 560 s。这表明 PBS-CN28 具有显著的抑制冰成核的作用。图 4-38(b)展示了水滴在不同 PBS 基涂层表面的成核时间，表明与其他 PBS 基涂层相比，PBS-CN 表面表现出较高的抑制冰成核和延缓成核时间的能力。

在低温自然环境下，材料表面一般会形成大量的水滴冷凝冻结现象，给防冰工作带来很大困难。因此模拟自然环境下成核时间对许多防冰材料能否实际应用是至关重要的。为此，He 等[211] 研究了湿度(20±2)% 时 PBS-C 和 PBS-CN28 涂层的成核时间。如图 4-39(a)(b)所示，在 -16℃ 温度下，PBS-C 表面成核时间在 300 s 内，而在 PBS-CN28 表面成核时间接近 2 400 s。随后通过实

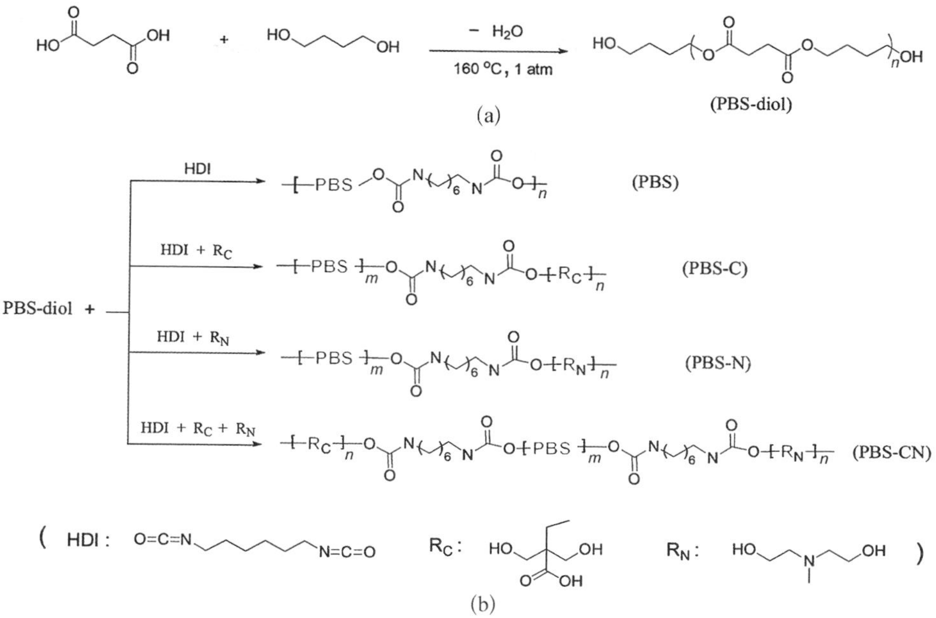

图 4-37　PBS-二醇和 PBS 基涂层的合成[211]

验进一步探究了成核时间与温度的关系,结果如图 4-39(c)所示。在
−20～−12℃范围内,随着温度逐渐升高,PBS-CN28 表面的冰成核时间也随
之增加。在不同基底(玻璃、金属和聚合物)上涂覆 PBS-C 和 PBS-CN28 涂
层,测得其表面的成核时间如图 4-39(d)所示。PBS-CN28 表面的成核时间比
PBS-C 表面的成核时间长 10 倍,表明 PBS-CN-28 涂层在实际环境条件下具
有抑制冰成核的潜在应用价值。未来,将利用更多的化学改性和涂层处理方法
来提高基于 PBS 的聚电解质涂层的稳定性和表面结合能力,以期应用在飞机和
风电叶片表面。

　　前面提到的 AFPs(抗冻蛋白)具有优异的抗冻能力这主要来源于调整界面
水的结构、迁移能力和数量,从而能够调节冰成核生长和黏附。其中,氢键和疏
水基团对界面水性质的调节起着协同作用,增强其抗冻能力,如图 4-40(a)
所示。受 AFPs 的抗冻机理启发,通过利用调节疏水基团和氢键作用来使材料
表面获得多功能防冰特性,将具有疏水性质的聚二甲基硅氧烷(PDMS)链接枝
到含有不同抗衡离子的亲水聚电解质网络上得到多功能防冰水凝胶
[见图 4-40(b)][217]。图 4-40(c)展示了通过交联得到的水凝胶网络的化学结
构。首先将 P(Aam-co-AAc-co-AAene)分别与 PMETA、PMETA-co-

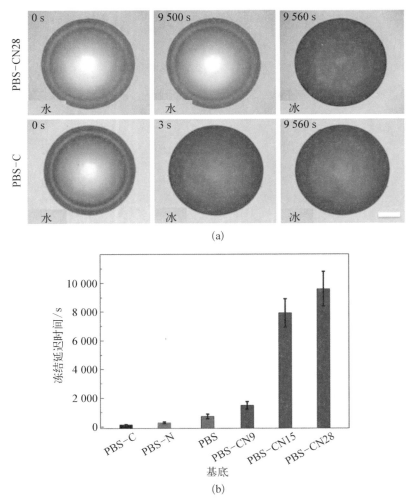

(a)

(b)

图 4 - 38　不同 PBS 基涂层表面抑制冰成核能力分析[211]

PDMS、(PMETA) - g -(PDMS - 0. 9K)、(PETMA) - g -(PDMS - 5. 7K)交联,
依次得到聚电解质水凝胶 NG、SG、PG1、PG2 和 PG3。这类聚电解质水凝胶有
两大优点:一是水凝胶网络中的抗衡离子可以通过简单的方法置换,为调节离子
特异性提供了环境;二是通过调节 PDMS 接枝链段可以改变体系的疏水性能。

　　冰在水合表面的传递速率很大程度上取决于界面水的数量,界面水数量与
冰的传递速率呈正相关。图 4 - 41(b)(c)展示了 PG1 - I 和 PG1 - PFO 水凝胶
表面冰传递过程[217]。当 PG1 水凝胶与全氟辛酸(PFO⁻)交换 I⁻,其从亲水状
态转变为疏水状态,冰传递时间从 30 ms 增加到 1 680 ms。图 4 - 41(d)为含有

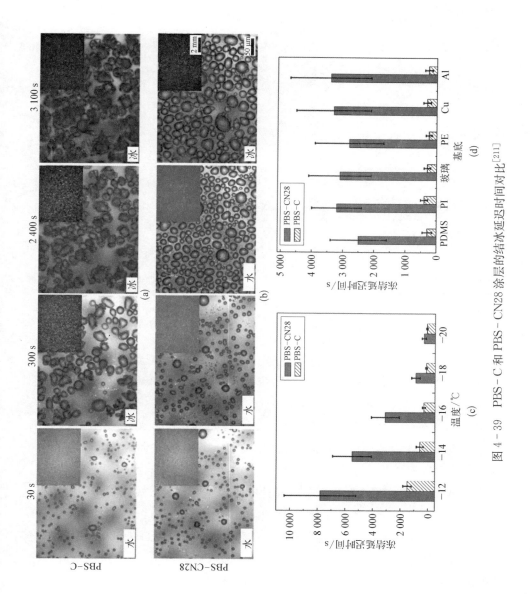

图 4-39　PBS-C 和 PBS-CN28 涂层的结冰延迟时间对比[211]

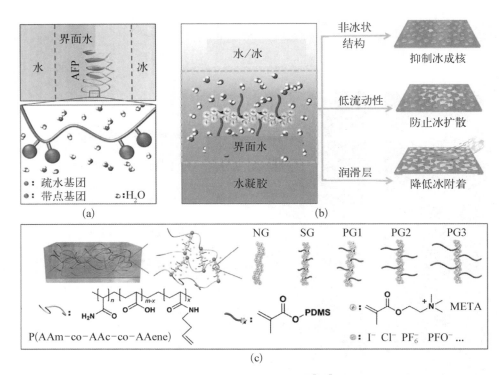

图 4-40 受 AFPs 启发的多功能防冰水凝胶[217]（见附图中彩图 14）

不同抗衡离子的水凝胶样品表面冰传递行为随时间变化情况。可见，通过改变不同的抗衡离子以及调节 PDMS 链长，可以将水凝胶表面的传递速率提高两个数量级。图 4-41(e)展示了计算得到的样品表面冰传递速率，当 PDMS 链过长（PG3）时，水分子不能渗透到水凝胶中，离子无法调节界面水数量，故其表面不能有效地抑制冰的传递，这种情况类似于纯 PDMS 表面。而且，由于界面水含量过高会导致超高的结冰速率，NG 和 SG 水凝胶不适宜作为多功能防冰材料。由此，实验证明只有疏水性和离子特异性的协同作用才能有效控制冰传递。

在实际应用中，防冰涂层需要涂覆到不同材质的基底表面上，接下来在 −25℃模拟真实环境中，将涂覆了 PG1-PFO 水凝胶的不同基底与未涂覆的空白基底进行结冰情况的对比[见图 4-42(a)(b)]，可以看出，涂覆防冰水凝胶涂层的表面结冰时间大大延长，冰黏附强度值均低于 20 kPa[217]。随后对 PG1-PFO 水凝胶进行了除冰能力测试，如图 4-42(c)所示。由于 PG1-PFO 表面能够有效抑制冰成核，在 1 900 s 时冷凝水还未结冰，当达到 2 600 s 时，表面上部分冷凝水结冰，冷凝水通过冰桥缓慢传递，在 4 000 s 时整个表面完全被冰覆盖。

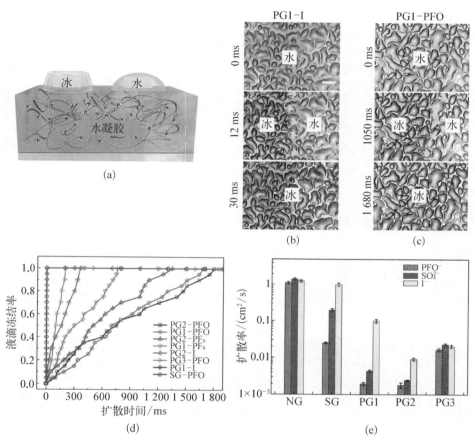

图 4-41　不同抗衡离子水凝胶抑制冰传递作用[217]（见附图中彩图 15）

此外,对于大多数具有超低冰黏附强度的防冰表面,空气流动可能是防止结冰的安全有效措施。如图 4-42(d)所示,因为冰在 PG1-PFO 表面的黏附力很低,所以在 2 s 内微风就能吹走 PG1-PFO 表面的冰。这种通过将疏水链段接枝到含离子的亲水网络中的设计方法能够调节体系中的疏水性和离子特异性,能够更加方便地调节界面水的性质,使得 PDMS 接枝的聚电解质水凝胶涂层能够同时调节冰成核、冰传递和冰黏附。实验证明 PG1-PFO 水凝胶具有优异的抑制冰成核、防止冰传递及减少冰黏附的性能,并可以涂覆在不同材料基底上,有望成为广泛应用于风电叶片表面防冰的理想材料。

　　总之,防冰材料不仅具有耗能小、制造成本低、易于实现、使用范围广等优点,并且能够与现有的飞机结冰防护技术相结合、提升现有飞机结冰防护技术的

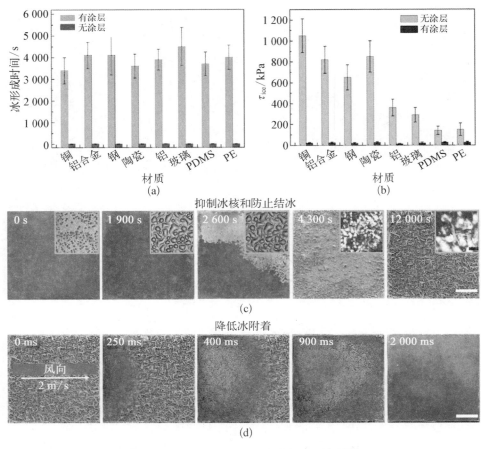

图 4 - 42　PG1 - PFO 水凝胶的应用研究[217]

效率,从而降低飞机结冰防护所需的能耗、减少对环境造成的污染。虽然防冰材料在航空领域有着广阔的应用前景,但目前还没有成熟的防冰涂层能够大规模投入生产实际中。超疏水型防冰材料在防冰领域的研究较为深入,但由于其耐磨性较差,制备及维护成本高,且仅依靠超疏水涂层难以完全阻止冰的积聚等因素,尚未大规模投入使用。润滑型防冰材料由于润滑剂的流失导致耐久性较差,使用受到限制。由抗冻蛋白启发的超电荷多肽能够调节冰的成核,然而合成多肽成本较高,不适于大面积防冰材料的制备。防冰材料在制备的过程中既要保证低的冰黏附强度,又要保证较好的耐久性,这样才能够使材料真正地应用于生产生活实际中。目前,人们主要是从延迟结冰时间和降低冰的黏附强度入手来制备防冰材料,对于冰在材料表面的成核、增长及形成机制还不是很清楚,今后还应该继续探索冰在分子层面的形成机制,以启发新的防冰材料策略。此外,将主动除冰技术与防冰涂层材料相结合,也是增强防冰涂层实际应用性的一种思路。

4.3　未来飞机防除冰系统高效利用技术

正如前文所述,现有的飞机防除冰技术虽然在不同的应用场景下表现出良好的效果,但是仍然难以完全满足飞机结冰安全防护的实际需求。据统计,飞机结冰事件在整个飞行过程都有可能发生,在巡航阶段和进场着陆阶段发生的概率更高,并且在全球范围内广泛分布,集中发生的区域既是经济高速发展的地区,也是空中交通密度快速增长的区域[218];根据国际航空运输协会提供的数据,亚太地区近年来的航空市场增长已经超过世界其他地区,并且这种增长趋势必将使亚太地区的空中交通更容易受到飞机结冰事故的影响[218];飞机结冰在2009—2017 年导致了全球 8% 的严重飞行事故和 20% 的普通事故,并造成了重大的经济损失和人员伤亡[219]。也就是说,为保障飞机在结冰气象条件下能够安全飞行、完成预期任务,提升现有飞机防除冰系统的能力迫在眉睫。特别是在减轻航空业对环境的影响、提升航空业可持续发展能力的大背景下,以混合动力飞机与电动飞机为代表的未来飞机不仅有利于降低噪声、减少燃料消耗、减少二氧化碳排放,同时具有更短的出行时间、更佳的乘坐体验、更低的运营成本等独特优势,而飞机防除冰系统作为少数几个需要大量消耗能量的系统之一,对飞机防除冰系统的高效利用必将成为其中集成优化设计的重要组成部分,这主要包括结冰探测能力的提升与防除冰能力的提升[220]。

4.3.1　结冰探测技术的发展

有鉴于飞机结冰对飞机飞行性能和飞行安全的严重影响,同时为保证飞机在恶劣的结冰气象条件下仍然能够正常飞行、完成预期任务,驾驶员通常需要根据结冰探测技术获取的飞行环境与飞机结冰情况,结合自身的飞行经验,采取相应的应对措施[221-222],例如在飞行前和飞行期间根据完整的天气信息,立即脱离或延迟脱离,以避免潜在的结冰情况;或者在起飞前完全除冰,同时依据结冰和环境传感器反馈的数据,启动飞机防除冰系统。因此,飞机结冰探测技术的识别精度对飞机在结冰气象下的飞行安全具有重要影响。

如表 4-1 所示,根据所使用传感器的原理与类型,现有的结冰探测技术可以分为以下几类。

表 4 - 1　现有的飞机结冰探测技术[221-224]

结冰探测技术类型		代 表 装 置
光学法	目测式	英国 Normalair - Garrett 结冰探测系统的薄翼型探针
	摄影式	美国奥兰多 FMC 航空器件公司的摄影式结冰探测系统
	光纤式	华中科技大学叶林团队开发的光纤式结冰传感器
热学法	电流脉冲式	由安装在圆柱形探针槽内的镍线构成的结冰传感器
	平衡电桥式	由分别与气流垂直和平行的电阻丝的结冰传感器构成
	温差式	美国 Rosemount 公司开发的基于传热原理的结冰探测系统
	热流式	Eaton 有限公司开发的、通过测量目标表面热流变化判断积冰情况的传感器
电学法	电容式	NASA 兰利中心结冰传感器
	电导式	利用金属探头间隙的电导率判断积冰情况的结冰传感器
	导纳式	通过测量表面沉积物的导纳辨别是否积冰的结冰传感器
机械法	障碍式	英国 Lucas 航空公司研制的 Lucas M k3 系列结冰探测器
	压差式	基于压差式传感器的结冰探测器
	谐振式	美国 Rosemount 公司开发的 Rosemount87 系列产品；瑞典 Vibro - Meter 公司平膜式结冰传感器
声学法	弯曲波式	通过监测目标表面弯曲波的变化判断是否积冰的结冰探测系统
	反射波式	美国 Simmonds 公司研制的超声结冰探测系统（IDMS）
	导波式	基于导波信号的特征参数的结冰探测系统

　　（1）基于光学方法的结冰探测技术的典型代表是目测式与摄影式。目测式结冰探测技术是最简单、最直接的方法，即利用简单的光学装置直接观测目标（如机翼前缘）表面，以确定是否积冰[223]；摄影结冰探测技术是通过在自然光下对目标表面可识别的特征点进行定位，结合图像的明暗、纹理等信息获取冰型数据。这两种方法虽然针对霜状冰具有较好的识别效果，但仍然需要通过图像的

放大,以选定可靠的特征点,并且釉状冰的透明性问题和霜状冰缺少特征点的问题仍有待解决,因此,通常用于冰型的定性测量与记录,其可靠性取决于冰层厚度最大处是否位于测量范围内[225]。基于光纤式传感器的飞机结冰探测技术具有相对广阔的应用前景与较大的应用价值,光纤式传感器虽然对水、油污、灰尘的干扰较为敏感,但探头尺寸小,便于安装飞机的各个位置,并且灵敏度高、响应速度快[226-227]。

(2) 基于热学法的结冰探测技术主要包括电流脉冲式、平衡电桥式、温差式与热流式[223-224,228-229]。电流脉冲式结冰探测技术通过对安装在探针槽内的金属导线施加短电流脉冲,利用测量金属导线的电阻变化判断目标表面的温度变化,从而判断目标表面的积冰情况;平衡电桥式结冰探测技术通过测量垂直于气流安装的电阻丝相对于基准电阻丝(平行于气流安装)的电阻变化,确定是否进入过冷云层以及是否存在过冷水滴;温差式结冰探测技术利用基于电阻温度计的传感器测量温度增量的变化,判断目标表面的积冰情况;热流式结冰探测技术通过测量目标表面热流梯度的变化来确定目标表面的积冰情况。

(3) 根据具体的测量原理,可将基于电学法的结冰探测技术分为电容式、电导式和导纳式[223,227-230]。电容式结冰探测技术的原理是将冰层看作电介质,通过测量由传感器与目标表面构成的平行板电容器的电容变化与瞬时电压,确定目标表面的积冰情况;电导式结冰探测技术的原理是利用传感器本身捕获的冰/水,通过传感器双电极之间的电导率的变化,判断目标表面是否积冰;导纳式结冰探测技术通过测量目标表面沉积物的电导率和介电常数(导纳)来辨别目标表面的积冰情况。

(4) 按照传感器的类型,基于机械法的结冰探测技术可分为障碍式、压差式和谐振式[226-231,232-233]。障碍式结冰传感器由电动机驱动的圆筒和靠近旋转圆筒安装的刮刀组成,通常通过测量电动机的转矩变化来判断目标表面是否结冰,通过转矩随时间的变化曲线确定积冰的速率;压差式结冰传感器一般通过测量传感器上不同开孔处的压差变化来识别目标表面是否积冰;典型的谐振式结冰传感器包括磁致伸缩结冰探测系统与平膜式结冰传感器,磁致伸缩结冰探测系统主要利用铁磁体的磁致伸缩效应,即基于积冰导致的质量增加会导致铁磁体的振动频率的下降,判断目标表面的积冰情况,而平膜式结冰传感器的设计原理是固体的谐振频率随着质量和刚度的变化。

(5) 基于声学法的结冰探测技术的典型代表是超声探测技术在飞机结冰探测领域的应用[223-224,228-229]。早在 1984 年,Chamuel 等就开发了弯曲波式结冰探测技术，即通过监测目标表面弯曲波的振幅、相位色散特性等参数变化判断是否积冰的结冰探测技术，并已注册相关专利；Hsu 于 1992 年提出，利用从冰层发射而来的超声波的振幅和时间延迟，判断是否结冰，同时测量冰层厚度与积冰速率，即反射波式结冰探测技术；在此基础上，Gao 等通过提取超声波在目标表面传播过程中的衰减、速度、模态转换等特征参数，构建了导波模型，并且在针对铝板上的釉状冰开展的相关实验中，该模型得到了良好的验证[234]。

目前，现有的飞机结冰探测技术已经具备了一定的理论基础和应用进展，但在现有技术条件下，大部分结冰探测技术完全依赖某一类物理原理，或仅面向某特定的应用场景。基于光学法的结冰探测技术是最早出现的飞机结冰探测技术，具有识别效果较好、成本低廉、硬件简单、易于推广等优势，但同时具有难以区分冰与水、视场易受光污染、抗干扰能力差等问题；基于热学法的结冰探测技术系统工作流程复杂、成本高昂、能耗大，并且容易受复杂环境波动的影响、抗干扰能力差；基于电学法的结冰探测技术具有成本低廉和功耗小的优点，但同样具有功能单一和抗干扰能力差的劣势；基于机械法的结冰探测技术能测量冰层厚度，并且针对冰和水的识别能力较强，但抗干扰能力差，冰层厚度的检测量程不足。因此，面对异常、快速、复杂、传质传热过程耦合的飞机结冰现象，现有的飞机结冰探测技术仍然不具备独立完成快速、全面、稳定的识别能力。换句话说，为构建功能丰富且性能稳定的飞机结冰探测系统、提升飞机结冰安全防护能力，多类型结冰探测技术的融合是一条必由之路——从传感器功能的角度分析，单一种类的结冰探测技术固然有其局限性，但可以借助其他类型的结冰探测技术获取的信息以弥补其不足。

4.3.2　热防除冰技术的优化

现有的飞机防除冰技术可根据其所运用的原理和能量分成三类：液体防除冰技术操作简单、耗能较少、不会形成溢流冰，并能在目标表面形成具有一定防冰效果的液膜，但是难以去除黏附强度较大的冰层，并需要消耗大量的冰点抑制剂，会降低飞机的有效载荷，极有可能对环境造成污染[232]；机械除冰技术，无论是气动除冰带、电脉冲除冰，还是超声波除冰，都需要布置大量辅助设施，并且脱落的冰块很有可能危及飞机上的其他部件[233]；相比之下，现有的热防除冰技术虽然对热能的利用率低、耗能大，但已经表现出相对良好的防除冰效果，也已成为现有飞机防除冰系统的主要技术手段[235]。换言之，与其他防除冰技术相比，热防除冰技术已经表现出更大的应用价值与更广阔的应用前景，未来飞机防除冰系统的高效利用必将与热防除冰技术的优化密切相关。特别是在减轻航空业对环境的影响、提升航空业的可持续发展能力的大背景下,有利于降低噪声、减少燃料消耗、减少二氧化碳排放的混合动力飞机与电动飞机同时具有更短的出行时间、更佳的乘坐体验、更低的运营成本等独特优势,已经获得该领域研究人员的高度关注,相关技术体系也在迅速成熟[236-237],作为其中集成优化设计的重要组成部分,飞机防除冰系统将是飞机上少数几个需要大量热量的系统之一,飞机防除冰系统的高效利用也就离不开飞机热管理效率的提高,包括热源、"热获取"机制、"热传递"机制与"热耗散"机制,以及最终散热位置等方面的优化[见图4 - 43(a)][238]。

　　热防除冰技术的典型代表是热气防除冰技术和电热防除冰技术。广泛应用于大中型飞机的热气防除冰技术实际上是以飞机其他部件的余热为热源,借助传热介质将热量传递至需要防除冰的目标表面,通常是以座舱中的有效载荷(包括乘员、厨房和其他机舱设备)和热机(如燃气轮机和内燃机)中空气压缩、燃料-空气混合燃烧或其他不可逆过程产生的热量为热源[239],借助发动机提供的压缩空气或专用压缩机制造的冲压空气,依次经过座舱环境控制系统的组件或发动机内部结构、供气管道和防冰腔,最终利用与热空气的热量交换将热量传递至目标表面(典型的目标表面包括机翼前缘、尾翼前缘、发动机进口、空速管、驾驶舱的挡风玻璃等),从而将目标表面保持在足够高的温度,以防止冰的形成或融化已经形成的积冰[240]。

　　然而,空气毕竟是热的不良导体,蒙皮的热惯性较大,通常需要采用连续加热的方式;飞机外侧热流体的排出可能会使环境侧边界层受热、流场中的扰动增强,进而导致流动更早地过渡和分离,最终导致升力的减小和阻力的增加[241]。鉴于此,在热管理的背景下,针对热气防除冰技术的提升包括以下几个方面。

　　(1) 对具有潜在价值的热源[见图 4 - 43(b)]的开发与充分利用,例如机械动力传动设备(如变速箱、联轴器、恒速驱动器等在运行过程中产生的摩擦)、与发动机或辅助动力单元相连的发电设备、电力分配系统(如电线、电缆、开关和断路器电路)、用电设备(包括航空电子设备、电力电子设备、飞行控制计算机)、液压系统(由于管网的摩擦损失和液压泵的机械和流体效率低下而产生余热)。

　　(2) 利用热平衡方法[242-243]建立防除冰系统的传热模型。基于目标表面的积冰特性和防冰或除冰的具体需求,建立热量传递、热量耗散和防除冰所需热量之间的平衡关系,确定所需的加热气流,结合目标表面热空气的温度和压力控制设备,最终实现对加热区域的合理划分和对热能的高效利用。

图 4 - 43　飞机热管理水平的提升[238]（见附图中彩图 16）

（a）飞机热管理涉及的主要热源和最终散热位置　（b）有潜在利用价值的热源、热量采集机制、热量传递机制、热量耗散机制、最终散热位置等

（3）通过先进材料与结构的有机结合，利用轻质、高效的热交换器与工作流体，实现更加高效的热获取与热传递，同时减少热耗散，如图 4 - 44 所示，能够有效提升系统的效率和简单性的循环热管（loop heat pipes，LHP）[244]。基于循环热管设计的、从液压系统中提取热量的全球鹰式无人机发动机罩的防除冰系统总质量为 18.5 kg，热交换器的温度变化高达 17.5℃，表面总功率 3.8 kW，超过

了 CS-25 的结冰安全防护要求;特别是随着材料制备技术和加工工艺的发展,循环热管的工作距离将从目前的 8～10 m 延长到 28～35 m。

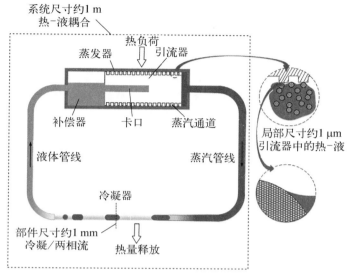

图 4-44 循环热管的示意图[244]

事实上,全机需要防除冰的部位涉及机身、翼梢小翼、机翼支架、水平尾翼、垂直尾翼、增升装置和其他操纵表面的前缘、未加保护的操纵面平衡区前缘、迎气流的冷空气进气道、天线与天线杆、外挂油箱与整流罩、外部铰链、绳带、舱门手柄、舱门扶梯、前机身机头和雷达罩、起落架、收放式前着落灯、冲压空气涡轮、探冰灯、气流控制装置(如涡流发生器)、辅助动力装置的进/排气口和排液管,以及空速管、静态或动态参数测量仪、攻角传感器、失速警报器等仪器设备[239]。也就是说,热气防除冰技术的应用范围着实有限,难以完全覆盖上述有防除冰需求的部件。针对热气防除冰技术的上述不足,由电源系统、传输电能的总线系统、控制系统(包括检测气象条件的元件、手动/自动控制加热的元件和座舱显示面板)、电热转换系统(主要是将电能转换成热能的电阻加热器件)和测量加热表面的温度传感器组成的电热防除冰技术引起了该领域研究人员的高度关注[240];电热防除冰的工作原理是利用布置在目标表面的电加热器件对目标表面的持续加热,在冰层和目标表面之间的界面处形成足够量的液态水膜,使积冰在气流或自身重力的作用下脱落;例如,早期的电热防除冰技术直接使用氯丁橡胶作为外壳,或者使用导热材料作为外层和绝缘材料作为内层,通过向包埋于其中的铜线通电加热目标表面,用于桨叶的结冰安全防护[245]。

在热管理的背景下,电热防除冰技术是以直接集成在目标表面的电加热元件为热源,不但能够将热量直接传递给需要防除冰的部件表面,特别是热气防除冰技术难以涉及的部位,如推进器、机身头锥与直升机螺旋桨等,尽可能地减少热量在热传递过程中的损耗,有利于提升能量转换效率,而且不需要复杂的热气管路,具有设计简单、使用方便、可控性好等优点。此外,电热防除冰技术可根据实际情况选择连续加热或周期性加热的模式,在实现防止结冰和融化积冰的目的,同时能够进一步减少能耗,例如基于电加热器(呈发夹状的、由镍铬耐热合金组成的加热元件包裹在玻璃纤维织物中)的电热防除冰技术,能够通过电加热器的周期性运行,满足防除冰需求,同时显著降低能耗。

可以预见的是结合飞机热管理的背景,电热防除冰技术将在以下几个方面得到优化。

(1)对于目前常用的嵌入式电加热器,虽然目标表面获得防除冰所需热量的"热获取"机制更加直接,但要求目标表面必须具有良好的导热性。而部件表面垂直方向上的导热性通常取决于具有不同特性和厚度的材料在垂直方向上的结构复合与功能设计。特别是近年来全机占比不断提升的碳纤维增强树脂基复合材料虽然可以提高结构效率、减轻重量,进而减少能耗、提升燃油效率,同时具有高强度、高比模量、抗疲劳、抗振动、化学性质稳定、耐湿、耐腐蚀等独特优势[246],但其导热性随温度的降低而显著减小,表现出显著的温度依赖性[247]。以目前常用的 T800 碳纤维增强环氧树脂复合材料为例,其在室温下的导热性为 $3.2\ \text{W/(m·K)}$,在 $0\ ℃$ 下仅为 $0.5\ \text{W/(m·K)}$。因此,通过材料垂直结构的设计和功能复合,结合加热元器件的优化设计,有望提升碳纤维增强树脂基复合材料部件表面电热防除冰技术的传热效率。例如,通过向电热元器件和复合材料中添加用作填料的碳纳米管和石墨烯,能够有效提升最终获得的元器件和复合材料的导电性,进而提升电热除冰过程中电热元器件运行的响应速度、运行可靠性和稳定性,从而显著提升部件表面温度及温度分布的均匀性[248-250];与嵌入元件的传统方法相比,通过自上而下构建的电热-超疏水复合表面具有高效的电热和防冰性能,能够降低电热防除冰系统 58% 的功耗[251]。

(2)电热防除冰技术的功耗大,为 $1.5\sim2\ \text{W/cm}^2$。因此,在理想情况下,基于试验研究与数值模拟的结果,结合目标表面的结冰特性和冰生长模型,以及通过结冰探测系统获取的相关参数(如飞行高度、温度、含水量等),判定防冰或除冰的具体需求,同时建立热传递、热耗散和防除冰所需热量之间的平衡关系,利用控制系统确保适宜的加热功率。例如,对于不允许结冰的重要部件表面,通过采用连续加热的模式,使部件表面始终保持较高的温度;对于允许短时间内少量积冰的目标表面,通过采用周期性加热的模式,保证积冰和目标表面之间界面处始终有液态水膜的存在,降低积冰持续附着在目标表面的能力,直到形成临界量的水膜之后,再利用气流或积冰自身的重力,使积冰脱落(见图 4-45)[233,235,252],从而尽可能提升效率、降低能耗。

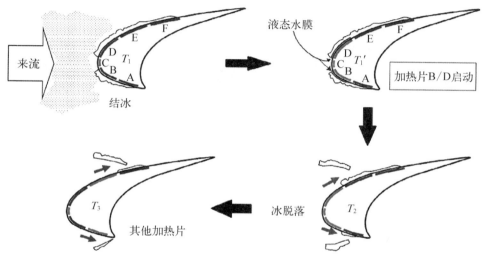

图 4-45 理想情况下的电热除冰过程[235]

(3) 从电热防除冰技术的最终散热位置出发,利用数值模拟和试验验证的方法,充分考虑表面温度(空气对流传热过程)[253]与过冷水滴撞击结冰过程(传质传热耦合过程)[254-256],以及在长期飞行任务中周期性加热(热循环)和循环气动力(机械循环)[257]对电热防除冰系统实际工作性能与部件(如机翼[258]和直升机旋翼[259])性能的影响,结合电热防除冰系统良好的可控性与部件本身的结构和特性,通过电加热器在相应部件表面的最优化布局(如分区设计[260]),保障电热防除冰系统能够长期稳定运行、相应部件的性能不受影响,同时减少甚至防止过热情况的发生。

除上述针对飞机防除冰系统本身的提升之外,飞机结冰问题的本质是与过冷水滴密切相关的传热与传质的耦合过程,因此,在上述飞机热管理水平提升的基础上,进一步结合精心设计和构筑的防冰涂层,必将更加有效地提升热防除冰技术解决飞机结冰问题的能力。防冰涂层不仅具有制备简单、成本低廉、耗能小、使用范围广的优点,并且能够有效减少飞机防除冰运行所需的能耗、提升飞机防除冰系统的运行效率和拓展飞机防除冰系统的应用范围(见图 4 - 46)[152,261]:一方面针对过冷水滴撞击过程的高效防冰能力,即有效减少与过冷水滴的接触和热量交换、减少过冷水滴的停留、促进过冷水滴的脱离,进而抑制过冷水滴结冰成核、延迟过冷水滴撞击结冰时间、降低过冷水滴撞击结冰温度;另一方面针对过冷水滴冻结过程中成核与桥接阶段的促进除冰能力,有效减少过冷水滴撞击导致的积冰、降低冰黏附强度。

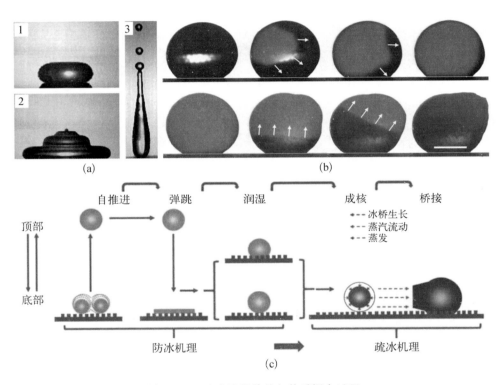

图 4 - 46　冷水滴的传热与传质耦合过程
(a) 撞击过程[152]　(b) 结冰过程[261]　(c) 防冰涂层设计原理

　　例如,利用离子的引入,涂层能够获得持久的、自发的、有效温度可调的防冰能力[203,214];与功能性纳米颗粒相结合的涂层,能够借助纳米粒子的自发热效应,从而进一步提升除冰效率[262-264];利用磁流体作为界面润滑剂制备的防冰涂层具有低结冰成核温度(-34℃)、长结冰延迟时间(比常规的防冰表面高 2～3 个数量级)和低冰黏附强度低(约 2 Pa)[265];超疏水涂层能将去除霜状冰所需的功耗降低 13%,去除釉状冰所需的功耗降低 33%,并且使溢流区域几乎没有冰的积聚[266];超疏水涂层能显著降低电热除冰所需的能耗,最高可达 80%,并能大量减少融化后的水溢流结冰[138]。

展望未来,我们认为未来的研究应集中于但不限于以下领域:

(1) 多类型结冰探测技术融合的飞机结冰探测系统。面对异常、快速、复杂的飞机结冰问题,在理想情况下,未来的飞机结冰探测系统一方面要保证结冰探测响应快速、测量准确和感知全面,另一方面不应影响飞机的空气动力学性能和相应部件的功能。因此,可以预见的是多类型结冰探测技术融合的飞机结冰探测系统将是必由之路。此外,值得注意的是飞机涂层(如温敏-压敏复合涂层)具有应用范围广和保形、齐平安装的独特优势,因此具有一定的潜在应用价值。

(2) 被动防冰方法与主动除冰方法相结合的飞机复合防除冰系统。作为典型的被动防冰方法,飞机防冰涂层不仅能够有效减少与过冷水滴的接触和热量交换、减少过冷水滴的停留、促进过冷水滴的脱离,进而抑制过冷水滴结冰成核、延迟过冷水滴撞击结冰时间、降低过冷水滴撞击结冰温度,从而实现高效防冰,而且能够有效减少过冷水滴撞击导致的积冰、降低冰黏附强度,从而有效减少飞机防除冰运行所需的能耗、提升飞机防除冰系统的运行效率和拓展飞机防除冰系统的应用范围。

(3) 建立更加系统、全面、标准化的飞机结冰安全防护能力的地面测试标准。与飞机其他性能的地面测试相比,飞机结冰安全防护能力的地面测试更为复杂,涉及诸多变量,例如样品温度和倾斜度,过冷水滴的大小、速度和温度,气流的速度和类型(湍流或层流)、风洞/腔室湿度和温度等。因此,在广泛地开展飞机防除冰系统的开发和鉴定测试之前,飞机结冰安全防护能力地面测试国际标准的建立显得尤为迫切。

4.4　本章小结

飞机被认为是 20 世纪最重大的发明之一,其正常运行和飞行安全对国家安全、国民经济、社会发展及人民生活至关重要,却遭受飞机结冰问题的严重威胁。飞机结冰会致使飞机的空气动力学性能恶化、稳定性和可控性下降,同时有可能导致航空发动机推力减小、造成严重失速、喘振或熄火,情况严重时甚至会导致飞机坠毁。而现有的飞机防除冰技术,无论是机械除冰技术、液体防除冰技术,还是热防除冰技术,虽然在不同的应用场景下表现出显著的优势,但是仍然难以完全满足飞机结冰安全防护的实际需求——液体防除冰技术对于流体能够到达的表面,能够实现防除冰,并且不会形成溢流冰,但该方法需要大量的除冰液,成本高昂,会对环境造成污染;热防除冰技术虽然效果良好,但是应用范围有限、需要消耗大量的能量;机械除冰技术的不足在于脱落的冰块很有可能危及飞机上的其他部件。

鉴于此,该领域的研究人员从飞机结冰的原因与过程出发,结合过冷水的结构和特性,开发了新型防冰材料技术:① 超疏水防冰材料,即在微纳尺度上进行表面纹理和拓扑结构的修饰,再进行表面化学性质的改性;② 注入液体的多孔光滑防冰表面,即通过将界面润滑剂注入多孔的、低表面能的聚合物基材;③ 离子型聚合物材料,即利用在聚电解质刷表界面处引入的离子降低结冰成核温度,进而延迟表面结冰过程。新型防冰材料技术是旨在防止过冷水黏附、延迟结冰和降低冰附着强度的"预防"措施,不仅具有耗能小、制造成本低、易于实现且使用范围广等优点,还能够尽可能地避免后续的除冰过程、节约飞机防除冰所需的时间和能量、提升现有飞机结冰安全防护体系的效能。

然而,仅仅凭借现有的飞机防除冰技术与飞机防冰材料,仍然远远无法满足飞机防除冰的需求。飞机结冰主要受外部环境的影响,而外部环境的复杂性必将导致冰在飞机表面的形成与积聚过程变得相当复杂,特别是相关研究通常是在低气流速度(相对于大型客机)下开展的地面试验,而时至今日,尚未建立系统、全面、标准的飞机结冰安全防护能力的地面测试标准。因此,一方面,为了更好地满足飞机结冰安全防护的迫切需求,不仅需要围绕不同环境条件下飞机结冰的过程开展更广泛的研究,而且需要科学、规范、统一的飞机结冰安全防护能力测试标准;另一方面,现有的飞机防除冰技术与新型防冰材料由于其本身的不足之处,在面对不同的结冰条件和结冰模式时,并不能成为通用的结冰安全防护策略。所以,对飞机防除冰系统的高效利用必将成为未来飞机集成优化设计的理想选择——不仅可以通过多类型结冰探测技术融合的飞机结冰探测系统,保证结冰过程的准确测量、全面感知与快速响应,而且可以通过不同类型的防冰材料设计与现有飞机防除冰技术的有机结合,能够实现两者的相互协同与促进,切实满足飞机结冰安全防护技术的实际需求。

参考文献

[1] 常士楠,杨波,冷梦尧,等.飞机热气防冰系统研究[J].航空动力学报,2017,32(5):

1025 - 1034.

[2]　Yeoman K E. Efficiency of a bleed air powered inlet icing protective system[C]//32nd AIAA Aerospace Sciences Meeting and Exhibit，1994.

[3]　周煜杰. 飞机防除冰方法的总结与探究[J]. 现代商贸工业，2019(1)：195 - 196.

[4]　Gray V H, Glahn U H. Effect of ice and frost formations on drag of NACA 65 (sub - 1) 1212 airfoil for various modes of thermal ice protection[R]. NACA，1953.

[5]　Papadakis M, Wong S H, Yeong H W, et al. Icing tests of a wing model with a hot-air ice protection system[C]//AIAA Atmospheric and Space Environments Conference，2010.

[6]　Ma H, Zhang D L. Experiment investigation of hot-air anti-icing structure of engine inlet vane[C]//2016 IEEE/CSAA International Conference on Aircraft Utility Systems，2016.

[7]　Peng Y X, Zheng L, Lin G P. Icing Tunnel experimental study of the static pressure detector[J]. Engineering Sciences，2009，11(11)：51 - 55.

[8]　Ma H, Zhang D L, Meng F X, et al. Experiment of electro-thermal anti-icing on a composite assembly[J]. Acta Aeronautica et Astronautica Sinica，2013，34(8)：1846 - 1853.

[9]　山霞，舒乃秋. 关于架空输电线除冰措施的研究[J]. 高电压技术，2006，32(4)：25 - 27.

[10]　王晋，纪双英，益小苏，等. 飞行器防/除冰技术研究进展[J]. 航空制造技术，2015(z2)：30 - 32,35.

[11]　Nino G F, Blumenthal T J. 3D printed thermal protection system on composite structures[J]. SAMPE Journal，2014，50(5)：7 - 25.

[12]　Kin M G, Yoon S, Kim H H, et al. Impedance matching network for high frequency ultrasonic transducer for cellular applications[J]. Ultrasonics 2016，65：258 - 267.

[13]　Wang Z J, Xu Y M, Gu Y T. Lithium niobate ultrasonic transducer design for enhanced oil recovery[J]. Ultrasonics Sonochemistry，2015，27：171 - 177.

[14]　殷红. 气囊除冰过程分析及在风力机上的应用研究[D]. 重庆：重庆大学，2021.

[15]　徐宇工，李笑，宁智，等. 一种微波除冰车：CN2606132Y[P]. 2004 - 03 - 10.

[16]　姜广兴. 高压输电线无人机双电源共振除冰装置的设计研究[D]. 西安：西京学院，2020.

[17]　Zhu Y, Palacios J L, Rose J L, et al. Numerical simulation and experimental validation of tailored wave guides for ultrasonic de-icing on aluminum plates[C]//AIAA/ASME/ASCE/AHS/ASC Structures, Structural Dynamics and Materials Conference，2010.

[18]　Zhang Y D, Han L S. Design and simulation of a kind of ultrasonic deicing acoustic system[J]. Applied Mechanics and Materials，2012，203：500 - 503.

[19]　Overmeyer A, Palacios J L, Smith E. Ultrasonic de-icing bondline design and rotor ice testing[J]. AIAA Journal，2013，51(12)：2965 - 2976.

[20]　Habibi H, Cheng L, Zheng H T, et al. A dual de-icing system for wind turbine blades combining high-power ultrasonic guided waves and low frequency forced vibrations[J]. Renewable Energy，2015，83：859 - 870.

[21] Wang Z J, Xu Y M, Gu Y T. A light lithium niobate transducer design and ultrasonic de-icing research for aircraft wing[J]. Energy, 2015, 87: 173 - 181.

[22] Matsunami G, Kawamata A, Hosaka H, et al. Multilayered LiNbO₃ actuator for XY-stage using a shear piezoelectric effect[J]. Sensors and Actuators A: Physical, 2008, 144(2): 337 - 340.

[23] Wang X X, Chan H L W, Choy C L. Piezoelectric and dielectric properties of CeO_2-added $(Bi_{0.5}Na_{0.5})_{0.94}Ba_{0.06}TiO_3$ lead-free ceramics[J]. Solid State Communications, 2003, 125(7 - 8): 395 - 399.

[24] Lam K H, Ji H F, Zheng F, et al. Development of lead-free single-element ultrahigh frequency (170 - 320 MHz) ultrasonic transducers[J]. Ultrasonics 2013, 53(5): 1033 - 1038.

[25] Sun P, Zhou Q F, Zhu B P, et al. Design and fabrication of PIN-PMN-PT single-crystal high-frequency ultrasound transducers[J]. IEEE Transactions on Ultrasonics, Ferroelectrics, and Frequency Control, 2009, 56(12): 2760 - 2763.

[26] Zhou Q F, Xu X C, Gottlieb E J, et al. PMN-PT single crystal, high-frequency ultrasonic needle transducers for pulsed-wave Doppler application [J]. IEEE Transactions on Ultrasonics, Ferroelectrics, and Frequency Control, 2007, 54(3): 668 - 675.

[27] Jadidian B, Hagh N M, Winder A A, et al. 25 MHz ultrasonic transducers with lead-free piezoceramic, 1 - 3 PZT fiber-epoxy composite, and PVDF polymer active elements [J]. IEEE Transactions on Ultrasonics, Ferroelectrics, and Frequency Control, 2009, 56(2): 368 - 378.

[28] Liu R B, Kim H H, Cannata J M, et al. Self-focused 1 - 3 composite LiNbO₃ single element transducers for high frequency HIFU applications[C]//2007 IEEE International Ultrasonics Symposium, 2007.

[29] Sun P, Wang G F, Wu D W, et al. High frequency PMN-PT 1 - 3 composite transducer for ultrasonic imaging application [J]. Ferroelectrics, 2010, 408(1): 120 - 128.

[30] Strobl T, Storm S, Thompson D S, et al. Feasibility study of a hybrid ice protection system[J]. Journal of Aircraft, 2015, 52(6): 2064 - 2076.

[31] 王冠,张德远,陈华伟. 飞机防冰——从传统到仿生的发展[J]. 工业技术创新,2014,1(2): 241 - 250.

[32] 沈海军,史友进. 飞机防冰与除冰的若干技术[J]. 飞机工程,2004(1): 54 - 57.

[33] Heinrich A, Ross R, Zumwalt G, et al. Aircraft Icing Handbook, Electrothermal Systems[R]. U. S. Department of Transport, 1991.

[34] 于黎明. 全电飞机的技术改进及其发展状况[J]. 飞机设计,1999(3): 1 - 3,20.

[35] Kind R J, Potapczuk M G, Feo A, et al. Experimental and computational simulation of in-flight icing phenomena[J]. Progress in Aerospace Sciences, 1998, 34(5 - 6): 257 - 345.

[36] Paraschivoiu I, Saeed F. Aircraft Icing[M]. New Jersey: Wiley, 2001.

[37] Al-Khalil K M, Horvath C, Miller D R, et al. Validation of NASA thermal ice

protection computer codes part 3: The validation of antice[R]. NASA, 2001.

[38] 肖春华, 桂业伟, 林贵平. 飞机电热除冰的研究进展与展望[J]. 科技导报, 2011, 29 (18): 69 - 73.

[39] Stallabrass J R. Thermal aspects of de-icer design[C]//The International Helicopter Icing Conference, 1972.

[40] Baliga G. Numerical simulation of one-dimensional heat transfer incomposite bodies with phase change[D]. Toledo: University of Toledo, 1980.

[41] Marano J J. Numerical simulation of an electrothermal de-icer pad[D]. Toledo: University of Toledo, 1982.

[42] Roelke R J, Keith T G, deWitt K J, et al. Efficient numerical simulation of a one-dimensional electrothermal deicer pad[J]. Journal of Aircraft, 1988, 25 (12): 1097 - 1101.

[43] Chao D F. Numerical simulation of two-dimensional heat transfer in composite bodies with application to de-icing of aircraft components[D]. Toledo: University of Toledo, 1983.

[44] Leffel K L. A numerical and experimental investigation of electrothermal aircraft deicing[D]. Toledo: University of Toledo, 1986.

[45] Masiulaniec K C. A numerical simulation of the full two-dimensional electrothermal de-icer pad[D]. Toledo: University of Toledo, 1987.

[46] Keith T G, deWitt K J, Wright W B. Overview of numerical codes developed for predicted electrothermal deicing of aircraft blades[C]//26th Aerospace Sciences Meeting, 1988.

[47] Wright W B. A comparison of numerical methods for the prediction of two-dimensional heat transfer in an electrothermal deicer pad[D]. Toledo: University of Toledo, 1987.

[48] Wright W B, Keith T G, deWitt K J. Numerical analysis of a thermal deicer[C]//30th AIAA Aerospace Sciences Meeting and Exhibit, 1992.

[49] Cangellaris A C, Wright D B. Analysis of the numerical error caused by the stair-stepped approximation of a conducting boundary in FDTD simulations of electromagnetic phenomena[J]. IEEE Transactions on Antennas and Propagation, 1991, 39(10): 1518 - 1525.

[50] Huang J R, Keith T G, deWitt K J. An efficient finite element method for aircraft de-icing problems[C]//30th AIAA Aerospace Sciences Meeting and Exhibit, 1992.

[51] Scavuzzo R J, Chu M L, Olsen W A. Structural properties of impact ices accreted on aircraft structures[R]. NASA, 1987.

[52] Lynch D A, Ludwiczak D R. Shear strength analysis of the aluminum/ice adhesive bond[R]. NASA, 1996.

[53] Scavuzzo R J, Chu M L, Kellackey C J. Structural analysis and properties of impact ices accreted on aircraft structures[R]. NASA, 1996.

[54] Yaslik A D, deWitt K J, Keith T G. Further developments in three-dimensional simulation of electrothermal deicing systems[C]//30th AIAA Aerospace Sciences Meeting and Exhibit, 1992.

［55］ Henry R. Development of an electrothermal de-icing/anti-icing model［C］//30th AIAA Aerospace Sciences Meeting and Exhibit，1992.

［56］ Al-Khalil K M，Keith T G，deWitt K J. New concept in runback water modeling for anti-iced aircraft surfaces［J］. Journal of Aircraft，1993，30(1)：41－49.

［57］ Morency F，Brahimi M T，Tezok F，et al. Hot air anti-icing system modelization in the ice prediction code CANICE［C］//36th AIAA Aerospace Sciences Meeting and Exhibit，1998.

［58］ Rothmayer A P，Tsao J C. Water film runback on an airfoil surface［C］//38th AIAA Aerospace Sciences Meeting and Exhibit，2000.

［59］ 裘燮纲,韩凤华.飞机防冰系统［G］.航空专业教材编审组,1985.

［60］ 熊贤鹏,韩凤华.风挡防冰表面温度场计算［J］.北京航空航天大学学报,1997,23(5)：606－609.

［61］ 韩凤华,常士楠,王长和,等.某型飞机天线罩防冰装置的性能验证［J］.航空学报,1999,20(z1)：S87－S89.

［62］ 常士楠,韩凤华.飞机发动机进气道前缘热气防冰器性能分析［J］.北京航空航天大学学报,1999,25(2)：201－203.

［63］ 徐国跃,谢国治,肖军,等.飞机电热防冰用 $BaTiO_3$ 热敏陶瓷力学性能的改进［J］.南京航空航天大学学报,1999,31(1)：97－102.

［64］ 艾剑波,邓景辉,刘达经.直升机旋翼桨叶除冰结构设计［J］.直升机技术,2005(2)：12－15.

［65］ 常士楠,刘达经,袁修干.直升机旋翼桨叶防/除冰系统防护范围研究［J］.航空动力学报,2007,22(3)：360－364.

［66］ 李哲,徐浩军,薛源,等.结冰对飞机飞行安全的影响机理与防护研究［J］.飞行力学,2016,34(4)：10－14.

［67］ AMS1424J Deicing/anti-icing fluid［S］. SAE，2009.

［68］ ISO 11075：2007 Aircraft—de-icing/anti-icing fluids—ISO types I［S］. ISO，2007.

［69］ AMS1428F Fluid，aircraft deicing/anti-icing，non-newtonian (pseudoplastic)［S］. SAE，2007.

［70］ ISO 11078：2007 Aircraft—de-icing/anti-icing fluids—ISO types Ⅱ，Ⅲ and Ⅳ［S］. ISO，2007.

［71］ MH 6001—2000 飞机除冰/防冰液(ISO Ⅰ型)［S］.中国民用航空总局,2000.

［72］ 李斌.飞机除冰/防冰液及除冰技术［J］.清洗世界,2012,28(1)：26－31.

［73］ Sigifredo C，Lawrence C D，Larry E E. Natural，cost-effective，and sustainable alternatives for treatment of aircraft deicing fluid waste［J］. Environmental Progress，2005，24(1)：26－33.

［74］ Newton D. Severe Weather Flying：Increase Your Knowledge and Skill in Avoidance of Thunderstorms，Icing and Extreme Weather［M］. 3rd ed. Newcastle：Aviation Supplies & Academic，2002.

［75］ Goldschmidt R. Improvements in and relating to de-icing equipment，for example for aircraft：GB 505433［P］. 1939－05－05.

［76］ Levin I A. USSR electric impulse de-icing system design［J］. Aircraft Engineering，

1972：7 - 10.

[77] Zumwalt G W. Electro-impulse de-icing—A status report [C]//26th Aerospace Sciences Meeting，1988.

[78] Zumwalt G W，Schrag R L，Bernhart W D，et al. Electro impulse de-icing testing analysis and design[R]. NASA，1988.

[79] Henderson R A. Theoretical analysis of the electrical aspects of the basic electro-impulse problem in aircraft de-icing applications[D]. Wichita：The Wichita State University，1986.

[80] Bernhart W D，Schrag R L. Electro-impulse de-icing electrodynamic solution by discrete elements[C]//26th Aerospace Sciences Meeting，1988.

[81] Schrag R L，Zumwalt G W. Electro-impulse deicing：Concept and electrodynamic studies[C]//22nd Aerospace Sciences Meeting，1984.

[82] Khatkhate A A，Skavuzzo R J，Chu M L. A finite element study of the EIDI system [C]//26th Aerospace Sciences Meeting，1988.

[83] Bernhart W D，Gien P H. A structural dynamics investigation related to EIDI applications[C]//24th Aerospace Sciences Meeting，1986.

[84] Zumwalt G W，Mueller A A. Flight and wind tunnel tests of an electro-impulse de-icing system[C]//General Aviation Technology Conference，1984.

[85] Zumwalt G W. Icing tunnel tests of electro-impulse de-icing of an engine inlet and high-speed wings[C]//23rd Aerospace Sciences Meeting，1985.

[86] Chu M C，Scavuzzo R J. Adhesive shear strength of impact ice[R]. AIAA Journal，1991，29(11)：1921 - 1926.

[87] Scavuzzo R J，Chu M C，Woods E J，et al. Finite element studies of the electro impulse de-icing system[J]. Journal of Aircraft，1990，27(9)：757 - 763.

[88] Al-Khalil K M，Ferguson T，Phillips D. A hybrid anti-icing ice protection system [C]//35th AIAA Aerospace Sciences Meeting and Exhibit，1997.

[89] Gent R W. TRAJICE2-A combined water droplet trajectory and ice accretion prediction program for aero foils[R]. Defiance Research Agency，1990.

[90] Esposito S，Riegel E. Ice adhesion tests[S]. 1992.

[91] Kermanidis T B，Lentzos G A，Pantelakis S G，et al. A mechanical model to investigate airfoil de-icing mechanics[J]. Journal of Flight Sciences and Space Research，1995，19(4)：299 - 306.

[92] Labeas G，Diamantakos I D，Sunaric M M. Simulation of the electroimpulse deicing process of aircraft wings[J]. Journal of Aircraft，2006，43(6)：1876 - 1885.

[93] 裴燮纲，郭宪民.电脉冲除冰系统参数的合理选择[J].南京航空航天大学学报，1993(2)：211 - 218.

[94] 杜骞.电脉冲除冰系统设计研究[D].南京：南京航空航天大学，2009.

[95] 姚远，林贵平.电脉冲除冰系统的建模与计算分析[J].飞机设计，2008，28(1)：64 - 70,75.

[96] 李广超，何江，林贵平.电脉冲除冰(EIDI)技术研究[J].航空动力学报，2011，26(8)：1728 - 1735.

[97] 李广超,何江,林贵平.电脉冲除冰(EIDI)系统电动力学模型分析[J].航空动力学报, 2011,26(1):54-59.

[98] 吴小华,杨堤,张晓斌,等.飞机电脉冲除冰系统的建模与仿真[J].系统仿真学报, 2010,22(4):1064-1066,1078.

[99] 张永杰,董文俊,王斌团,等.电脉冲除冰仿真冰层松脱准则研究[J].计算机工程与应用,2012,48(3):232-233,245.

[100] 李清英,白天,朱春玲.电脉冲除冰系统除冰激励的仿真研究[J].系统仿真学报, 2011,23(12):2799-2804.

[101] 李清英,白天,朱春玲.电脉冲除冰系统的电磁场分析[J].南京航空航天大学学报, 2011,43(1):95-100.

[102] 李清英,朱春玲,白天.电脉冲除冰系统的除冰实验与数值模拟[J].航空动力学报, 2012,27(2):350-356.

[103] 何舟东,朱永峰,周景峰.飞机电脉冲除冰技术探讨[J].实验流体力学,2016,30(2): 38-45.

[104] Wang B,Hua Y Q,Ye Y X,et al. Transparent superhydrophobic solar glass prepared by fabricating groove-shaped arrays on the surface[J]. Applied Surface Science,2017,426:957-964.

[105] 刘莹.蒋毅坚.准分子激光快速制备超疏水性聚偏氟乙烯材料[J].中国激光,2011,38 (1):159-164.

[106] 段金鹏.皮秒激光加工系统与精细钻孔工艺的研究[D].北京:北京工业大学,2012.

[107] Nedialkov N N,Atanasov P A,Imamova S E,et al. Dynamics of the ejected material in ultra-short laser ablation of metals[J]. Applied Physics A,2004,79(4-6): 1121-1125.

[108] Nedialkov N N,Imamova S E,Atanasov P A,et al. Laser ablation of iron by ultrashort laser pulses[J]. Thin Solid Films,2004,453-454:496-500.

[109] Hirayama Y,Obara M. Heat-affected zone and ablation rate of copper ablated with femtosecond laser[J]. Journal of Applied Physics,2005,97(6):064903.

[110] Schäfer C,Urbassek H M,Zhigilei L V. Metal ablation by picosecond laser pulses: A hybrid simulation[J]. Physical Review B,2002,66:115404.

[111] Zhao W J,Wang L P,Xue Q J. Development and research progress of surface texturing on improving tribological performance of surface[J]. Tribology,2011,31 (6):622-631.

[112] Farshchian B,Gatabi J R,Bernick S M,et al. Scaling and mechanism of droplet array formation on a laser-ablated superhydrophobic grid[J]. Colloids and Surfaces A:Physicochemical and Engineering Aspects,2018,547:49-55.

[113] Moradi S,Kamal S,Englezos P,et al. Femtosecond laser irradiation of metallic surfaces:effects of laser parameters on superhydrophobicity[J]. Nanotechnology, 2013,24(41):415302.

[114] 杨奇彪,刘少军,汪于涛,等.纳秒激光诱导铝板表面超疏水微纳结构[J].激光与光电子学进展,2017,54(9):254-260.

[115] 杨奇彪,邓波,汪于涛,等.飞秒激光诱导铝基的超疏水表面[J].激光与光电子学进

展,2017,54(10)：101408.

[116] 陈云富,尹冠军.化学刻蚀法制备铝合金基超疏水表面[J].科学技术与工程,2010,10 (27)：6719-6721.

[117] Wu B, Zhou M, Li J, et al. Superhydrophobic surfaces fabricated by microstructuring of stainless steel using a femtosecond laser[J]. Applied Surface Science, 2009, 256(1)： 61-66.

[118] Jagdheesh R, Pathiraj B, Karatay E, et al. Laser-induced nanoscale superhydrophobic structures on metal surfaces[J]. Langmuir, 2011, 27(13)： 8464-8469.

[119] Long J Y, Fan P X, Zhong M L, et al. Superhydrophobic and colorful copper surfaces fabricated by picosecond laser induced periodic nanostructures[J]. Applied Surface Science, 2014, 311： 461-467.

[120] Emelyanenko A M, Shagieva F M, Domantovsky A G, et al. Nanosecond laser micro- and nanotexturing for the design of a superhydrophobic coating robust against long-term contact with water, cavitation, and abrasion[J]. Applied Surface Science, 2015, 332： 513-517.

[121] 泮怀海,王卓,范文中,等.飞秒激光诱导超疏水钛表面微纳结构[J].中国激光,2016, 43(8)： 95-101.

[122] Ta V D, Dunn A, Wasley T J, et al. Laser textured superhydrophobic surfaces and their applications for homogeneous spot deposition[J]. Applied Surface Science, 2016, 365： 153-159.

[123] 黄超.微结构超疏水功能表面的激光制备及性能研究[D].常州：江苏理工学院, 2018.

[124] Song Y X, Wang C, Dong X R, et al. Controllable superhydrophobic aluminum surfaces with tunable adhesion fabricated by femtosecond laser[J]. Optics & Laser Technology, 2018, 102： 25-31.

[125] Vercillo V, Tonnicchia S, Romano J-M, et al. Design rules for laser-treated icephobic metallic surfaces for aeronautic applications[J]. Advanced Functional Materials, 2020, 30(16)： 1910268.

[126] Volpe A, Caterina G, Leonardo D V, Francesco L, Francesco G, Antonio A. Direct Femtosecond Laser Fabrication of Superhydrophobic Aluminum Alloy Surfaces with Anti-icing Properties[J]. Coatings, 2020, 10(6)： 587.

[127] 崔静,张杭,翟巍,等.飞秒脉冲激光诱导 TC4 微结构表面抑冰特性实验[J].航空学 报,2021,42(6)： 424032.

[128] Gaddam A, Sharma H, Kardantonis T, et al. Anti-icing properties of femtosecond laser-induced nano and multiscale topographies[J]. Applied Surface Science, 2021, 552： 149443.

[129] Pan R, Zhang H J, Zhong M L. Triple-scale superhydrophobic surface with excellent anti-icing and icephobic performance via ultrafast saser hybrid fabrication[J]. ACS Applied Materials & Interfaces, 2021, 13(1)： 1743-1753.

[130] Lv J Y, Song Y L, Jiang L, et al. Bio-inspired strategies for anti-icing [J]. ACS Nano, 2014, 8(4), 3152-3169.

[131] Irajizad P, Al-Bayati A, Eslami B, et al. Stress-localized durable icephobic surfaces [J]. Materials Horizons, 2019, 6(4), 758 – 766.

[132] Wang Y L, Yao X, Wu S W, et al. Bioinspired solid organogel materials with a regenerable sacrificial alkane surface layer[J]. Advanced Materials. 2017, 29(26): 1700865.

[133] Myers T G, Hammond D W. Ice and water film growth from incoming supercooled droplets[J]. International Journal of Heat and Mass Transfer, 1999, 42(12): 2233 – 2242.

[134] Li Y, Li L, Sun J Q. Bioinspired self-healing superhydrophobic coatings [J]. Angewandte Chemie, 2010, 122(35): 6265 – 6269.

[135] Zhang S N, Huang J Y, Cheng Y, et al. Bioinspired surfaces with superwettability for anti-icing and ice-phobic application: concept, mechanism, and design[J]. Small, 2017, 13(48): 1701867.

[136] Roach P, Shirtcliffe N J, Newton M I. Progess in superhydrophobic surface development[J]. Soft Matter, 2008, 4(2): 224 – 240.

[137] Farhadi S, Farzaneh M, Kulinich S A. Anti-icing performance of superhydrophobic surfaces[J]. Applied Surface Science, 2011, 257(14): 6264 – 6269.

[138] Antonini C, Innocenti M, Horn T, et al. Understanding the effect of superhydrophobic coatings on energy reduction in anti-icing systems[J]. Cold Regions Science and Technology, 2011, 67(1 – 2): 58 – 67.

[139] Asmatulu R, Ceylan M, Nuraje N. Study of superhydrophobic electrospun nanocomposite fibers for energy systems[J]. Langmuir, 2011, 27(2): 504 – 507.

[140] Feng J, Qin Z Q, Yao S H. Factors affecting the spontaneous motion of condensate drops on superhydrophobic copper surfaces [J]. Langmuir, 2012, 28 (14): 6067 – 6075.

[141] Liu Y, Liu J D, Li S Y, et al. Biomimetic superhydrophobic surface of high adhesion fabricated with micronano binary structure on aluminum alloy[J]. ACS Applied Material & Interfaces, 2013, 5(18): 8907 – 8914.

[142] Zorba V, Stratakis E, Barberoglou M, et al. Biomimetic artificial surfaces quantitatively reproduce the water repellence of a lotus leaf[J]. Advanced Materials, 2008, 20(21): 4049 – 4054.

[143] Choi W, Tuteja A, Mabry J M, et al. A modified Cassie-Baxter relationship to explain contact angle hysteresis and anisotropy on non-wetting textured surfaces[J]. Journal of Colloid and Interface Science, 2009, 339(1): 208 – 216.

[144] Bormashenko E, Bormashenko Y, Whyman G, et al. Micrometrically scaled textured metallic hydrophobic interfaces validate the Cassie-Baxter wetting hypothesis [J]. Journal of Colloid and Interface Science, 2006, 302(1): 308 – 311.

[145] Liu L J, Zhao J S, Zhang Y, et al. Fabrication of superhydrophobic surface by hierarchical growth of lotus-leaf-like boehmite on aluminum foil[J]. Journal of Colloid and Interface Science, 2011, 358(1): 277 – 283.

[146] Autumn K, Liang Y A, Hsieh S T, et al. Adhesive force of a single gecko foot-hair

[J]. Nature，2000，405：681－685.

[147] Liu K S，Du J X，Wu J T，et al. Superhydrophobic gecko feet with high adhesive forces toward water and their bio-inspired materials[J]. Nanoscale，2012，4(3)：768－772.

[148] Huang L Y，Liu Z L，Liu Y M，et al. Effect of contact angle on water droplet freezing process on a cold flat surface[J]. Experimental Thermal and Fluid Science，2012，40：74－80.

[149] Jung Y C，Bhushan B. Dynamic effects of bouncing water droplets on superhydrophobic surfaces[J]. Langmuir，2008，24(12)：6262－6269.

[150] Mishchenko L，Hatton B，Bahadur V，et al. Design of ice-free nanostructured surfaces based on repulsion of impacting water droplets[J]. ACS Nano，2010，4(12)：7699－7707.

[151] Richard D，Clanet C，Quéré D. Contact time of a bouncing drop[J]. Nature，2002，417：811.

[152] Bird J C，Dhiman R，Kwon H M，et al. Reducing the contact time of a bouncing drop [J]. Nature，2013，503：385－388.

[153] Liu Y H，Moevius L，Xu X P，et al. Pancake bouncing on superhydrophobic surfaces [J]. Nature Physics，2014，10：515－519.

[154] Boreyko J B，Chen C H. Self-propelled dropwise condensate on superhydrophobic surfaces[J]. Physical Review Letters，2009，103：184501.

[155] Zhang S，Huang J，Tang Y，et al. Understanding the role of dynamic wettability for condensate microdrop self-propelling based on designed superhydrophobic TiO_2 nanostructures[J]. Small，2017，13(4)：1600687.

[156] Chen X M，Wu J，Ma R Y，et al. Nanograssed micropyramidal architectures for continuous dropwise condensation[J]. Advanced Functional Materials，2011，21 (24)：4617－4623.

[157] Enright R，Miljkovic N，Sprittles J，et al. How coalescing droplets jump[J]. ACS Nano，2014，8(10)：10352－10362.

[158] Extrand C W. Designing for optimum liquid repellency[J]. Langmuir，2006，22(4)：1711－1714.

[159] Karmouch R，Ross G G. Experimental study on the evolution of contact angles with temperature near the freezing point[J]. Jounrnal of Physical Chemistry C，2010，114 (9)：4063－4066.

[160] Wier K A，McCarthy T J. Condensation on ultrahydrophobic surfaces and its effect on droplet mobility：Ultra-hydrophobic surfaces are not always water repellant[J]. Langmuir，2006，22(6)：2433－2436.

[161] Yang Q，Zhu Z，Tan S，et al. How micro-/nanostructure evolution influences dynamic wetting and natural deicing abilities of bionic lotus surfaces[J]. Langmuir，2020，36：4005－4014.

[162] Susoff M，Siegmann K，Pfaffenroth C，et al. Evaluation of icephobic coatings Screening of different coatings and influence of roughness[J]. Applied Surface

Science，2013，282：870 - 879.

[163] 高英力，代凯明，黄亮，等. 超疏水-防覆冰技术在公路路面中的研究应用进展[J]. 材料导报，2017，31(1)：103 - 109.

[164] 阎映弟. 新型超疏水涂层的微纳结构设计及其表面防覆冰作用[D]. 杭州：浙江大学，2014.

[165] Chen Y，Liu G C，Jiang L，et al. Icephobic performance on the aluminum foil-based micro-/nanostructured surface[J]. Chinese Physics B，2017，26(4)：046801.

[166] Jin H Y，Li Z W，Wei S C，et al. Corrosion resistance and dynamic anti-icing of superhydrophobic surface on ASW[J]. Surface Engineering，2018，34(8)：603 - 610.

[167] Ruan M，Zhan Y L，Wu Y S，et al. Preparation of PTFE/PDMS superhydrophobic coating and its anti-icing performance[J]. RSC Advances，2017，7(66)：41339 - 41344.

[168] Tan X Y，Huang Z T，Jiang L H，et al. A simple fabrication of superhydrophobic PVDF/SiO$_2$ coatings and their anti-icing properties[J]. Journal of Materials Research，2021，36(3)：637 - 645.

[169] Li Y B，Li B C，Zhao X，et al. Totally waterborne, nonfluorinated, mechanically robust, and self-healing superhydrophobic coatings for actual anti-icing[J]. ACS Applied Materials & Interfaces，2018，10(45)：39391 - 39399.

[170] Barthwal S，Lee B，Lim S H. Fabrication of robust and durable slippery anti-icing coating on textured superhydrophobic aluminum surfaces with infused silicone oil[J]. Applied Surface Science，2019，496：143677.

[171] Brassard J D，Sarkar D K，Perron J，et al. Nano-micro structured superhydrophobic zinc coating on steel for prevention of corrosion and ice adhesion[J]. Journal of Colloid and Interface Science，2015，447：240 - 247.

[172] Peng H Q，Luo Z J，Li L，et al. Facile fabrication of superhydrophobic aluminum surfaces by chemical etching and its anti-icing/self-cleaning performances [J]. Materials Research Express，2019，6：096586.

[173] Zheng S L，Li C，Fu Q T，et al. Development of stable superhydrophobic coatings on aluminum surface for corrosion-resistant, self-cleaning, and anti-icing applications [J]. Materials & Design，2016，93：261 - 270.

[174] Ruan M，Li W，Wang B，et al. Preparation and anti-icing behavior of superhydrophobic surfaces on aluminum alloy substrates[J]. Langmuir，2013，29(27)：8482 - 8491.

[175] Tong W，Xiong D S，Wang N，et al. Mechanically robust superhydrophobic coating for aeronautical composite against ice accretion and ice adhesion[J]. Composites Part B：Engineering，2019，176：107267.

[176] Zhang F，Qian H C，Wang L T，et al. Superhydrophobic carbon nanotubes/epoxy nanocomposite coating by facile one-step spraying [J]. Surface and Coatings Technology，2018，341：15 - 23.

[177] Yin L，Wang Y，Ding J，et al. Water condensation on superhydrophobic aluminum surfaces with different low-surface-energy coatings [J]. Applied Surface Science，

2012，258(8)：4063 - 4068.

[178] Shen Y Z, Tao H J, Chen S L, et al. Icephobic/anti-icing potential of superhydrophobic Ti_6Al_4V surfaces with hierarchical textures[J]. RSC Advances, 2014, 5(3)：1666 - 1672.

[179] Shen Y Z, Tao J, Tao H J, et al. Anti-icing potential of superhydrophobic Ti_6Al_4V surfaces：Ice nucleation and growth[J]. Langmuir, 2015, 31(39)：10799 - 10806.

[180] Guo P, Zheng Y M, Wen M X, et al. Icephobic/anti-icing properties of micro/nanostructured surfaces[J]. Advanced Materials, 2012, 24(19)：2642 - 2648.

[181] Onda T, Shibuichi S, Satoh N, et al. Super-water-repellent fractal surfaces[J]. Langmuir, 1996, 12(9)：2125 - 2127.

[182] Wang N, Xiong D S, Lu Y, et al. Design and fabrication of the lyophobic slippery surface and its application in anti-icing[J]. Journal of Physical Chemistry C, 2016, 120(20)：11054 - 11059.

[183] Anand S, Paxson A T, Dhiman R, et al. Enhanced condensation on lubricant-impregnated nanotextured surfaces[J]. ACS Nano, 2012, 6(11)：10122 - 10129.

[184] Wong T S, Kang S H, Tang S K Y, et al. Bioinspired self-repairing slippery surfaces with pressure-stable omniphobicity[J]. Nature, 2011, 477：443 - 447.

[185] Kim P, Wong T S, Alvarenga J, et al. Liquid-Infused Nanostructured Surfaces with Extreme Anti-Ice and Anti-Frost Performance[J]. ACS Nano, 2012, 6(8)：6569 - 6577.

[186] Heydarian S, Jafari R, Momen G. Recent progress in the anti-icing performance of slippery liquid-infused surfaces [J]. Progress in Organic Coatings, 2021, 151：106096.

[187] Park K C, Kim P, Grinthal A, et al. Condensation on slippery asymmetric bumps [J]. Nature, 2016, 531：78 - 82.

[188] Rykaczewski K, Anand S, Subramanyam S B, et al. Mechanism of frost formation on lubricant-impregnated surfaces[J]. Langmuir 2013, 29(17)：5230 - 5238.

[189] Tesler A B, Kim P, Kolle S, et al. Extremely durable biofouling-resistant metallic surfaces based on electrodeposited nanoporous tungstite films on steel[J]. Nature Communications, 2015, 6：8649.

[190] Ru Y F, Fang R C, Gu Z D, et al. Reversibly thermosecreting organogels with switchable lubrication and anti-icing performance[J]. Angewandte Chemie, 2020, 59 (29)：11876 - 11880.

[191] Smith J D, Gounden C, Yague J. Methods and articles for liquid-impregnated surfaces for the inhibition of vapor or gas nucleation：US2014/0314991A1[P]. 2014 - 10 - 23.

[192] Vogel N, Belisle R A, Hatton B, et al. Transparency and damage tolerance of patternable omniphobic lubricated surfaces based on inverse colloidal monolayers[J]. Nature Communications, 2013, 4：2176.

[193] Kim P, Wong T S, Alvarenga J, et al. Liquid-infused nanostructured surfaces with extreme anti-ice and anti-frost performance[J]. ACS Nano, 2012, 6(8)：6569 -

6577.

[194] Zhang J L, Gu C D, Tu J P. Robust slippery coating with superior corrosion resistance and anti-icing performance for AZ31B Mg alloy protection[J]. ACS Applied Materials & Interfaces, 2017, 9(12): 11247 - 11257.

[195] Tao C, Li X H, Liu B, et al. Highly icephobic properties on slippery surfaces formed from polysiloxane and fluorinated POSS[J]. Progress in Organic Coatings, 2017, 103: 48 - 59.

[196] Wang Y L, Yao X, Chen J, et al. Organogel as durable anti-icing coatings[J]. Science China Materials, 2015, 58(7): 559 - 565.

[197] Cheng A L, Merz K M. Ice-binding mechanism of winter flounder antifreeze proteins [J]. Biophysical Journal, 1997, 73(6): 2851 - 2873.

[198] Wang F, Ding W W, He J Y, et al. Phase transition enabled durable anti-icing surfaces and its DIY design[J]. Chemical Engineering Journal, 2019, 360: 243 - 249.

[199] Chen J, Dou R M, Cui D P, et al. Robust prototypical anti-icing coatings with a self-lubricating liquid water layer between ice and substrate[J]. ACS Applied Materials & Interfaces, 2013, 5(10): 4026 - 4030.

[200] Dou R M, Chen J, Zhang Y F, et al. Anti-icing coating with an aqueous lubricating layer[J]. ACS Applied Materials & Interfaces, 2014, 6(10): 6998 - 7003.

[201] Wang F, Xiao S B, Zhuo Y Z, et al. Liquid layer generators for excellent icephobicity at extremely low temperatures[J]. Materials Horizons, 2019, 6(10): 2063 - 2072.

[202] He Z Y, Wu C Y, Hua M T, et al. Bioinspired multifunctional antiicing hydrogel [J]. Matter, 2020, 2(3): 723 - 734.

[203] Li T, Ibáñez-Ibáñez P F, Håkonsen V, et al. Self-deicing electrolyte hydrogel surfaces with Pa-level ice adhesion and durable antifreezing/antifrost performance[J]. ACS Applied Materials & Interfaces, 2020, 12(31): 35572 - 35578.

[204] Yao X, Liu J J, Yang C H, et al. Hydrogel paint[J]. Advanced Materials, 2019, 31 (39): 1903062.

[205] Chen J, Luo Z Q, Fan Q R, et al. Anti-ice coating inspired by ice skating[J]. Small, 2014, 10(22): 4693 - 4699.

[206] Chen D Y, Gelenter M D, Hong M, et al. Icephobic surfaces induced by interfacial nonfrozen water[J]. ACS Applied Materials & Interfaces, 2017, 9(4): 4202 - 4214.

[207] Lo C W, Li J X, Lu M C. Frosting and defrosting on the hydrophilic nylon - 6 nanofiber membrane-coated surfaces[J]. Applied Thermal Engineering, 2021, 184: 116300.

[208] Zhuo Y Z, Xiao S B, Håkonsen V, et al. Anti-icing Ionogel Surfaces: Inhibiting Ice Nucleation, Growth, and Adhesion[J]. ACS Materials Letters, 2020, 2 (6): 616 - 623.

[209] Zhuo Y Z, Chen J H, Xiao S B, et al. Gels as emerging anti-icing materials: A mini review[J]. Materials Horizons, 2021, 8(1): 3266 - 3280.

[210] Chen F, Xu Z Y, Wang H F, et al. Bioinspired tough organohydrogel dynamic interfaces enabled subzero temperature antifrosting, deicing, and antiadhesion[J].

ACS Applied Materials & Interfaces, 2020, 12(49): 55501 - 55509.

[211] He Z Y, Zheng L C, Liu Z Q, et al. Inhibition of heterogeneous ice nucleation by bioinspired coatings of polyampholytes[J]. ACS Applied Materials & Interfaces, 2017, 9(35): 30092 - 30099.

[212] Liu Z Q, He Z Y, Lv J Y, et al. Ion-specific ice propagation behavior on polyelectrolyte brush surfaces[J]. RSC Advances, 2017, 7: 840 - 844.

[213] Chernyy S, Järn M, Shimizu K, et al. Superhydrophilic polyelectrolyte brush layers with imparted anti-icing properties: effect of counter ions[J]. ACS Applied Materials & Interfaces, 2014, 6(9): 6487 - 6496.

[214] He Z Y, Xie W J, Liu Z Q, et al. Tuning ice nucleation with counterions on polyelectrolyte brush surfaces[J]. Science Advances, 2016, 2(6): 1600345.

[215] Jin Y K, He Z Y, Guo Q, et al. Control of ice propagation by using polyelectrolyte multilayer coatings[J]. Angewandte Chemie, 2017, 56(38): 11436 - 11439.

[216] Li C, Li X H, Tao C, et al. Amphiphilic antifogging/anti-icing coatings containing POSS-PDMAEMA-b-PSBMA[J]. ACS Applied Materials & Interfaces, 2017, 9 (27): 22959 - 22969.

[217] He Z Y, Wu C Y, Wang J J, et al. Bioinspired multifunctional anti-icing hydrogel [J]. Matter, 2020, 2(3): 723 - 734.

[218] Zeppetelli D, Habashi W G. In-flight icing risk management through computational fluid dynamics-icing analysis[J]. Journal of Aircraft, 2012, 49(2): 611 - 621.

[219] 李小飞,洪时泉,周进,等.飞机防冰表面材料研究进展[J].航空科学技术,2019,30 (7): 1 - 7.

[220] 赵克良.大型民机结冰计算、风洞试验及试飞验证[D].南京:南京航空航天大学, 2017.

[221] 陈勇,孔维梁,刘洪.飞机过冷大水滴结冰气象条件运行设计挑战[J].航空学报, 2023,44(1): 1 - 15.

[222] Caliskan F, Hajiyev C. A review of in-flight detection and identification of aircraft icing and reconfigurable control[J]. Progress in Aerospace Sciences, 2013, 60: 12 - 34.

[223] 张杰,周磊,张洪,等.机结冰探测技术[J].仪器仪表学报,2006,27(12): 1578 - 1586.

[224] 赵伟伟.基于压电材料的飞机结冰探测系统[D].南京:南京航空航天大学,2018.

[225] 龚晓亮.结冰风洞中冰形生长的光学三维测量研究[D].西安:西北工业大学,2015.

[226] 张龙浩.光纤阵列式结冰探测系统的研究[D].武汉:华中科技大学,2013.

[227] 邹建红.斜端面光纤式飞机结冰冰型检测技术研究[D].武汉:华中科技大学,2013.

[228] 王颖.压电谐振式结冰传感器数学模型研究[D].武汉:华中科技大学,2006.

[229] 陶明杰.多冰型超声脉冲结冰探测技术研究[D].南京:南京航空航天大学,2020.

[230] 尹胜生.飞机机场地面结冰探测系统研究与设计[D].武汉:华中科技大学,2012.

[231] 刘巍.平膜式结冰探测器大型客机机翼安装位置研究[D].武汉:华中科技大学, 2011.

[232] 李清英.电脉冲除冰系统的实验、理论与设计研究[D].南京:南京航空航天大学, 2012.

［233］雷桂林.电热防冰除冰及冰融化相变换热机理研究［D］.上海：上海交通大学,2017.

［234］Gao H D, Rose J L. Ice detection and classification on an aircraft wing with ultrasonic shear horizontal guided waves［J］. IEEE Transactions on Ultrasonics, Ferroelectrics, and Frequency Control, 2009, 56(2)：334－344.

［235］Huang X, Tepylo N, Pommier-Budinger V, et al. A survey of icephobic coatings and their potential use in a hybrid coating/active ice protection system for aerospace applications［J］. Progress in Aerospace Sciences, 2019, 105：74－97.

［236］Pelz P F, Leise P, Meck M. Sustainable aircraft design—A review on optimization methods for electric propulsion with derived optimal number of propulsors［J］. Progress in Aerospace Sciences, 2021, 123：100714.

［237］Bravo-Mosquera P D, Catalano F M, Zingg D W. Unconventional aircraft for civil aviation：A review of concepts and design methodologies［J］. Progress in Aerospace Sciences, 2022, 131：100813.

［238］van Heerden A S J, Judt D M, Jafari S, et al. Aircraft thermal management：Practices, technology, system architectures, future challenges, and opportunities［J］. Progress in Aerospace Sciences, 2022, 128：100767.

［239］张雪苹.飞机结冰适航审定与冰风洞试验方法［D］.南京：南京航空航天大学,2010.

［240］肖春华.飞机电热除冰过程的传热特性及其影响研究［D］.绵阳：中国空气动力研究与发展中心,2010.

［241］Wang T, Britcher C, Martin P. Surface heat exchangers for aircraft applications - A technical review and historical survey［C］//37th AIAA Aerospace Sciences Meeting and Exhibit, 1999.

［242］Messinger B L. Equilibrium temperature of an unheated icing surface as a function of air speed［J］. Journal of Aeronautical Sciences, 1953, 20(1)：29－42.

［243］Guenov M D, Chen X, Molina-Cristóbal A, et al. Margin allocation and tradeoff in complex systems design and optimization［J］. AIAA Journal, 2018, 56(7)：2887－2902.

［244］Su Q, Chang S N, Zhao Y Y, et al. A review of loop heat pipes for aircraft anti-icing applications［J］. Applied Thermal Engineering, 2018, 130：528－540.

［245］Buffone C, Coulloux J, Alonso B, et al. Capillary pressure in graphene oxide nanoporous membranes for enhanced heat transport in loop heat pipes for aeronautics［J］. Experimental Thermal and Fluid Science, 2016, 78：147－152.

［246］黄亿洲,王志瑾,刘格菲.碳纤维增强复合材料在航空航天领域的应用［J］.西安航空学院学报,2021,39(5)：44－51.

［247］Wang W, Huang R J, Huang C J, et al. Cryogenic performances of T700 and T800 carbon fibre-epoxy laminates［J］. IOP Conference Series：Materials Science and Engineering, 2015, 102：012016.

［248］Wang F X, Yang B, Zhang Z C, et al. Synergistic effect of hybrid fillers on electro-thermal behavior of nanocomposite for active de-icing application［J］. Composites Communications, 2021, 25：100746.

［249］Lahbacha K, Sibilia S, Trezza G, et al. Electro-thermal parameters of graphene nanoplatelets films for de-icing applications[J]. Aerospace, 2022, 9(2): 107.

[250] Yao X, Falzon B G, Hawkins S C, et al. Aligned carbon nanotube webs embedded in a composite laminate: A route towards a highly tunable electro-thermal system[J]. Carbon, 2018, 129: 486 – 494.

[251] Zhao Z H, Chen H W, Liu X L, et al. Development of high-efficient synthetic electric heating coating for anti-icing/de-icing[J]. Surface and Coatings Technology, 2018, 349: 340 – 346.

[252] 刘重洋. 飞机电热防/除冰系统数值计算及实验研究[D]. 南京: 南京航空航天大学, 2020.

[253] Bu X Q, Lin G P, Shen X B, et al. Numerical simulation of aircraft thermal anti-icing system based on a tight-coupling method[J]. International Journal of Heat and Mass Transfer, 2020, 148: 119061.

[254] Targui A, Habashi W G. On a reduced-order model-based optimization of rotor electro-thermal anti-icing systems[J]. International Journal of Numerical Methods for Heat and Fluid Flow, 2022, 32(8): 2885 – 2913.

[255] Gutiérrez B A, Noce A D, Gallia M, et al. Numerical simulation of a thermal Ice Protection System including state-of-the-art liquid film model [J]. Journal of Computational and Applied Mathematics, 2021, 391: 113454.

[256] Shen X B, Guo Q, Lin G P, et al. Study on loose-coupling methods for aircraft thermal anti-icing system[J]. Energies, 2020, 13(6): 1463.

[257] Li R J, Xu W, Zhang D L. Impacts of thermal and mechanical cycles on electro-thermal anti-icing system of CFRP laminates embedding sprayable metal film[J]. Materials, 2021, 14(7): 1589.

[258] Uranai S, Fukudome K, Mamori H, et al. Numerical simulation of the anti-icing performance of electric heaters for icing on the NACA 0012 Airfoil[J]. Aerospace, 2020, 7(9): 123.

[259] Chen L, Zhang Y S, Liu Z Q, et al. An experimental investigation on heat transfer performance of rotating anti-/deicing component[J]. Applied Thermal Engineering, 2020, 177: 115488.

[260] Hann R, Enache A, Nielsen M C, et al. Experimental heat loads for electrothermal anti-icing and de-icing on UAVs[J]. Aerospace, 2021, 8(3): 83.

[261] Jung S, Tiwari M K, Doan N V, et al. Mechanism of supercooled droplet freezing on surfaces[J]. Nature Communications, 2012, 3(1): 615.

[262] Yin X Y, Zhang Y, Wang D A, et al. Integration of self-lubrication and near-infrared photothermogenesis for excellent anti-icing/deicing performance [J]. Advanced Functional Materials, 2015, 25(27): 4237 – 4245.

[263] Wu S W, Liang Z Y, Li Y P, et al. Transparent, photothermal, and icephobic surfaces via layer-by-layer assembly [J]. Advanced Science, 2022, 9 (14): 2105986.

[264] Li Y, Ma W, Kwon Y S, et al. Solar deicing nanocoatings adaptive to overhead power lines[J]. Advanced Functional Materials, 2022, 32(25): 2113297.

[265] Irajizad P, Hasnain M, Farokhnia N, et al. Magnetic slippery extreme icephobic surfaces[J]. Nature Communications, 2016, 7(1): 13395.

[266] Fortin G, Adomou M, Perron J. Experimental study of hybrid anti-icing systems combining thermoelectric and hydrophobic coatings[R]. SAE, 2011.

索　引

附图 彩 图

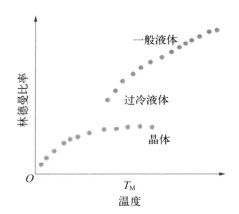

彩图 1　一般液体、过冷液体和晶体在大温度范围内的林德曼比率
　　　　（见正文中图 2 - 3）

注：T_M 为熔点。

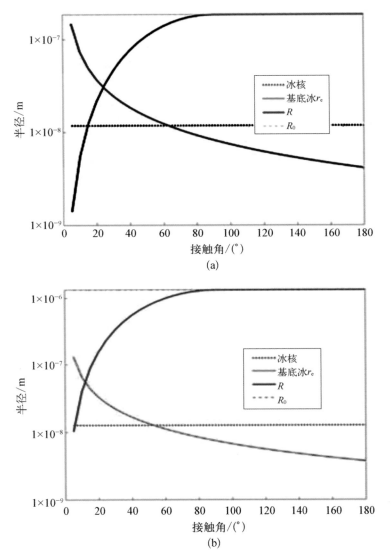

彩图 2　不同温度和接触角时冰枝尖端尺度和 Ic 相尺度（见正文中图 2‐33）

(a) 250 K　(b) 270 K

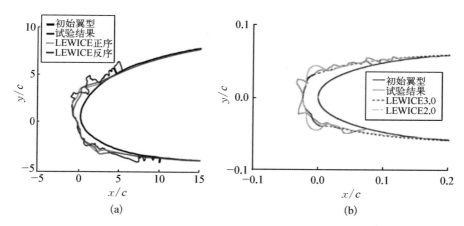

彩图 3　LEWICE 对大直径水滴成冰的模拟结果（见正文中图 3-1）

(a) 215.6 μm　(b) 160 μm

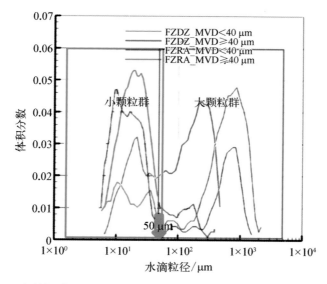

彩图 4　文献[17]给出的 SLD 水滴粒径-体积频度分布（见正文中图 3-5）

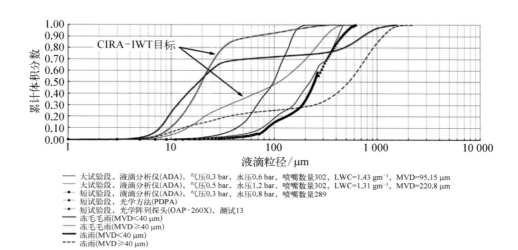

—— 大试验段，液滴分析仪(ADA)，气压0.3 bar，水压0.6 bar，喷嘴数量302，LWC=1.43 gm^{-3}，MVD=95.15 μm
—— 大试验段，液滴分析仪(ADA)，气压0.5 bar，水压1.2 bar，喷嘴数量302，LWC=1.31 gm^{-3}，MVD=220.8 μm
-•- 短试验段，液滴分析仪(ADA)，气压0.3 bar，水压0.8 bar，喷嘴数量289
-•- 短试验段，光学方法(PDPA)
-×- 短试验段，光学阵列探头(OAP-260X)，测试13
—— 冻毛毛雨(MVD<40 μm)
—— 冻毛毛雨(MVD≥40 μm)
—— 冻雨(MVD<40 μm)
--- 冻雨(MVD≥40 μm)

彩图 5　斯普瑞喷雾系统公司改进喷头模拟 SLD 云雾曲线的目标和实现的结果
　　　　（见正文中图 3 - 10）

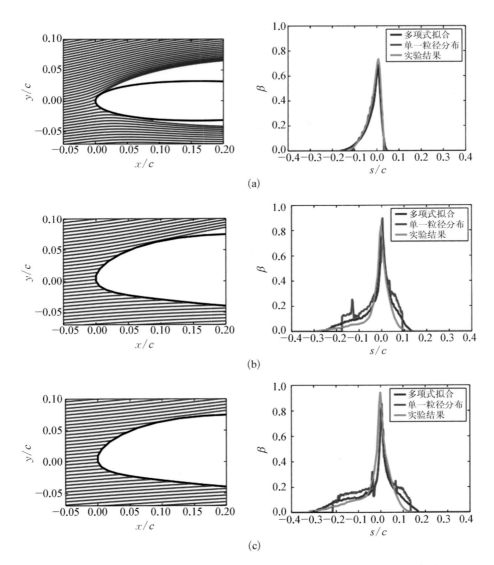

彩图 6 不同 MVD 情况下水滴飞行轨迹和收集率的计算-实验差异（见正文中图 3 - 17）

(a) MVD 为 20 μm (b) MVD 为 111 μm (c) MVD 为 236 μm

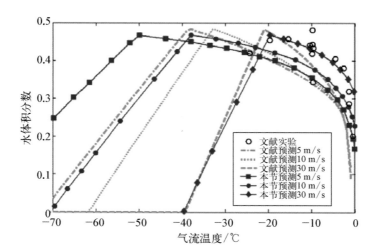

彩图 7　过冷水结冰模型预测的水体积分数和文献中理论及实验结果的对比
（见正文中图 3 - 25）

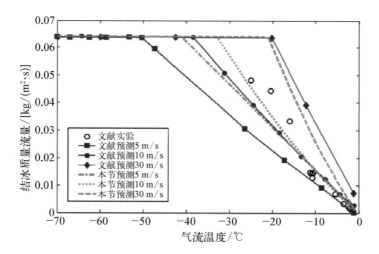

彩图 8　过冷水结冰模型结冰速度和文献中理论及实验结果的对比
（见正文中图 3 - 26）

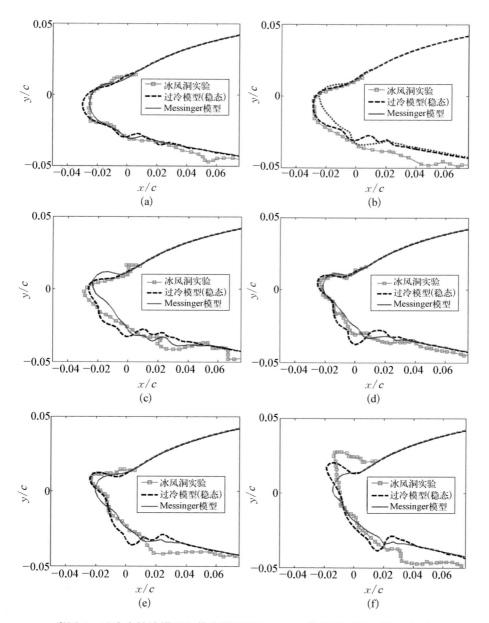

彩图 9 过冷水结冰模型和传统模型(Messinger 模型)在不同环境温度下
对冰型的模拟结果(见正文中图 3-30)

(a) −28.3℃ (b) −19.4℃ (c) −13.3℃ (d) −10℃ (e) −7.8℃ (f) −6.1℃

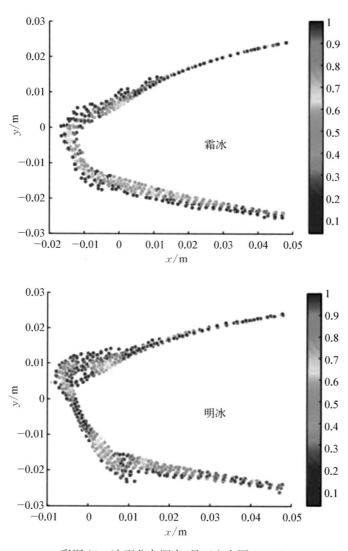

彩图 10　冰型分布概率(见正文中图 3 - 39)

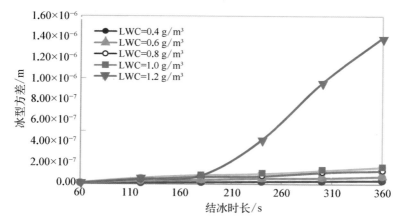

彩图 11　冰型演化过程 LWC 不确定性对冰型方差的影响（见正文中图 3-42）

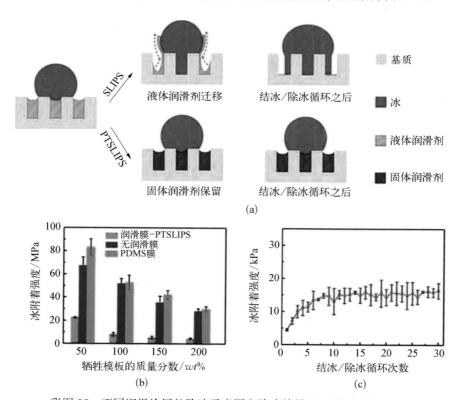

彩图 12　不同润滑涂层的除冰示意图和除冰效果（见正文中图 4-33）

（a）硅油浸润亲水基底（上）和花生油浸润亲水基底（下）的 SLIPS 材料在结冰过程中润滑剂的稳定性示意图　（b）具有润滑膜的多孔 PDMS 基底（PTSLIPS）和没有润滑膜的多孔 PDMS 基底以及无孔 PDMS 基底冰的黏附强度的对比示意图　（c）PTSLIPS〔使用质量分数为 200% 的牺牲模板制备的多孔（PDMS）冰〕的黏附强度与结冰/除冰循环次数之间的关系

注：在整个实验过程中冰的黏附强度的测试是在 −18℃ 下进行的。

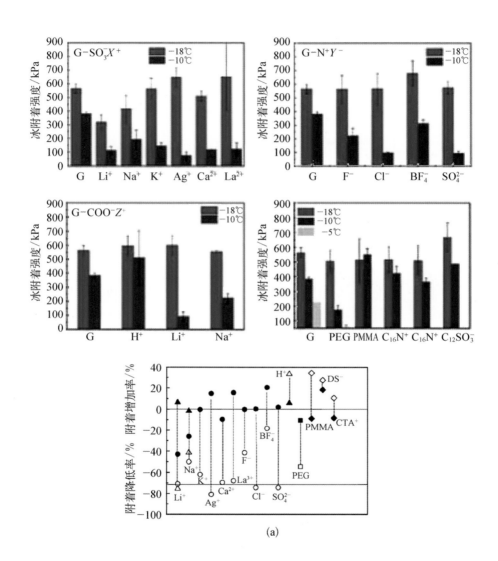

(a)

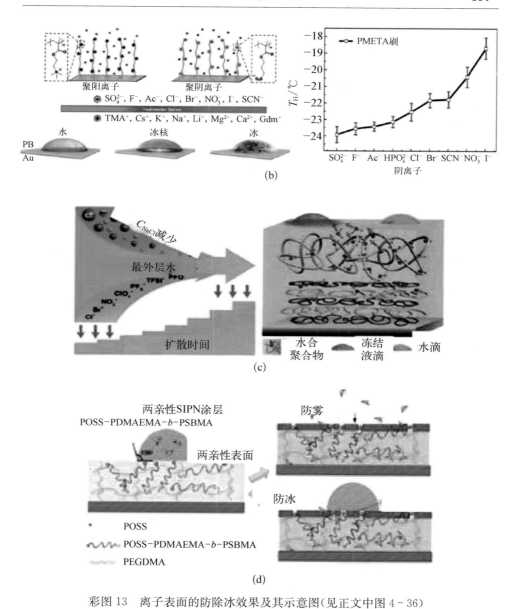

彩图 13 离子表面的防除冰效果及其示意图(见正文中图 4-36)

(a) 各种阳离子和阴离子聚电解质聚合物刷表面的冰黏着力 (b) 不同聚阳离子和聚阴离子表面与反离子、Hofmeister 系列、表面非均相冰成核温度的图解 (c) PEM 表面冰传播示意图及冰传播时间与最外层水量的关系 (d) 具有优良防雾防冰性能的两亲涂料示意图

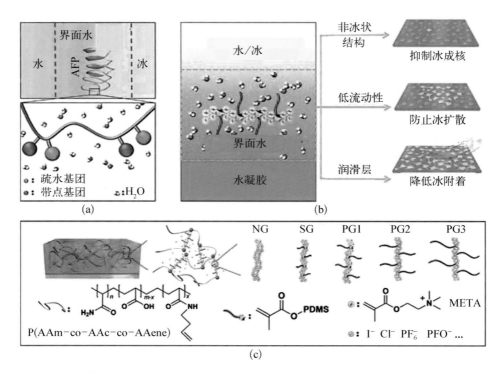

彩图 14　受 AFPs 启发的多功能防冰水凝胶（见正文中图 4 - 40）

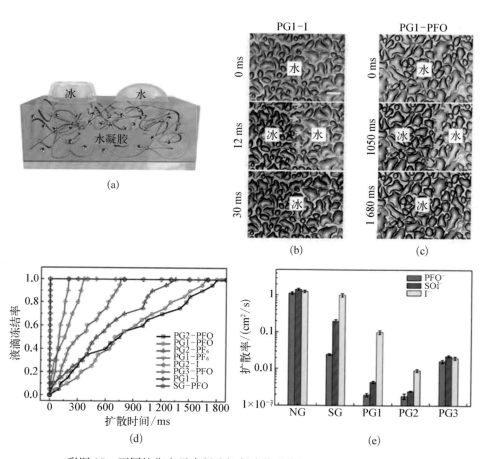

彩图 15　不同抗衡离子水凝胶抑制冰传递作用（见正文中图 4-41）

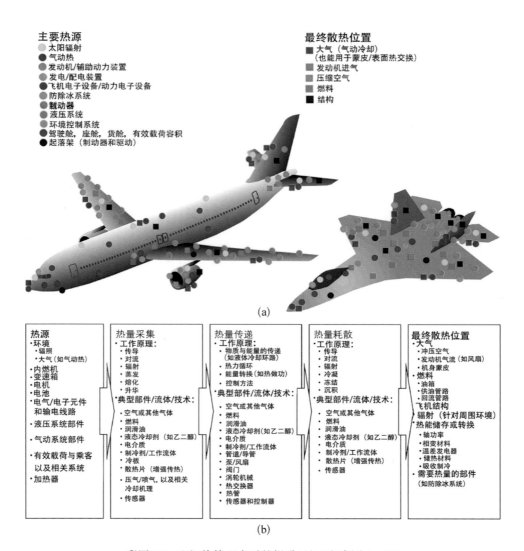

（a）

（b）

彩图 16　飞机热管理水平的提升（见正文中图 4 - 43）

（a）飞机热管理涉及的主要热源和最终散热位置　（b）有潜在利用价值的热源、热量采集机制、热量传递机制、热量耗散机制、最终散热位置等